全国高等院校规划教材

计算机应用基础技能教程

● 张秀杰　胡树煜　主编

中国农业科学技术出版社

图书在版编目（CIP）数据

计算机应用基础技能教程/张秀杰，胡树煜主编 .—北京：中国农业科学技术出版社，2008. 8

ISBN 978 - 7 - 80233 - 639 - 1

Ⅰ. 计…　Ⅱ. ①张…②胡…　Ⅲ. 电子计算机 - 基本知识　Ⅳ. TP3

中国版本图书馆 CIP 数据核字（2008）第 087391 号

责任编辑　朱　绯
责任校对　贾晓红　康苗苗

出 版 者　中国农业科学技术出版社
北京市中关村南大街 12 号　邮编：100081
电　　话　(010) 82106632 (编辑室)
传　　真　(010) 82106626
网　　址　http://www. castp. cn
经 销 者　新华书店北京发行所
印 刷 者　北京华忠兴业印刷有限公司
开　　本　787 mm ×1 092 mm　1/16
印　　张　18. 25
字　　数　426 千字
版　　次　2008 年 8 月第 1 版　2008 年 8 月第 1 次印刷
定　　价　35. 00 元

《计算机应用基础技能教程》

编委会

主　编　张秀杰（黑龙江畜牧兽医职业学院）

　　　　胡树煜（辽宁医学院）

副主编　肖雁红（东北农业大学）

　　　　孙　浩（黑龙江生物科技职业学院）

　　　　卢凤伟（黑龙江畜牧兽医职业学院）

参　编　王　琢（辽宁省农业经济学校）

　　　　杜媛媛（辽宁省朝阳职工工学院）

　　　　雷忠仁（黑龙江省商业职工大学）

　　　　薛清华（黑龙江省商业职工大学）

主　审　金忠伟（黑龙江畜牧兽医职业学院）

　　　　薛永三（黑龙江农业经济职业学院）

内容简介

本书以培养学生计算机基本操作和应用技能为目标，与国家计算机职业技能认证紧密结合。采用“任务驱动式”和“项目式”教学法为全书主线，使学生带着问题学，学习目标更加明确和具体。通过本教程的学习，使学生在学习的过程中，按照技能目标进行实际操作，能在较短的时间内提高计算机基本操作和应用技能。

全书共9章，主要内容包括计算机基础知识；汉字录入技术；中文操作系统 Windows XP、计算机网络基础和 Internet、文字处理软件 Word 2003、电子表格软件 Excel 2003、演示文稿制作软件 PowerPoint 2003、常用工具软件的使用、桌面信息管理工具 Outlook 2003 等技能实训内容。本书既可作为各类职业院校（包括高职和中职）、成人高校各专业计算机公共课的教材，又可作为计算机等级考试和办公自动化人员的培训教材，还可作为不同层次的计算机初学者的自学参考书。

前　言

目前，教材技能体系建设仍落后于职业教育的发展需要。为此，本书根据教育部《关于加强高职高专教育人才培养工作的意见》《关于加强高职高专教育教材建设的若干意见》和《新世纪高职高专教育人才培养模式和教学内容体系改革与建设项目计划》的要求，以“任务驱动式”和“项目式”教学法为主线，将计算机技能教育与各类计算机技能认证紧密结合，使学科教育与计算机技能考试系统相适应。

在内容组织方面以“必需、实用”为本，以“够用、适度”为纲，删繁就简，打破原教课书过于追求系统性、完整性的旧框框。重点突出实践动手技能，职业岗位技能，创新技能和解决实际问题技能的培养。强化职业技能训练。针对各专业不同的教学需要，在广度优先的基础上保证所“必需”的深度，在“够用”的理论基础上，更注重应用技术技能的培养与训练。本教材主要特色有如下几点。

- 教材中理论知识浅显易懂，实践内容丰富且比重较大。
- 教材中有丰富鲜活的案例，以任务驱动为主。
- 职业教育与认证培训相结合。

通过对社会职业岗位需求的广泛调查，结合计算机基础课的教学实践，本教材以“任务驱动式”为主线，从如何设置教学内容，使学生具有较完备的计算机基本操作技能，实现利用网络知识解决远程信息处理和资源共享，应用现代职业教育课程理论、学习理论、教学理论和教材理论研究的重要成果，注重学生的创业精神、创新意识和实践技能的培养，较好地贯彻落实以技能为本位的教学指导思想，以满足社会职业岗位对职业院校毕业生，在知识结构及技术技能体系上的需求。同时，以社会职业或行业技能认证标准为技能依据，在教材内容组织方面我们作了较大的调整，加大了实训比例。通过典型的“任务”课题，给学生营造一个带着问题学，学以致用的学习氛围。使其对知识的掌握达到形象、生动和具体，以强化运用计算机解决实际问题的技能与技巧。全书内容力求新颖、严谨、实用。

通过本课程学习，学生能在较短的时间内提高自身技能和计算机操作技能。全书内容广泛，实用性强。使读者容易入门、便于自学。每章有明确的学习目标，章后附有与等级考试同步的习题和实训题，全书共分为9章。

本书由黑龙江畜牧兽医职业学院张秀杰老师、辽宁医学院胡树煜老师任主编，由东北农业大学肖雁红老师、黑龙江生物科技职业学院孙浩老师、黑龙江畜牧兽医职业学院卢凤伟老师任副主编，辽宁省农业经济学校王琢老师、朝阳职工工学院杜媛媛老师、黑龙江省商业职工大学雷忠仁、薛清华老师参加了编写工作。编写具体分工为：

第一章　计算机基础知识和第二章 汉字录入技术第一、第二节，由张秀杰编写；

第二章　汉字录入技术第三、第四节和第三章中文操作系统 Windows XP 第一节至第四节由胡树煜编写；

第三章　中文操作系统 Windows XP，第五节至第八节由王琢编写；

第四章　计算机网络基础和 Internet，由雷忠仁编写；

第五章　文字处理软件 Word 2003，第一、第二节由薛清华编写；

第五章　文字处理软件 Word 2003，第三节至第六节由卢凤伟编写；

第六章　电子表格软件 Excel 2003，由肖雁红编写；

第七章　演示文稿制作软件 PowerPoint 2003，由杜媛媛编写；

第八章　常用工具软件的使用，由孙浩编写；

第九章　桌面信息管理工具 Outlook 2003，由薛清华编写，最后全书由张秀杰老师总纂成书。

本书由黑龙江畜牧兽医职业学院信息工程系主任金忠伟副教授和黑龙江农业经济职业学院计算机系主任薛永三教授主审，在审定过程中提出了许多宝贵意见，在此表示衷心的感谢。在编写过程中得到各位编审人员所在院校领导的大力支持，在此一并表示谢意。另外，本书的编写参考了有关教材和某些网站的相关资料，在此也一并表示感谢。

由于编写水平有限，加之时间仓促，疏漏难免，敬请各位读者赐教。

编者

2008 年 7 月

目　录

第一章 计算机基础知识

【学习目标】

计算机特点、分类与应用

PC 机基本硬件的组装

计算机软件系统的安装

计算机中的数制转换

1.1 技能一 计算机的产生与发展

任务一 了解计算机的起源

世界上第一台电子数字计算机 ENIAC（Electronic Numerical Integrator and Calculator）诞生于 1946 年 2 月 15 日，是美国宾夕法尼亚大学摩尔理工学院的摩切利和埃卡特发明的。ENIAC 的研制计划于 1943 年 5 月开始实施，并于 1946 年完成，安装在陆军弹道研究所，一直服役到 1955 年 10 月。ENIAC 长 100 英尺，宽 3 英尺，重约 30t，机器中约有 18 800只电子管、1 500 个继电器、70 000 只电阻以及其他各种电器原件，同时还安装 6 000多个开关用于指示运算步骤。运行速度 5 000次/s，ENIAC 运算速度很快，相当于手工计算的 20 万倍。它的诞生揭开了人类科技的新纪元，也是人们所称的第四次革命的开端，揭开了计算机时代的序幕。

任务二 了解计算机的发展史

几十年来，计算机经历了几次重大的技术革命，得到了突飞猛进的发展。在计算机发展过程中，电子器件的应用和变更起到了决定性的作用，因此，它成了计算机产生和换代的主要标志，电子计算机的发展到目前为止共经历了 4 个时代。

第一代：从 1946 年到 1958 年，这段时期我们称之为“电子管计算机时代”。第一代计算机的内部元件使用的是电子管。由于一部计算机需要几千个电子管，每个电子管都会散发大量的热量，因此，如何散热是一个令人头痛的问题。电子管的寿命最长只有 3 000 h，计算机运行时常常发生由于电子管被烧坏而使计算机死机的现象。第一代计算机主要用于科学研究和工程计算。

第二代：从 1958 年到 1964 年，由于在计算机中采用了比电子管更先进的晶体管，所以，我们将这段时期称为“晶体管计算机时代”。晶体管比电子管小得多，不需要暖机时间，消耗能量较少，处埋更迅速、更可靠。第二代计算机的程序语言从机器语言发展到汇编语言。接着，高级语言 FORTRAN 语言和 COBOL 语言相继开发出来并被广泛使用。这时，开始使用磁盘和磁带作为辅助存储器。第二代计算机的体积和价格都下降了；使用的人也多起来了，计算机工业迅速发展。第二代计算机主要用于商业、大学教学和政府机关。

第三代：从1964年到1971年，集成电路被应用到计算机中来，因此，这段时期被称为“中小规模集成电路计算机时代”。集成电路（Integrated Circuit，简称 r）是做在晶片上的一个完整的电子电路，这个晶片比手指甲还小，却包含了几千个晶体管元件。第三代计算机的特点是体积更小、价格更低、可靠性更高、计算速度更快。第三代计算机的代表是IBM公司花了50亿美元开发的IBM 360系列。

第四代：从1971年到现在，被称之为“大规模集成电路计算机时代”。第四代计算机使用的元件依然是集成电路，不过，这种集成电路已经大大改善，它包含着几十万到上百万个晶体管，人们称之为大规模集成电路（Large Scale lntegrated Circuit，简称 LSI）和超大规模集成电路（Very Large Scale lntegrated Circuit，简称 VLSI）。1975年，美国IBM公司推出了个人计算机PC（Personal Computer），从此，人们对计算机不再陌生，计算机开始深入到人类生活的各个方面。

任务三　了解计算机发展的未来趋势

计算机在处理速度、存储容量、网络化以及软件的精巧化方面经过数十年的发展，已经以难以想象的方式渗入科学、商业和文化领域中，而智能工程又将令其从量变转向质的飞跃。

计算功能日益变成模拟和执行。在科学领域，计算可以模拟气候变化，破解人类基因；在商业领域，低成本的计算、因特网和数字通信正在改变全球经济；在文化领域，计算类产品，如iPod、YouTube和计算机动画等无所不在。

社会网络、数字图像、网络媒体、计算机对工作及就业的影响等，计算的影响在深度上将渗入自然科学，在广度上将进入社会科学；政策问题突出，计算技术的功能将更加强大、无所不及。

计算机对科学研究的深刻影响主要是体现在高速运算的巨型计算机上。虽然通过网络的群体式计算机，可以将许多计算机的功能通过软件联结，实现可与巨型计算机媲美的高速运算，但要解决最复杂的动态问题，尤其是涉及国家安全的问题，还必须依靠单个巨型计算机。能广泛影响社会大众的计算则从台式机向集计算、娱乐、通信于一体的手持多功能产品转变。

1. 巨型计算机的发展目标

速度对于科学计算中的巨型计算机，就像它对于战场上的战斗机一样重要。美国国防部高级研究计划局（DARPA）制定的高生产力计算系统（HPCS）计划，要求1 000万亿次/s浮点运算的巨型计算机在2010年前进入市场，装备美国的武器实验室及科学研究中心。

DARPA将此类巨型计算机看作是开发先进的空中飞行器、武器、军事作战的谋划和执行、美国核储备的维护、安全系统研究，以及图像处理及密码破译等的关键技术。DARPA负责该计划的主管哈罗德说，这是“满足国家安全和经济竞争力需要的关键技术”。

2006年11月，克雷公司推出了新型XT4巨型计算机，它是由3万个opteron处理器组成的系统。克雷公司声称其新系统在试验期间稳定的运算速度为10万亿次/s浮点运算，当前可达54万亿次/s，预计2005年底达到250万亿次/s。XT4的新型体系结构很容易升级到1 000万亿次/s浮点运算的最高速度。

XT4的关键技术是克雷公司的SeaStar2连接芯片。系统中每个处理器有一个这样的连接芯片，而不是像其他巨型计算机那样所有处理器共用一个通信接口。这一技术使大量并行处理系统在运行中不会因其数据传输而减慢。橡树岭国家实验室、国家能源科学计算中心和芬兰 IT 科学中心都订购了 XT4。公司负责政府计划的副总裁说，这种类型的计算机特别适用于空气动力学问题，也适用于其他航空航天的设计。例如，美国空军的研究人员一直用其上一代的 XT3 来模拟新型天线的设计与评价。

2006 年 11 月，DARPA 与克雷公司签订了 2.5 亿美元的合同，用于开发其最新的混合式体系结构的巨型计算机。这是高生产力计算系统计划第三阶段的项目之一，克雷公司称之为自适应巨型计算机。迄今，巨型计算机只用一种处理器，克雷公司的巨型计算机的混合结构是将标量、矢量不同类型的处理器集成在一起，还要加上另外两个其他处理器，将处理器和任务编制得最适合缓存，从而达到最高效率和最大利用。

IBM 公司也签订了 2.44 亿美元的 HPCS 计划第三阶段的巨型计算机合同。目标是开发实时应用的 1 000万亿次/s 巨型计算机，在 2006 年 11 月公布的第 28 次全球最高速的 500 巨型计算机名单上，IBM 的 Gene/L 系统位居榜首，是该公司为美国能源部劳伦斯·利弗莫亦国家实验室研制的，运算速度为 280.6 万亿次/s，大约是 DARPA 要求克雷公司和 IBM 于 2010 年前交货的原型计算机速度的 1/3。克雷公司在桑迪亚国家实验室中运行的红色风暴巨型计算机为 101.4 万亿次/s，仅次于 IBM 的 Gene/L。

2. 台式计算机逐渐变成网络多媒体娱乐工具

台式计算机最终走向了移动通信领域，从光纤通信中数据量的激增可看到这一趋势。计算机用户通过接到 MySpaee 和 ESPN 的网址，正在越来越多地利用手机处理文件、短信。

先进手机操作系统的开发商、Symbian 公司的副总裁帕纳格罗斯西说：“我们看到了屏幕的逐渐演变，从电影、电视、计算机屏幕发展到今天第四代的智能手机屏幕。”

最新屏幕是将台式计算机的许多功能展示出来，下一代屏幕将包含音像通信、电子邮件、短信等功能在内的多种形式的融合。为此，苹果计算机公司已更名为苹果公司，即将推出的 iPhone 代表公司的最新战略，即进入因特网数据处理手持装置的新领域。这种接近台式计算机的手持装置可以通过光纤及其他无线网络，简易地处理音乐、图像、娱乐、生产任务和通信。苹果公司的举动好像引发了一场核战争，诺基亚和摩托罗拉都将作出反应。不过，在此领域，苹果公司还只是后来者，其对手有：诺基亚、摩托罗拉、索尼·埃得克森、微软等商业巨头，他们都进入了娱乐电子领域。即将进入这一领域的还有 Google 等强大的因特网公司。他们都经不起台式计算机用户兴趣转移的诱惑。

在移动电话与台式计算机之间伪竞争还产生了新型的复合装置。诺基亚和索尼最近都推出了集创新的物理设计和各种通信功能为一体的新产品，其共同特征是比掌上机更小巧，其屏幕更便于读取。无线数据通信的软件开发也是重要的商业领域。苹果公司的优势是在无线数据通信市场中可同时开发硬件和软件，这就是其新近推出的 iPhone，其新颖设计引人注目。

3. 计算对科学及社会经济的影响

计算为何对科学、社会网络及人们的文化生活产生重大影响？

在计算机对科学的影响方面，加州伯克利大学教授卡普经长期探索，提出了科学理论的算法性质的概念。数学和计算机科学的核心概念就是算法。算法，简而言之就是对计算的分步求解。它擅长描述动态过程，而科学公式或方程式适于静态现象。科学研究越来越多地探索动态过程，计算机科学就是算法的系统研究。

计算机应用在当前发展最快的生物学领域尤其突出。卡普近年的研究已经超出计算机科学领域，进入到微生物领域。他认为，现在生物学已经被当作信息科学看待。科学家设法将生物过程，如蛋白质的生成用算法来描述，即“自然就是算法”。

在社会网络方面，社会科学家早在技术网络出现之前就对其分析了数十年。随着因特网的出现，社会网络和技术网络不可避免地连接起来，社会网络也就可能发展到前所未有的规模。新的技术网络包括电子邮件方式、商业网站的购物推荐、通信网站的短信或小帖子，还有新闻、见解、时尚、都市神话、网络商品和服务等。

当前，人们在探索，能否用算法分析为何某些网络社区兴旺而另一些则萎缩或消失？利用计算技术研究社会网络对社会学家、经济学家、人类学家、心理学家和教育家而言是丰富的宝藏，对营销人员和政客也同样有用。康乃尔大学教授克莱因伯格说：“这是将计算及算法用于社会科学和实践中的最主要的方式，当前还只是处于起步阶段。”

1.2 技能二　计算机的特点与分类

任务一　了解计算机的特点

1. 运算速度快

电子计算机的运算速度从最初的每秒几千次，提高到了现在的几百亿次甚至更高。过去人工需要几年、几十年才能完成的大量科学计算，使用计算机只需要几天、几个小时甚至几分钟就能完成。正是由于计算机运算速度不断提高，所以，在军事及航空航天等领域发挥了重要作用。

2. 运算精确

使用计算机进行数值计算可以精确到小数点后几十位、几百位、甚至更多位，而且运算十分准确。

3. 记忆功能

计算机存储器的存储容量不断增大，可以存储的信息量也越来越大。使用几张光盘就可以将整个博物馆中的藏书保存起来。

4. 逻辑判断功能

计算机可以处理数值、语言、文字、图形、音乐和动画等各种各样的信息，计算机既可以进行算术运算，又可以进行逻辑运算，可以对文字、符号、大小和异同等进行比较、判断和推理。

5. 自动执行程序的能力

计算机可以按照人们事先编制的程序自动进行工作，不需要人为干预。

任务二　了解计算机的分类

1. 按信息的形式和处理方式分类

（1）电子数字计算机：所有信息以二进制数表示。

（2）电子模拟计算机：内部信息形式为连续变化的模拟电压，基本运算部件为运算放大器。

（3）混合式电子计算机：既有数字量又能表示模拟量，设计比较困难。

2. 按用途可分类

（1）通用机：适用于各种应用场合，功能齐全、通用性好的计算机。

（2）专用机：为解决某种特定问题专门设计的计算机，如工业控制机、银行专用机、超级市场收银机（POS）等。

3. 按计算机系统的规模分类

（1）巨型计算机：Super Computer 通常是指最大、最快、最贵的计算机。例如，目前世界上运行最快的超级机，速度为 1 704亿次/s 浮点运算。巨型机一般用在国际和尖端科学领域。国内自行研制的银河Ⅰ（每秒运算 1 亿次以上）、Ⅱ（每秒运算 10 亿次以上）、Ⅲ（每秒运算 100 亿次以上）也都是巨型机。目前，世界上运行速度最快的巨型机已达到每秒万亿次浮点运算。

（2）大型计算机：英文名称为 Mainframe，是在微型机出现之前最主要的计算模式，即把大型主机放在计算机中心的玻璃机房中，用户要上机，就必须使用计算中心的终端工作。不过，随着微机与网络的迅速发展，大型主机正在走下坡路，逐渐被微机所取代。

（3）小型计算机：英文名称为 Minicomputer，是中小型企事业单位或某一部门所用，如高等院校的计算机中心都以一台小型机为主机，配以几十台甚至上百台终端机，以满足大量学生学习程序设计课程的需要，但其运算速度和存储容量都比不上大型机。

（4）微型计算机：英文名称为 Personal Computer，是目前发展最快的领域。在过去 20 多年中，PC 使用的 CPU 芯片平均每两年集成度增加一倍，处理速度提高一倍，价格却降低一半。随着芯片性能的提高，PC 的功能越来越强大。今天的 PC 应用已遍及各个领域，从工厂的生产控制到政府的办公自动化；从商店的数据处理到个人的学习娱乐，几乎无处不在，无所不用。目前，PC 占整个计算机装机量的 95% 以上。

（5）服务器：英文名称为 Server，随着计算机网络的日益推广和普及，一种可供网用户共享的高性能的计算机应运而生，这就是服务器。服务器一般具有大容量的存储设备和丰富的外部设备，其上运行网络操作系统，要求较高的运行速度，对此很多服务器都配置了双 CPU 或多 CPU。服务器上的资源可供网络用户共享。

（6）工作站：英文名称为 Workstation，是一种以个人计算机和分布式网络计算为基础，主要面向专业应用领域，具备强大的数据运算与图形、图像处理能力，为满足工程设计、动画制作、科学研究、软件开发、金融管理、信息服务、模拟仿真等专业领域而设计开发的高性能计算机。

1.3　技能三　计算机的应用

任务一　熟悉计算机的应用领域

计算机的应用领域已渗透到社会的各行各业，正在改变着传统的工作、学习和生活方式，推动着社会的发展。计算机的主要应用领域如下。

1. 科学计算或数值计算

是指利用计算机来完成科学研究和工程技术中提出的数学问题的计算。在现代科学技术工作中，科学计算问题是大量的和复杂的。利用计算机的高速计算、大存储容量和连续运算的能力，可以实现人工无法解决的各种科学计算问题。例如，建筑设计中为了确定构件尺寸，通过弹性力学导出一系列复杂方程，长期以来由于计算方法跟不上而一直无法求解。而计算机不但能求解这类方程，并且引起弹性理论上的一次突破，出现了有限单元法。

2. 数据处理或信息处理

数据处理是指对各种数据进行收集、存储、整理、分类、统计、加工、利用、传播等一系列活动的统称。据统计，80%以上的计算机主要用于数据处理，这类工作量大面宽，决定了计算机应用的主导方向。

数据处理从简单到复杂已经历了3个发展阶段，它们是：

（1）电子数据处理（Electronic Data Processing，简称EDP）：是以文件系统为手段，实现一个部门内的单项管理。

（2）管理信息系统（Management Information System，简称MIS）：是以数据库技术为工具，实现一个部门的全面管理，以提高工作效率。

（3）决策支持系统（Decision Support System，简称DSS）：是以数据库、模型库和方法库为基础，帮助管理决策者提高决策水平，改善运营策略的正确性与有效性。目前，数据处理已广泛地应用于办公自动化、企事业计算机辅助管理与决策、情报检索、图书管理、电影电视动画设计、会计电算化等等各行各业。信息正在形成独立的产业，多媒体技术使信息展现在人们面前的不仅是数字和文字，也有声情并茂的声音和图像信息。

3. 辅助技术或计算机辅助设计与制造

计算机辅助技术包括CAD、CAM和CAI等。

（1）计算机辅助设计（Computer Aided Design，简称CAD）：是利用计算机系统辅助设计人员进行工程或产品设计，以实现最佳设计效果的一种技术。它已广泛地应用于飞机、汽车、机械、电子、建筑和轻工等领域。例如，在电子计算机的设计过程中，利用CAD技术进行体系结构模拟、逻辑模拟、插件划分、自动布线等，大大提高了设计工作的自动化程度。又如，在建筑设计过程中，可以利用CAD技术进行力学计算、结构计算、绘制建筑图纸等，这样不但提高了设计速度，而且可以大大提高设计质量。

（2）计算机辅助制造（Computer Aided Manufacturing，简称CAM）：是利用计算机系统进行生产设备的管理、控制和操作的过程。例如，在产品的制造过程中，用计算机控制机器的运行，处理生产过程中所需的数据，控制和处理材料的流动以及对产品进行检测等。使用CAM技术可以提高产品质量，降低成本，缩短生产周期，提高生产率和改善劳动条件。

将CAD和CAM技术集成，实现设计生产自动化，这种技术被称为计算机集成制造系统（CIMS）。它的实现将真正做到无人化工厂（或车间）。

（3）计算机辅助教学（Computer Aided Instruction，简称CAI）：是利用计算机系统使用课件来进行教学。课件可以用著作工具或高级语言来开发制作，它能引导学生循序渐进地学习，使学生轻松自如地从课件中学到所需要的知识。CAI的主要特色是交互教育、个别指导和因材施教。

4. 过程控制或实时控制

是利用计算机及时采集检测数据，按最优值迅速地对控制对象进行自动调节或自动控制。采用计算机进行过程控制，不仅可以大大提高控制的自动化水平，还可以提高控制的及时性和准确性，从而改善劳动条件、提高产品质量及合格率。因此，计算机过程控制已在机械、冶金、石油、化工、纺织、水电、航天等部门得到广泛的应用。例如，在汽车工业方面，利用计算机控制机床、控制整个装配流水线，不但可以实现精度要求高、形状复杂的零件加工自动化，而且可以使整个车间或工厂实现自动化。

5. 人工智能 Artificial Intelligence

是计算机模拟人类的智能活动，诸如感知、判断、理解、学习、问题求解和图像识别等。现在人工智能的研究已取得不少成果，有些已开始走向实用阶段。例如，能模拟高水平医学专家进行疾病诊疗的专家系统，具有一定思维能力的智能机器人等等。

6. 网络应用

计算机技术与现代通信技术的结合构成了计算机网络。网络的建立，不仅解决了一个单位、一个地区、一个国家中计算机与计算机之间的通信，各种软、硬件资源的共享，也大大促进了国际间的文字、图像、视频和声音等各类数据的传输与处理。

7. 计算机通信

是计算机技术和通信技术的高度发展、密切结合的一门新兴科学。Internet 已经成为覆盖全球的信息基础设施，在世界的任何地方，人们都可以彼此进行通信，如收发电子邮件，进行文件传输，拨打 IP 电话等。

8. 电子商务

是指在计算机网络上进行的商务活动，“电子贸易”可进行股票、投资、购物和房地产交易；还可用来对职工工资、保险业务等进行电子支付等。这种电子交易不但方便快捷，而且现金的流通量也将随之减少，避免了货币交易的风险和麻烦。

9. 文化教育与休闲娱乐

利用计算机网络实现远距离双向交互式教学和多媒体结合的网上教学方式，多媒体计算机还可用于欣赏电影、观看电视和玩游戏等。近几年，多媒体发展迅猛，现在已经成为家庭必备的网络工具。

1.4　技能四　认识计算机硬件

任务一　认识 PC 机的硬件（图 1－1～图 1－13）

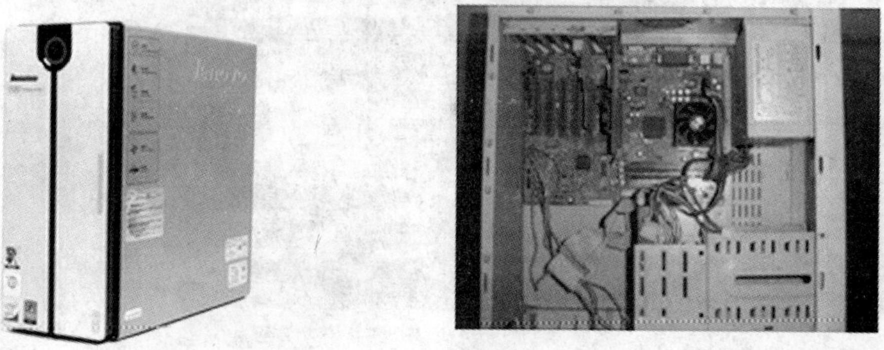

图 1－1　主机

图 1－2　显示器

图 1－3　键盘

图 1－4　有线和无线鼠标

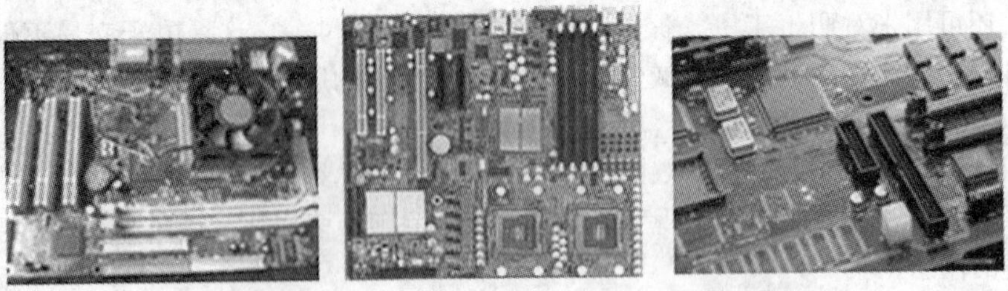

图 1－5　主板

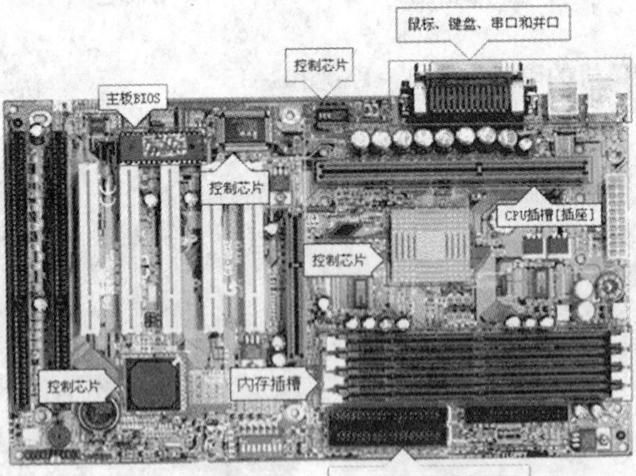

图 1－6　主板各部件的名称

图1－7　各种 CPU

图1－8　各种内存条

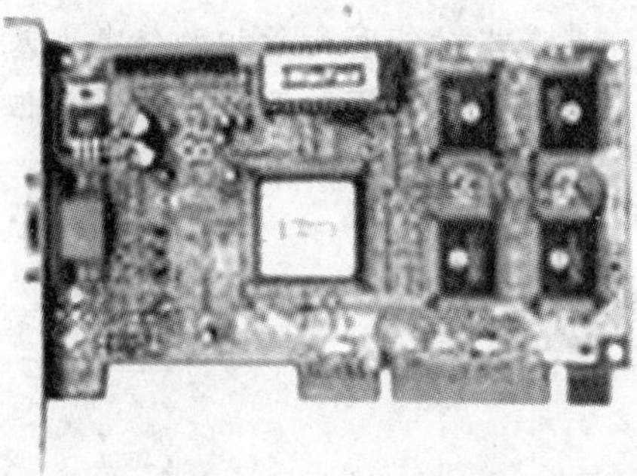

图1－9　显示卡

图1－10　声卡

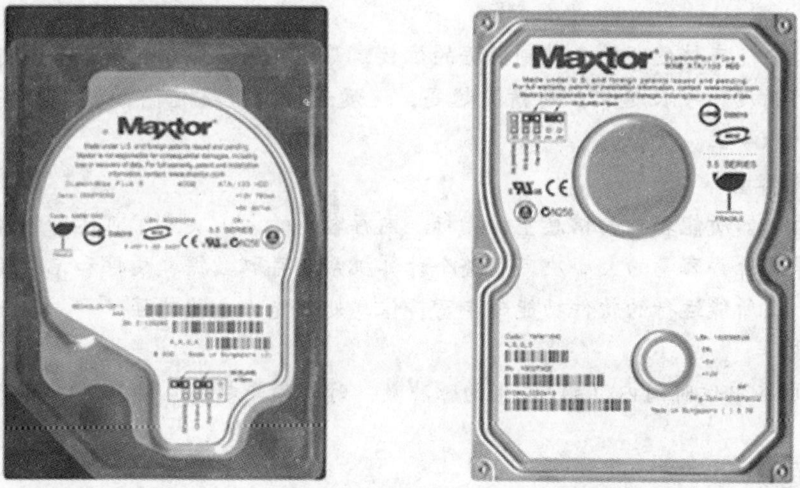

图1－11　硬盘

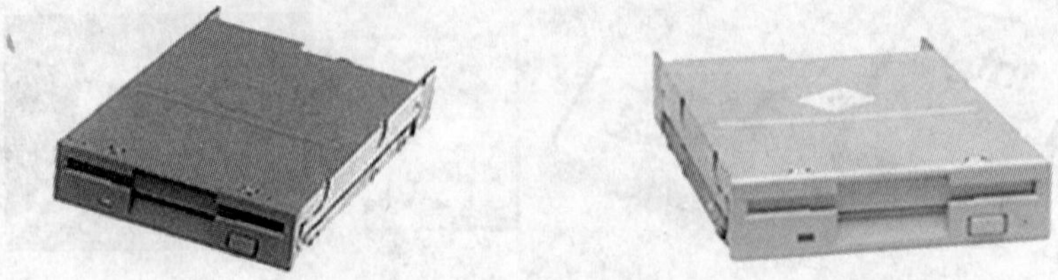

图 1-12　软驱

图 1-13　光盘驱动器

说明

PC 机的配置和外观不同，但其基本构成是相同的，其基本功能和所承担的任务也基本相同。在 PC 主机中，有主板、CPU、内存、显示卡、声卡、硬盘、软驱、光驱等。但有的显卡和声卡集成到一块主板上。

1.5　技能五　PC 机基本硬件的组装

1.5.1　PC 机的选购与安装

预备知识

计算机的主要技术指标

1. 字长

是指计算机能直接处理的二进制数据的位数，是计算机的重要指标。字长标志着计算机处理信息的精度。字长越长，则精度越高，速度越快，价格越高，计算机字长主要有 16 位、32 位和 64 位。

2. 存储器容量

是衡量存储器所能容纳的信息量的指标。内存容量的大小决定了可运行的程序大小和程序运行效率。外存容量的大小决定了整个计算机系统存取数据、文件和记录的能力。存储容量越大，则所能运行的软件功能越丰富，信息处理能力也就越强。

3. 时钟频率

是指 CPU 在单位时间内（s）发生的脉冲数，时钟频率越高，计算机的运行速度也就越快。

4. 运行速度

指计算机每秒钟能执行的指令数，一般用百万次/s（MIPS）来描述。

5. 存取周期

反映存储器性能的一个重要参数。存取速度决定了运算速度的快慢。

6. 可靠性、可用性和可维护性

指三者性能指标越高，则计算机系统的性能越好。

任务一　PC 机的选购

PC 机的基本组成

（1）主机箱：立式或卧式两种。主要有金河田、爱国者、世纪星等品牌机箱。

（2）主板：主要有微星、华硕、精英、大众、技嘉等品牌。

（3）CPU：主要有 Intel Pentium4、Intel Celeron D、AMD Opteron、AMD Sempron、AMD Athlon64x2 等。

（4）内存：种类有 DDR 和 SDRAM 两类。容量为 1G、512MB、256MB、128MB 等。主要有现代、三星和 KINGMAX 等品牌。

（5）显示卡：按显示内存分为 64MB、128MB、256MB 等。

（6）软驱：3.5 英寸，品牌有 LG、SONY、三星等。

（7）硬盘：主流容量是 80G，主要品牌有西部数据（WD）、希捷（Seagate）、Maxtor（迈拓）、三星等品牌。转速主要有 5 400 转、7 200 转、10 000 转。接口类型有 IDE、SCSI和 S-ATA 3 种。

（8）光驱：CD-ROM、CD-RW、DVD-ROM、DVD-RW、COMBO 等。

（9）声卡：PCI，主要有创新、黑金、德国坦克等。

（10）音箱：主要有创新家族、惠威、漫步者、冲击波等品牌。

（11）显示器：主流尺寸从 14～29 英寸。主要有 CRT 显示和液晶显示两种。

（12）鼠标：分为有线和无线，机械和光电。

（13）键盘：普通和原装。

（14）网卡：接口类型有 ISA 总线和 PCI 总线两类。频率有 10MB、100MB、1 000 MB 等。

（15）调制解调器：有内置和外置两种。

任务二　PC 机的安装

操作步骤

（1）将键盘连接线插入主机的键盘连接插口。

（2）将鼠标连线插入主机的鼠标连接插口。

（3）将显示器的数据线插到主机显示卡的显示器信号输出口。

（4）先将显示器电源线一端插入显示器电源口，另一端插入 220V 电源插座。

（5）先将主机电源线一端插入主机电源口，另一端插入 220V 电源插座，即安装完毕。

1.5.2　PC 基本硬件的组装

任务一　PC 机的硬件组装

操作步骤

（1）将主板安装在主机箱中。安装时一定要在螺丝孔眼上加上绝缘垫圈。

（2）将 CPU 安装在主板上。安装时要将 CPU 针脚与 CPU 插座的方向一致，否则安装不上，安装后，要将 CPU 用卡杆卡住。将 CPU 风扇根据方向安装到已安装好的 CPU 上，并将风扇固定好，风扇的电源线要根据主板上的提示进行安装。

（3）安装内存：将内存根据方向插入内存条插槽内，内存条卡件会自动将内存条固定在主板上。

（4）安装显卡：将显示卡（显示适配器）插入到主板的 AGP 插槽内，并用螺丝将其固定到主机箱上。

（5）安装硬盘：将硬盘用螺丝固定到主机箱的硬盘架上。

（6）安装光驱：将光驱用螺丝固定到主机箱的光驱架上。

（7）安装软驱：将软驱用螺丝固定到主机箱的软驱架上。

（8）安装主板的电源线：将机箱的电源输出线插入到主板的电源输入插座上。插入时要注意方向，否则插不进去。

（9）安装硬盘、软驱的电源线：分别取一条主机箱电源输出的梯形口线，分别插入到硬盘、光驱的电源输入口，一般情况红线应在里侧。

（10）安装硬盘、光驱的数据线：硬盘、光驱的数据线采用同一种格式，数据线较宽，分别取一条硬盘或光驱的数据线，一端插入到硬盘数据口或光驱数据口，（注意红边对红边），硬盘数据线的另一端插入到主板 IDE1 插槽中，数据线是具有方向性的，插反会插不进去，光驱数据线的另一端插入到主板的 IDE2 插槽中。

（11）安装软驱的电源线：将一条电源线的插头插入到软驱的电源输入口，一般情况红线应在外侧。

（12）安装软驱的数据线：将软驱数据线的另一端插入到主机板软驱数据线插槽中，数据线的插头，具有方向性，插反会插不进去。

相关知识链接

计算机硬件系统逻辑结构包括：

（1）运算器：是计算机中负责对数据进行运算处理的部件。主要功能是完成各种算术运算和逻辑运算。

（2）控制器：相当于计算机的指挥中心，它负责控制和指挥计算机中的各个部件协调工作。主要功能是从存储器中取出指令，并分析指令，并且按照先后顺序向计算机中的各个部件发出控制信号，指挥它们完成各种操作。

（3）存储器：是用来存储数据和程序的“记忆”装置，相当于存放资料的仓库。存储器分为两类：一类是内存储器，另一类是外存储器。

（4）输入设备：是将数据信息和程序通过计算机接口电路转换成电信号，顺序送入计算机存储器中进行处理的设置。

（5）输出设备：是用来将计算机中处理后的数据、程序和图形等转换成人们能够识别的形式显示出来的设备。

1.6　技能六　计算机软件系统的安装

预备知识

计算机软件的分类

1. 系统软件

是用于计算机的管理、控制、维护和运行；方便用户对计算机的使用。系统软件包括操作系统、语言处理程序、数据库管理程序和网络通信管理程序等。其中最重要的操作系统软件有 Windows 98、Windows 2000、Windows XP、Windows 2003 和 Linux 等。

2. 应用软件

是指用户利用计算机及提供的系统软件为解决各类实际问题而编制的计算机程序，包括各种应用软件、工具软件以及用户利用系统软件开发的应用程序等。如 Office、Photoshop、3D max 和游戏软件等。

任务一　计算机软件系统的安装

操作步骤

（1）利用系统安装盘对硬盘分区：在新硬盘上用安装光盘装 Windows 系统时，到了选择安装分区的时候，屏幕上会列出硬盘的现有分区和未分区空间。按照上面的详细提示进行操作，按 C 键使用未分区空间创建新的分区，然后在“创建磁盘分区大小（单位 MB）”栏里输入 C 盘分区的大小（如果你不输入数字，直接按回车，则未分区空间将全部划分为 C 盘），回车，C 盘就建立了。接着我们再根据提示，选择未分区空间，重复上述的步骤，继续按 C 键创建 D 盘……直到硬盘分区完成。

（2）安装操作系统：安装 Windows 98、Windows 2000、Windows 2003、Windows XP 等。参看第三章第一节的内容。

（3）安装应用软件和专用软件：如办公软件（Office 2000、Office 2003、WPS 2005 等）、图形图像处理软件（Photoshop 等）、数据库管理软件（Visual Foxpro、SQL Server 等）、翻译软件（金山快译、金山词霸、东方快车）、多媒体软件（超级解霸、东方影都等）。例如，Photoshop 8.0 的安装如下。

①将 Photoshop cs 8.0.rar 压缩文件进行解压缩，用鼠标选中该文件单击鼠标右键如图 1-14 解压缩文件所示，解压到当前文件夹，打开解压后的文件夹，双击 Setup.exe 如图 1-15安装文件所示，安装文件开始进行安装，出现如图 1-16 安装界面所示。

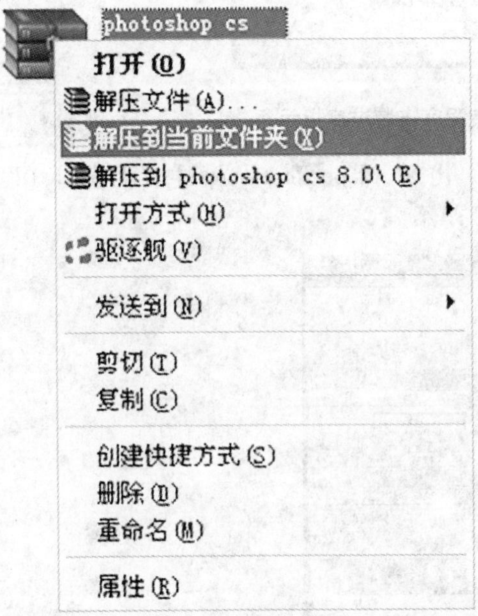

图 1-14　解压缩文件

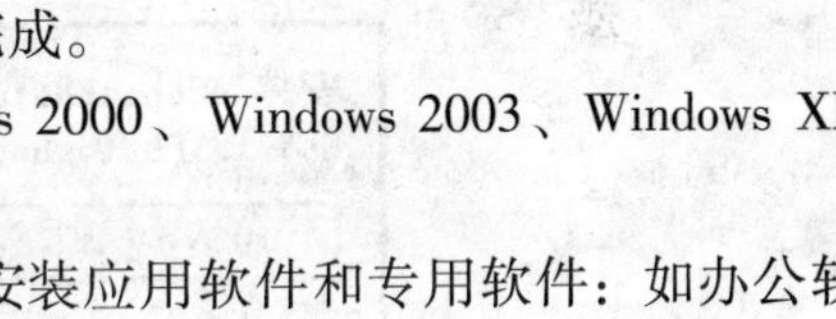

图 1-15　安装文件

②单击【下一步】，进入软件许可协议窗口，选择【是】，进行用户信息的填写及序列号输入：1045-0502-9715-8471-5218-7925 进行安装。

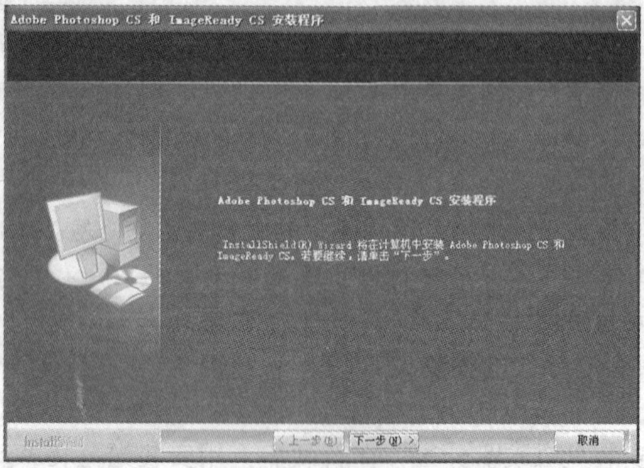

图 1－16　安装界面

③单击【下一步】，选择安装文件夹，若需要改变安装路径点“浏览”按钮，即可改变。再连续单击【下一步】出现如图 1－17 Adobe Photoshop 安装程序安装进度指示条。

图 1－17　Adobe Photoshop 安装程序安装进度指示条

④单击【完成】按钮，启动 Adobe Photoshop，出现 Adobe Photoshop 主界面窗口（图 1－18）。

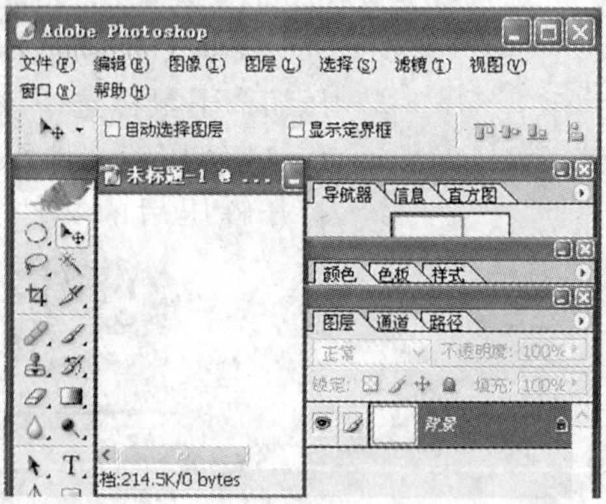

图 1－18　Adobe Photoshop 主界面窗口面

若安装的是 Adobe Photoshop 9.0 则过程如下。

⑤安装过程中会弹出激活界面，这时请点击左下角的“激活选项”，接着选“通过软件自动激活系统进行电话激活”，单击“下一步”，记下激活号（共 7 组），然后运行注册

机 Keygen. exe，在“Activation Application”中选“Photoshop cs2 9.0”，在“Request Code:”中输入刚才所记下的激活号，按下最下面的“Generate”按钮，就可以得到授权码 Answer code（共5组）。

⑥返回 Photoshop cs2 激活界面，输入刚才生成的5组授权码，按“激活”，激活成功。

⑦首次运行 Photoshop cs2 会要求进行网上注册，按下“不注册”即可。

1.7 技能七 计算机中的数制转换

预备知识

进位计数制的概念：按进位的原则进行计算，称为进位计数制。在日常生活中，人们常用十进制。此外，还有二十四进制（24 小时为一天）、十二进制（十二个月为一年）和二进制（两只等于一双）。采用什么计数制取决于人们的需要。每种计数制可使用的基本数码的个数，称为该计数制的基数。十进制共有0、1、2、3、4、5、6、7、8、9 这10个数码，基数为10，其进位法则是“逢十进一”，故称十进制。

1.7.1 进位计数制的基本特点

任务一 进位计数制的基本特点

计数方法有多种，人们最熟悉、用得最多的是十进制，此外还有二进制、八进制、十六进制等。在计算机应用中经常使用的是二进制、十六进制和八进制。

1. 十进制的特点

在日常生活中人们最熟悉，最常用的是十进制数，采用“逢十进一”的原则计数，有10个不同的数字符号（也称数码），即0、1、2、3、4、5、6、7、8、9。

2. 二进制的特点

二进制数具有运算简单、易实现、可靠性高等优点，所以，在计算机中采用了二进制数，计算机中的数据和指令都是用二进制表示的。用电子器件实现两种状态的转换，即高、低电位的转换或电路的通与断。采用“逢二进一”的原则计数，有两个不同的数字符号，即0、1。

3. 八进制的特点

采用“逢八进一”的原则计数，有8个不同的数字符号（也称数码），即0、1、2、3、4、5、6、7。

4. 十六进制的特点

采用“逢十六进一”的原则计数，有16个不同的数字符号，即0、1、2、3、4、5、6、7、8、9、A、B、C、D、E、F。

表 1-1　常用计数制的表示方法

十进制数	二进制数	八进制数	十六进制数
0	0	0	0
1	1	1	1
2	10	2	2
3	11	3	3
4	100	4	4
5	101	5	5
6	110	6	6
7	111	7	7
8	1 000	10	8
9	1 001	11	9
10	1 010	12	A
11	1 011	13	B
12	1 100	14	C
13	1 101	15	D
14	1 110	16	E
15	1 111	17	F
16	10 000	20	10

1.7.2　二进制数与十进制数之间的转换

任务一　二进制数转为十进制数

方法：采用乘权相加法，即各位数字乘以该位权重再相加的方法。

[例 1] $1\ 011.101B=1\times2^3+0\times2^2+1\times2^1+1\times2^0+1\times2^{-1}+0\times2^{-2}+1\times2^{-3}=11.625$

任务二　十进制数转为二进制数

方法：整数的转换是采用除 2 取余、倒序排列法，即把十进制数反复被 2 除，记下每次相除的余数，直到商为 0，然后把各位余数从后向前写出，即为转化后的二进制整数。小数部分的转换：采用乘 2 取整、正序排列的方法，即把十进制小数反复乘以 2，取出每次乘积的整数位，一直到被乘数成为 0 或小数达到要求为止，（有的十进制小数不能准确地转化为二进制小数），然后把各整数位从前向后排列出来，即为转化后的二进制数。

[例 2] 将 $(55)_{10}$ 转化为二进制数。

解：

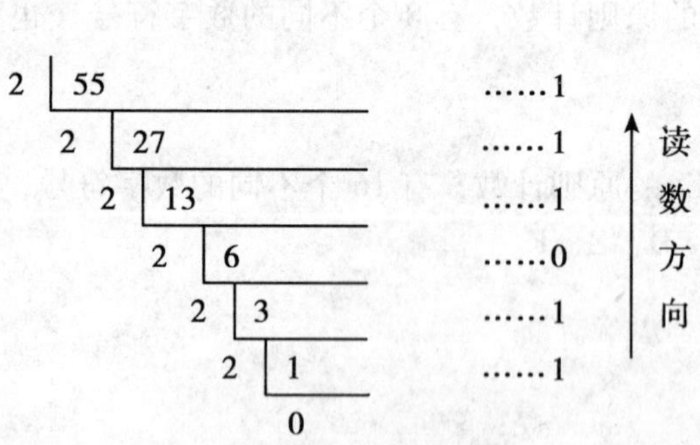

所以 $(55)_{10}=(110\ 111)_2$

［例 3］将（0.625）$_{10}$转化为二进制数。

解：

```
      0.625
×         2
-----------
       .250    1   读
×         2        数
-----------        方
       .500    0   向
×         2        ↓
-----------
       .000    1
```

所以（0.625）$_{10}$ =（.101）$_2$

［例 4］将（55.625）$_{10}$转化为二进制数。

解：仍采用整数部分和小数部分分别进行转换，然后用小数点连接，利用例 2 及例 3 的结果，即（55.625）$_{10}$ =（110 111.101）$_2$

1.7.3　二进制数与八进制数之间的转换

任务一　二进制数转为八进制数

方法：从小数点起分别向两侧把二进制数 3 位一组分开，前头不够 3 位时向前补 0，后头不够 3 位时向后补 0，然后分别把每 3 位二进制数转化成一位八进制数即可。

［例 5］将(10 111 110 010.011 111)$_2$ 转换成八进制数。

解：(　010　111　110　010.　011　111)$_2$

　　　2　　7　　6　　2.　　3　　7

所以（10 111 110 010.011 111）$_2$ =（2 762.37）$_8$

任务二　八进制数转为二进制数

方法：是二进制向八进制转换的逆转换，只要把每位八进制数分别写成 3 位二进制数，然后去掉首尾的 0 即可。

［例 6］将(3 716.52)$_8$ 转换成二进制数。

解：(　3　7　1　6.　5　2　)$_8$

　　011　111　001　110.　101　010

所以(3 716.52)$_8$ =(11 111 001 110.101 01)$_2$

1.7.4　二进制数与十六进制数之间的转换

任务一　二进制数转为十六进制数

方法：从小数点起分别向两侧把二进制数 4 位一组分开，前头不够 4 位时向前补 0，后头不够 4 位时向后补 0，然后分别把每 4 位二进制数转化成一位八进制数即可。

［例 7］将（1 011 011 111.010 101 1）$_2$ 转换成十六进制数。

解：(　0 010　1 101　1 111.　0 101　0 110　)$_2$

　　　2　　D　　F.　　5　　6

所以

(1 011 011 111.010 101 1)$_2$ =（2DF.56）$_{16}$

任务二　十六进制数转为二进制数

方法：是二进制向十六进制转换的逆转换，只要把每位十六进制数分别写成4位二进制数，然后去掉首尾的0即可。

［例8］将$(3\ 716.52)_8$转换成二进制数。

解：(　3　　E　　7.　　2　　A　　C　)$_{16}$

　　　0011　1110　0111.　0010　1010　1100

所以

$(3E7.2AC)_{16}=(1\ 111\ 100\ 111.001\ 010\ 101\ 100)_2$

相关知识链接

1. 十进制和十六进制的互换

十六进制数向十进制数的转换：完全类似于二进制数向十进制数的转换，采用乘权相加法。

十进制数向十六进制数的转换：原则上完全可以采取类似于十进制向二进制数转换的方法，但由于除16取余和乘16取整的操作比较复杂，所以，我们建议以二进制数为桥梁进行转化，即先把十进制数转换为二进制数，再把二进制数转换为十六进制数。

2. 书写规定

为了区别各种进制数，一般采用英文字母作后缀来表示各种进制。B代表二进制数；Q代表八进制数；D代表十进制数；H代表十六进制数。例如，可进行如下方式的书写：

$(10\ 101)_2=10\ 101B$

$(4D)_{16}=4DH$

$(0.875)_{10}=0.875D=0.875$

1.8　技能八　计算机中的数据编码

计算机只能识别二进制数，或者说只能识别数字（因为任何数字总能表示为二进制数）。对各种字符，用数字对其进行编号，然后再转化成地址数由机器处理。编号方法原则上是任意的，只要每个字符的编号惟一即可。目前流行的有西文字符的编码、数字的编码、汉字的编码。

任务一　熟悉西文字符的编码

西文字符的常用编码是美国信息交换标准代码（American Code for Information Interchange），简称ASCII码。它同时也被国际标准化组织（International Organization for Standardization，ISO）批准为国际标准。

ASCII码一共规定了128个字符，其中前32个为有特殊控制作用的不可显示字符（实际上就是有固定含义的控制信号），后96个为各种可显示和打印字符。对这128个字符，ASCII码规定用数字0～127进行编码，也就是二进制的0B～1 111 111B，亦即需要用7位二进制数才能表示128个不同的数。所以，ASCII码是7位编码。

在计算机中，数据通常以8位二进制数作为一个基本单位进行处理，因此，定义8位二进制数叫一个字节（B）。为了方便地处理ASCII码，通常使用一个字节对其编码，只不过首位取0而已。所以，也称ASCII码为一字节编码。

表 1 – 2 给出了常用 ASCII 码表。

表 1 – 2　常用 ASCII 码表

ASCII 值	控制字符	ASCII 值	控制字符	ASCII 值	控制字符	ASCII 值	控制字符
0	NUT	32	（space）	64	@	96	、
1	SOH	33	!	65	A	97	a
2	STX	34	“	66	B	98	b
3	ETX	35	#	67	C	99	c
4	EOT	36	$	68	D	100	d
5	ENQ	37	%	69	E	101	e
6	ACK	38	&	70	F	102	f
7	BEL	39	,	71	G	103	g
8	BS	40	(	72	H	104	h
9	HT	41	)	73	I	105	i
10	LF	42	*	74	J	106	j
11	VT	43	+	75	K	107	k
12	FF	44	,	76	L	108	l
13	CR	45	-	77	M	109	m
14	SO	46	.	78	N	110	n
15	SI	47	/	79	O	111	o
16	DLE	48	0	80	P	112	p
17	DCI	49	1	81	Q	113	q
18	DC2	50	2	82	R	114	r
19	DC3	51	3	83	X	115	s
20	DC4	52	4	84	T	116	t
21	NAK	53	5	85	U	117	u
22	SYN	54	6	86	V	118	v
23	TB	55	7	87	W	119	w
24	CAN	56	8	88	X	120	x
25	EM	57	9	89	Y	121	y
26	SUB	58	:	90	Z	122	z
27	ESC	59	;	91	[	123	{
28	FS	60	<	92	/	124	|
29	GS	61	=	93	]	125	}
30	RS	62	〉	94	^	126	~
31	US	63	?	95	—	127	DEL

任务二　了解数字的编码

所谓数字的编码，是指如何把常用的十进制数表示为机器中用的二进制数，这同字符编码的概念有所不同。十进制数转换成二进制数前面已讲过，这是一种方法，但这种方法一则很麻烦，二则由转换过的二进制数很难直接看出代表的十进制数是多少，只有经过较为复杂的逆转换后才知道。所以，对数字的转换，还常用另一种编码方法，叫十进制数的地址表示，这种方法在十进制数位中，直接就可看到所表示的十进制数是什么。这种编码方法也有许多种类，较常用的是 8421BCD 码，简称 BCD 码。

BCD 码把每位十进制数分别用 4 位二进制数位表示，这 4 位的权重同一个二进制数的规定一样，即从左向右依次为 8、4、2、1，所以叫 8421BCD 码。对一个十进制数可以很方便地写出它的 BCD 码，由 BCD 码也可以直接写出其代表的十进制数。如：

十进制数	BCD 码					
3 897	0 011	1 000	1 001	0 111		
9 103. 84	1 001	0 001	0 000	0 011	1 000	0 100

注意：BCD 码的首尾 0 不能去掉。

任务三　熟悉汉字的编码

汉字编码对“国家标准 GB2312-80 信息交换汉字编码符号基本集”中规定的 6 763 个汉字和 682 个特殊符号共 7 445 个字符进行编码，编码方法也有很多种，目前，使用较多的是用两个字节的二进制数表示一个汉字，即二字节编码。为防止在机器中把一个汉字的编码误认为是两个西文字符代码，在汉字双字节代码中，两个字节的最高位都固定为 1。

本章小结

本章首先简要介绍计算机的特点、分类和应用，认识了计算机硬件组成，并对软件的安装过程有了一定的了解，通过对本章学习，学生基本具备了安装 PC 整机和组装一台 PC 的能力，同时对计算机中数制转换有了一定的掌握。

练习与提高

一、填空题

1. 计算机问世至今已经历 4 代，而划分成 4 代的主要依据是由计算机的________。
2. 当前的计算机一般称为第四代计算机，它所采用的逻辑元件是________。
3. 计算机的通用性使其可以求解不同的算术和逻辑问题，主要取决于计算机的________。
4. 计算机当前的应用领域无所不在，但其应用最早的领域却是________。
5. 计算机当前的应用领域广泛，但据统计其应用最广泛的领域是________。
6. 当前气象预报已广泛采用数值预报方法，涉及计算机应用中的__________。
7. 最早设计计算机的目的是进行科学计算，但其主要的都是用于________。
8. 美国的第一台电子数字计算机诞生于__________。
9. 美国的第一台电子数字计算机采用的逻辑元件是__________。
10. 早期的计算机体积较大、耗能高、速度也较慢，其主要原因是制约于__________。

11. 计算机硬件五大基本构件包括运算器、存储器、输入设备、输出设备和________。
12. 下列术语中，属于显示器性能指标的是________。
13. 一个完备的计算机系统应该包含计算机的________。
14. 计算机的内存容量也可能不同，而计算容量的基本单位是________。
15. 不同的芯片有不同的字长，芯片有多种型号，其中奔腾 IV 芯片的字长是________。
16. 微型计算机与外部设备之间的信息传输方式有________。
17. 通常所说的“裸机”是指的那种计算机，它仅有________。
18. 计算机主机的组成是________。
19. 计算机中的运算器的主要功能是完成________。
20. 时至今日，计算机仍采用程序内存或称存储程序原理，原理的提出者是________。
21. 中央处理器（CPU）可直接读写的计算机部件是________。
22. 计算机的技术指标有多种，而最主要的应该是________。
23. 微处理机芯片的位数即指________。
24. 字长 16 位的计算机，它表示________。
25. 衡量微型计算机价值的主要依据是________。
26. 微型计算机的主频很大程度上决定了计算机的运行速度，它是指________。
27. 计算机各部件传输信息的公共通路称为总线，一次传输信息的位数称为总线的________。
28. 按照总线上传输信息类型的不同，总线可分为系统总线、地址总线和________。
29. 键盘一般分为 4 个区域，其中 Shift 为换挡键，它属于________。
30. 计算机显示器画面的清晰度决定于显示器的________。
31. 打印机是计算机系统的常用输出设备，当前输出速度最快的是________。
32. 计算机进行数值计算时的高精确度主要决定于________。
33. 计算机系统由两大部分组成，它们是________。
34. ROM 中的信息是________。
35. 早期的数字计算机的应用主要局限在________。
36. 计算机系统应包括硬件和软件两部分，软件又必须包括________。
37. 十进制数向二进制数进行转换时，十进制数 91 相当于二进制数________。
38. 冯·诺依曼计算机的基本原理是________。
39. 7 位二进制编码的 ASCII 码可表示的字符个数为________。
40. 微型计算机的微处理器芯片上集成了________。
41. 与二进制数 11 111 110 等值的十进制数是________。
42. 在微型计算机中，应用最普遍的字符编码是________。
43. 运算器、控制器和寄存器属于________。
44. 在计算机领域中，通常用英文单词“byte”来表示________。
45. 计算机配置的内存的容量为 128MB 或者说 128MB 以上，其中的 128MB 是指________。
46. 第一代计算机主要采用的逻辑开关元件是________。
47. 用来表示计算机辅助设计的英文缩写是________。

48. 在计算机内部，数据加工、处理和传送的形式是________。
49. 微型计算机中的“奔 3”（PIII）或“奔 4”（PIV）指的是________。
50. 计算机中用来表示内存储容量大小的基本单位是________。

二、简答题

1. 计算机硬件系统是由哪几部分构成的?
2. PC 整机的安装步骤?

三、实践题

1. 动手组装一台 PC 机。
2. 亲自安装 Office 2003 软件。

实训

练习 PC 机的基本硬件组装

要求：

1. 了解各硬件的功能。
2. 掌握组装的方法。

参考答案

一、填空题

1.（构成元件）	2.（大规模集成电路）	3.（可编程性）
4.（科学计算）	5.（数据处理）	6.（科学计算和数据处理）
7.（军事）	8.（1946 年）	9.（电子管）
10.（元器件）	11.（控制器）	12.（分辨率）
13.（硬件和软件）	14.（字节）	15.（64 位）
16.（串行方式或并行方式）	17.（硬件系统）	18.（中央处理器和主存储器）
19.（算术和逻辑运算）	20.（冯·诺依曼）	21.（内存）
22.（主频、字长和内存容量）	23.（字长）	24.（数以 16 位二进制数表示）
25.（性能价格比）	26.（微处理器时钟工作频率）	27.（宽度）
28.（数据总线）	29.（功能键区）	30.（分辨率）
31.（激光打印机）	32.（基本字长）	33.（硬件系统和软件系统）
34.（计算机制造厂预先写入）	35.（科学计算）	36.（系统软件）
37.（1 011 011）	38.（程序存储）	39.（128）
40.（控制器和运算器）	41.（254）	42.（ASCII 码）
43.（CPU）	44.（字节）	45.（128 × 1024 × 1024 个字节）
46.（电子管）	47.（CAD）	48.（二进制码）
49.（CPU 的型号）	50.（字节）	

二、简答题

1. 运算器、控制器、存储器、输入设备、输出设备。

2. 将主机和显示器放到电脑桌的相应位置；将键盘连接线插入主机的键盘连接插口；将鼠标连线插入主机的鼠标连接插口；将显示器的数据线插到主机显示卡的显示器信号输出口；先将显示器电源线一端插入显示器电源口，另一端插入 220V 电源插座；先将主机电源线一端插入主机电源口，另一端插入 220V 电源插座，即安装完毕。

三、实践题（略）

第二章　汉字录入技术

【学习目标】

了解键盘分区及键位分布

掌握并熟悉计算机的键盘操作与标准指法

中文输入法的安装与设置

智能 ABC 输入法与五笔字型输入法的使用

2.1　技能一　键盘操作

2.1.1　键盘的组成与使用

任务一　认识键盘的分区

计算机键盘是计算机系统最重要的输入设备。键盘一般包括 4 个键区，如图 2－1 键盘分区示意图所示。

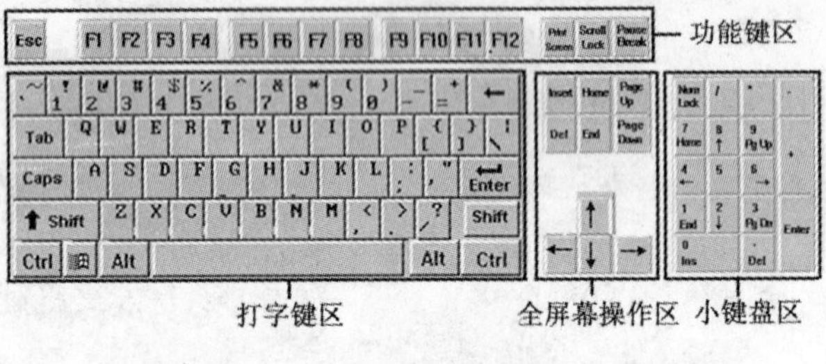

图 2－1　键盘分区示意图

1. 打字键盘区

打字键盘区也称主键盘区或字符键区，具有标准英文打字机键盘的格式。共有 58 个键，包括基本字符键和部分系统控制键。

2. 功能键区

功能键区在键盘上方，包括 F1 ~ F12 和〈Esc〉、〈Print Screen〉、〈Scroll Lock〉、〈Pause/Break〉键。它们在不同的软件中代表的功能不同。

3. 数字小键盘区

数字小键盘区在键盘右部，共 17 个键，包括数字键、光标键和部分控制键。其中〈Num Lock〉键为数字锁定键，用于切换方向键与数字键的功能，主要便于操作者单手输入数据。

4. 编辑区（全屏幕操作区）

编辑区位于主键盘区和小键盘区的中间，用于光标定位和编辑操作。

键盘除了4个分区外，右上方还有3个指示灯：Caps Lock 指示灯、Num Lock 指示灯和 Scroll Lock 指示灯。当〈Caps Lock〉键、〈Num Lock〉键和〈Scroll Lock〉键按下时，就分别发亮或熄灭相应的指示灯。

任务二　键盘的使用

1. 主键盘区的使用

〈A～Z〉：英文字母键。主要用于输入英文字母或汉字编码，共26个英文字母。

〈Esc〉：退出键。在DOS操作系统中，用于废除刚刚输入的命令行并在屏幕上显示"\"。等待新命令输入。在有多层菜单的软件中，通常用于返回上一层菜单或退回到DOS状态。在Windows操作系统中，常用于取消一个尚未完成的操作（即做到一半，不做了）。

〈Tab〉：跳格键。主要用于窗口和表格操作中的跳格。在文字处理软件中，每按一次。默认情况下光标向右移动8个字符位置。

〈Caps Lock〉：大小写转换键。控制Caps Lock灯的发亮或熄灭，Caps Lock灯亮，表示大写状态，否则为小写状态。〈Caps Lock〉键只对26个字母有影响。

〈Shift〉：换挡键。（主键盘左右下方各一个，其功能一样）。主要用途有两个：

同时按下〈Shift〉键和具有上下挡字符的键，输入的是上档字符。

用于大小写字母输入。当处于大写状态，同时按下〈Shift〉和字母键，输入小写字母；反之，当处于小写状态，同时按下〈Shift〉和字母键，输入大写字母，这样可以快速方便地完成少量字母输入时的大小写切换。

〈Ctrl〉：控制功能键。〈Ctrl〉须与其他键同时组合使用，才能完成某些特定功能。

〈Alt〉：组合功能键。〈Alt〉也需与其他键同时组合使用，才能完成某些特定功能。

〈Space〉：空格键（键盘下方最长，并且没有任何标识的键）。按一下产生一个空格。因为英文单词之间要以空格分隔，所以，它是键盘上使用频率最高的按键之一。

〈Backspace〉：退格键。删除光标所在位置左边的一个字符。

〈Enter〉：回车键。通常用来表示确认的意思，如确认一段文字输入的结束或一项设置工作的完成。

〈Win〉：徽标键。位于〈Ctrl〉和〈Alt〉两键之间的键，左右各有一个，上有Windows徽标，按些键可快速启动Windows的"开始"菜单。

〈Print Screen〉：屏幕打印键。在DOS中可以直接将屏幕图像输出到打印机，在Windows中则把当前屏幕的显示内容作为一个图像复制到剪贴板上（本书的很多图片就是这样得到的）。

〈Pause/Break〉：暂停屏幕显示键。DOS中，按〈Ctrl〉+〈Pause/Break〉，可终止程序的执行。

〈Scroll Lock〉：停止屏幕信息滚动，在DOS操作系统中使用较多。

2. 功能键区的使用

功能键F1～F12也称可编程键，可以编制一段程序来设定每个功能键的功能。不同的软件可赋予功能键不同的功能。一般情况下〈F1〉键具有获取系统帮助的功能。

3. 编辑键区的使用

〈Delete〉：删除键。用于删除光标所在处的字符，并且使光标后的字符向前移。

〈Insert〉：常用来改变输入状态，即插入或改写方式的转换。

〈Page Up/Page Down〉：翻页键。用于显示屏幕前一页或后一页的信息。

〈Home、End、←、→、↑、↓〉：光标移动键。用于改变光标在文挡中的位置，〈Home〉和〈End〉键主要将光标移动到一行文字的开头或结尾，←、→、↑、↓键分别是将光标左移、右移、上移、下移一个字符的位置。

4. 数字键盘区的使用

数字键区共有 17 个键，分别是“＋”、“-”、“＊”、“/”、“Enter”、“Num Lock”键及 11 个双字符键。〈Num Lock〉：数字/编辑转换键（小键盘的左上方）。用于控制数字键区的功能，按下〈Num Lock〉键，指示灯亮，表明小键盘处于数字输入状态；再按下〈Num Lock〉键，指示灯灭，表明小键盘回到编辑状态，不能用小键盘输入数字。

2.1.2 基准键位与指法分区

任务一 掌握基准键位

凡处于打字准备状态时，双手放在 A S D F J K L ；键上，这 8 个键称为基准键位。其中，F J 键称为定位键（键帽上有一小横杠），其作用是将左右食指分别放在 F 和 J 键上，其余三指依次放下就能找到基准键位。基准键位的手指分工如图 2－2 基准键位分布图所示。

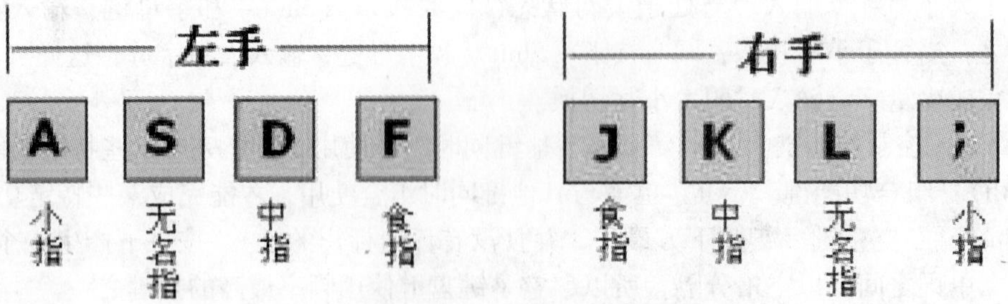

图 2－2 基准键位分布图

任务二 字母键指法分区

凡两斜线范围内的字键，都必须由规定的手指管理，如图 2－3 指法分区示意图所示。这样一来，既便于操作，又便于记忆。

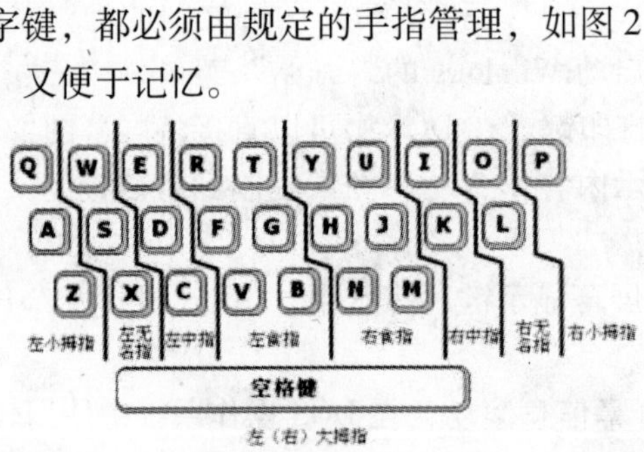

图 2－3 指法分区示意图

其中：

左小拇指负责击打如下键：1 Q A Z Shift

左无名指负责击打如下键：2 W S X

左中指负责击打如下键：3 E D C

左食指负责击打如下键：4 R F V

5 T G B

右食指负责击打如下键：6 Y H N

7 U J M

右中指负责击打如下键：8 I K ,

右无名指负责击打如下键：9 O L .

右小拇指负责击打如下键：0 P ; / Shift Enter

两个大拇指负责击打空格键。

前面讲了8个基准键位与手指的对应关系，必须牢牢记住，切不可有半点差错，否则基准键不准，后患无穷。在基准键位的基础上，对于其他字母、数字、符号都采用与8个基准键位相对应的位置来记忆。

2.1.3　手指分工训练

任务一　基准键的练习

基准键也叫原位键，是打字时手指应保持的固定位置，击打其他键都是以基准键来定位的。在进行基准键练习时，手指击键后仍放在原位字键上。

输入以下字符，反复练习击打基准键。

add add add add all all all all dad dad dad dad

ask ask ask ask sad sad sad sad fall fall fall fall

add all dad ask fall alas flask add ask lad sad fall

任务二　其他键练习

1. I、E 键的练习

这两个键由左手中指和右手中指弹击，击键时，手指从基准键出发，击完后手指立即回到基准键位上。同时注意其他手指不要离开基准键，小拇指不要翘起。

输入以下字符，反复练习击打 I、E 键。

fed fed fed fed eik eik eik eik lid lid lid lid

desk desk desk desk jade jade jade jade less less

said said said said leaf leaf leaf leaf fade fade

2. G、H 键的练习

这两个键在8个基准键中央，由左手食指向右伸出一个键位的距离、右手食指向左伸出一个键位的距离击出，击完后手指立即回到基准键位。

输入以下字符，反复练习击打 G、H 键。

gall gall gall gall fhss fhss fhss fhss fhgl fhgl

hasd hasd hasd hasd sgds sgds sgds sgds hkga hkga

glad glad glad glad half half half half shds shds

3. R、T、U、Y 键的练习

这4个键由左手食指和右手食指弹击，开始速度不宜快，体会食指微偏左向前伸和微偏右向前伸所移动的距离和角度，击完后手指立即回到基准键位。

输入以下字符，反复练习击打 R、T、U、Y 键。

gart gart gart gart fuss fuss fuss fuss furl furl

hard hard hard hard suds suds suds suds lurk lurk

rual rual rual rual adult adult adult adult altar

4. W、Q、O、P 键的练习

这 4 个键由左手及右手的无名指、小拇指弹击，注意小拇指击键准确度差，应反复练习小拇指击键和回位的动作。

输入以下字符，反复练习击打 W、Q、O、P 键。

ford ford ford ford blow blow blow blow spqg spqg

cout cout cout cout swle swle swle swle quest quest

ough ough ough ough toward toward toward toward

5. V、B、M、N 键的练习

这 4 个键由左右手的食指弹击，注意体会食指移动的距离和角度，击完后手指立即回到基准键。

输入以下字符，反复练习击打 V、B、M、N 键。

vest vest vest vest time time time time alms alms

verb verb verb verb mine mine mine mine value value

6. C、X、Z 键的练习

用左手中指、无名指、小拇指分别弹击 C、X、Y 键，手指向手心方向微偏右屈伸，击完后手指立即回到基准键。

输入以下字符，反复练习 C、X、Y 键的操作。

rich rich rich rich text text text text xrox xrox

quch quch quch quch xfar xfar xfar xfar zbet zbet

exec exec exec exec frenzy frenzy frenzy frenzy

7. 主键盘区数字键的练习

数字键离基准键较远，弹击时必须遵守以基准键为中心的原则，依靠左右手的敏锐度和准确的键位感，来衡量数字键与基本键的距离和方位。

弹击 1 键时，左手小拇指向上偏左移动，越过 Q 键；依照前一动作，用左手无名指弹击 2 键，用左手中指弹击 3 键。

弹击 4 键时，左手食指向上偏左移动，越过 R 键；弹击 5 键时，左手食指向上偏右移动。

弹击 6 键时，右手食指大幅度向左上方伸展；弹击 7 键时，右手食指向上偏左移动，越过 U 键。

弹击 8 键时，右手中指向上偏左移动，越过 I 键；依照前一动作，用右手无名指弹击 9 键，用右手小拇指弹击 0 键。

输入以下字符，反复练习击打数字键。

1234 3456 2398 9807 6436 12. 4 3. 56 87. 9 34. 9 5. 78

a12 ab3 s2d 345 123 789 907 1ST 2Nd 3RD 4TH 5TH

JANUARY 15 1994 May 5 1994 BUS NO. 6 ROOM 567

8. 常用键和符号键的练习

（1）空格键：空格键在键盘的最下方，它用大拇指控制。击键的方法是右手从基准键位垂直上抬 1 ~2cm，大拇指横着向下击空格键，击键完毕立即缩回。

（2）回车键：回车键在键盘上用 Enter 来表示，它应该由右手的小拇指来控制。击键方法是抬右手，伸小拇指弹击回车键，击键完毕立即回到基准键位。

（3）Shift 键：Shift 键的作用是用于控制换档。在键盘上，如果一个键位上有两个字符，那么当需要输入上档字符时就必须先按住 Shift 键，再弹击上档字符所在的键。

Shift 键是由小拇指控制的。如果待输入的字符是由左手控制的，那么事先必须用右手的小拇指按住 Shift 键，再用左手的相应指头弹击上档字符键；如果待输入的字符是右手控制的字键，那么事先必须用左手的小拇指按住 Shift 键，再用右手的相应的指头弹击上档字符键。只有上档字符键完毕后左右手的指头才能缩回到基准键位上。

（4）符号键：键盘上还有其他一些字符，如“+”、“-”、“*”、“/”、“（”、“）”、“#”、“!”、“@”、“?”、“&”、“:”、“$”、“%”等。这些字符的输入，也必须按照它们各自的指法分区，用相应的手指按规则输入。只要我们熟悉了字母和 Shift 的击键原则和方法，那么这些字符的输入是不难体会和掌握的。

2.2 技能二 中文输入法的安装与设置

2.2.1 中文输入法的安装

中文输入法的安装，分为操作系统自带的输入法安装和外挂输入法安装两种。系统自带的输入法在安装中文 Windows XP 系统时已经自动安装。所以，这里主要介绍一种外挂的五笔字型输入即智能陈桥输入法的安装。

任务一 智能陈桥输入法的安装

操作步骤

（1）双击智能陈桥输入法的安装程序 SETUP. EXE，启动安装程序，出现如图 2 -4 安装程序提示是否接受协议窗口，单击【是】按钮。

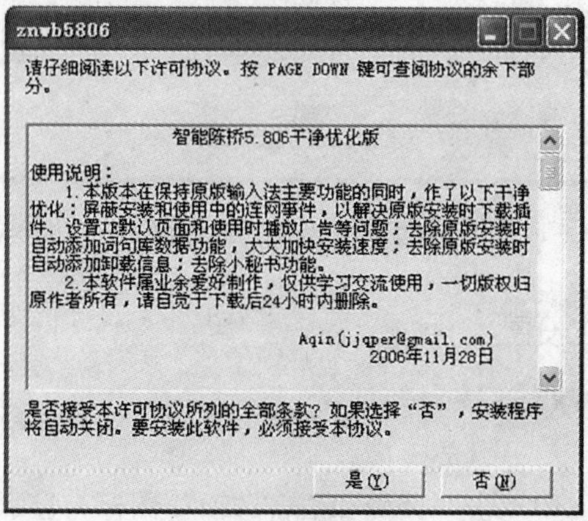

图 2 -4 安装程序提示是否接受协议窗口

（2）出现如图 2－5 安装进度指示条窗口所示。单击【下一步】按钮。

图 2－5 安装进度指示条窗口

（3）如图 2－6 智能陈桥系统安装程序窗口所示。单击【确定安装】按钮。

图 2－6 智能陈桥系统安装程序窗口

（4）出现如图 2－7 安装完毕窗口，单击【确定】按钮；重新启动系统后即可使用。

图 2－7 安装完毕窗口

2.2.2 中文输入法的设置

任务一 添加中文输入法

操作步骤

（1）在“控制面板”中双击“区域和语言选项”图标，显示“区域和语言选项”对话框，单击“语言”选项卡，再单击“详细信息”按钮，将出现如图 2－8“文字服务和输入语言”对话框，所示。单击“添加”按钮，出现“添加输入语言”对话框。单击

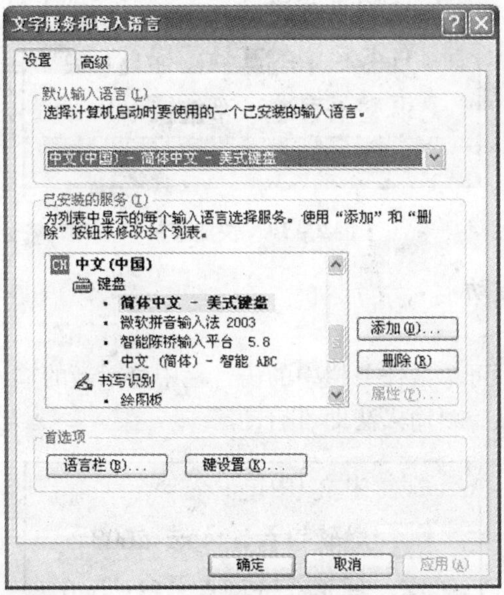

图 2－8　“文字服务和输入语言”对话框

“键盘布局/输入法”下拉列表按钮，选择相应的输入法即可。如图 2－9“添加输入语言”对话框。

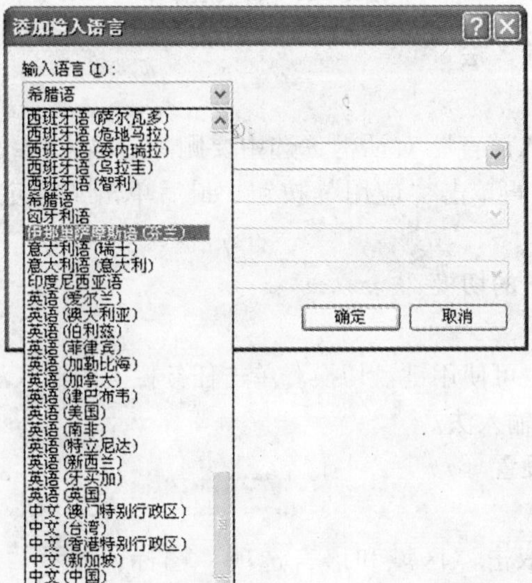

图 2－9　“添加输入语言”对话框

（2）在任务栏的输入法图标处右击，出现如图 2－10 快捷菜单，在快捷菜单中选择“设置”命令，显示“文字服务和输入语言”对话框，单击“设置”选项卡，单击“添加”按钮，进行相应的设置，设置方法同上。

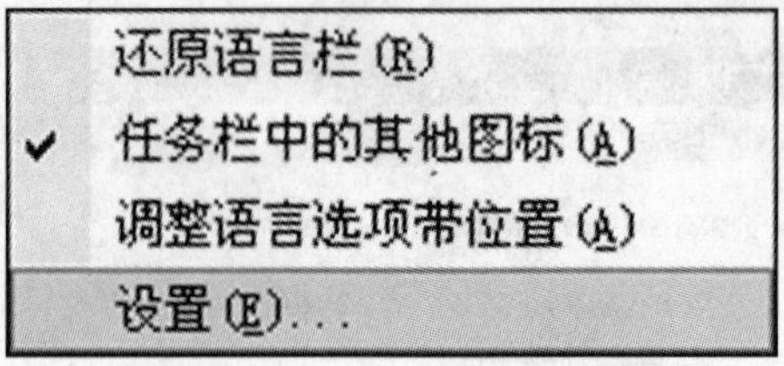

图 2－10　快捷菜单

任务二　输入法的启动

操作步骤

输入法添加完成后，可单击任务栏中的语言栏中显示新的输入法，出现如图 2－11 输入法菜单，用鼠标单击某一项输入法即可启动。

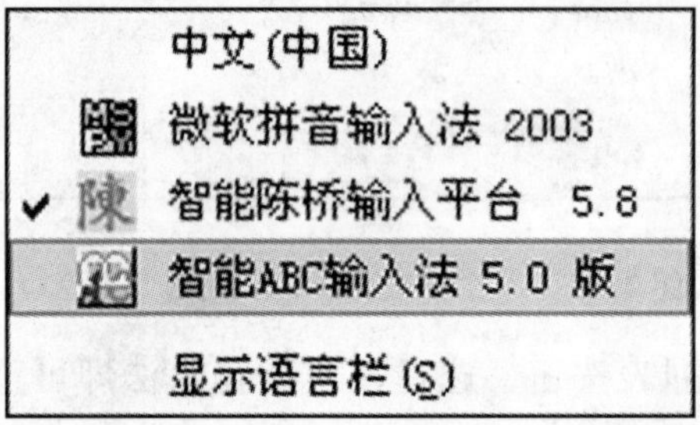

图 2－11　输入法菜单

任务三　删除中文输入法

操作步骤

在“文字服务和输入语言”对话框，选中要删除的输入法，单击“删除”按钮即可删除相应的“输入法”，再单击“应用”按钮，最后单击“确定”按钮退出“文字服务和输入语言”对话框。

任务四　中文输入法的切换

操作步骤

可使用鼠标切换，也可使用键盘切换。单击任务栏上的输入法名称即可。也可按组合键【Ctrl + Shift】来切换输入法。

任务五　语言栏的设置

操作步骤

在“控制面板”中双击“区域和语言选项”图标，显示“区域和语言选项”对话框，单击“语言”选项卡，再单击“详细信息”按钮，将出现如图 2－8“文字服务和输入语言”对话框所示。在该对话框中，用鼠标单击“语言栏”，弹出如图 2－12 语言栏对话框所示，在该对话框中勾选“在桌面上显示语言栏”和“在任务栏中显示其他语言栏图标”即可。

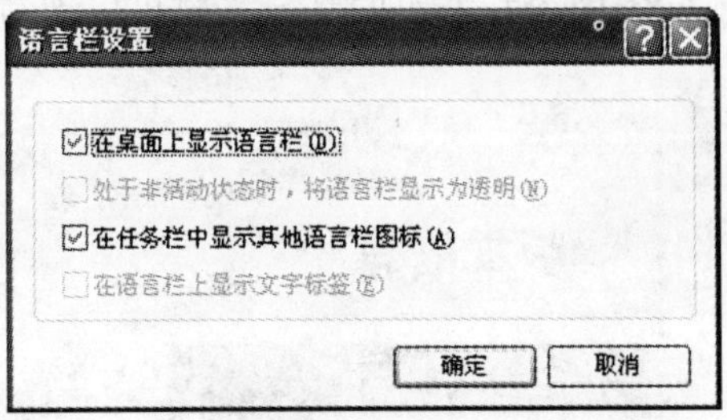

图2－12　语言栏对话框

2.3　技能三　智能ABC输入法

2.3.1　全拼输入法

预备知识

智能ABC输入法是由北京大学的朱守涛教授发明，它简单易学、快速灵活，词库以《现代汉语词典》为蓝本，共收集了大约6万词条。有全拼、简拼、混拼、音形、笔形、双打等6种输入方式。输入过程和书写汉语拼音的过程完全一致，按空格、标点符号、回车等键输入结束。启动时单击输入法图标中的“智能ABC输入法5.0版”即可。

任务一　单个汉字的输入

进入智能ABC输入法方式后，输入汉字的声母和韵母，提示选择菜单中一次最多可显示9个同音字、词的“重码”，键入空格或选择汉字前的数字代码，就可以输入相应的汉字。

在输入拼音字母发生错误时，可以使用“Backspace”键进行删除，再输入正确的拼音字母，也可以使用光标移动键进行定位，然后进行插入、删除、取消等操作。如果提示选择菜单中没有需要的汉字，可以用主键盘区的“＋”键向后翻页，用“-”键向前翻页，进行查找所需要的汉字。

另外，汉语拼音中的韵母“ü”，用字母“v”代替。

任务二　词汇的输入

智能ABC在输入词的过程中，将所有词的音节一个字母不少的进行输入，提示菜单将显示相应读音的字和词，键入空格或选择词前的数字代码，就可以输入相应的词。

需要注意的是隔音符号的使用，隔音符号［′］是用来分隔零声母的字与其他字的声母、韵母之间的一个分隔符。

例如：

“方案”一词，当输入“fangan”时就会出现“反感”，这时“g”和“an”结合形成了“感”，所以，为了避免混淆，要在零声母的字前加隔音符号，“fang′an”，这样才能输出正确的词条。

任务三　定义新词

定义新词又叫做强制记忆，用来定义那些非标准的汉语拼音词语和特殊符号。在打开的输入法图标上，单击鼠标右键，在弹出的快捷菜单中选择“定义新词”选项，利用该

功能进行定义时，只需键入词条内容和编码两部分，就可以把新词加到用户的词库中。如

图 2－13 快捷菜单

图 2－13 快捷菜单、图 2－14 定义新词窗口所示。新词的最大长度为 15 个字，可以是汉字、词语或短语，也可以由汉字和其他的字符组成；外码最大长度为 9 个字符，可以是汉语拼音、外来语原文或者是用户喜欢的任意标记，不能是汉字；新词的最大词条容量为 400 条。

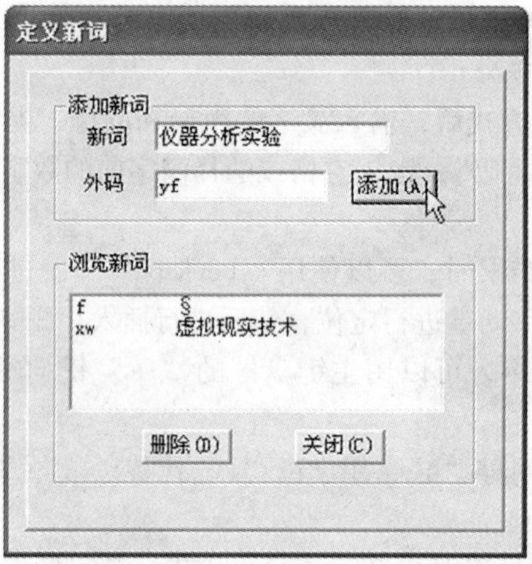

图 2－14 定义新词窗口

新定义的词条，输入时应当以“u”字母打头。

例如：

键入“uf”，按空格键，即可得到刚刚定义的“§”符号，这中间不需要任何切换的过程；如果定义了“虚拟现实技术”一词，外码为“xw”，那么，只要键入“uxw”就可以了。

任务四　中文输入过程中输入英文

在输入拼音的过程中，如果需要输入英文，可以不必切换到英文方式，只需先键入“v”作为标志符，后面输入需要的英文即可。

例如：

在输入过程中希望输入英文“apple”，键入“vapple”，按空格键即可。

2.3.2　简拼输入法

任务一　认识简拼输入

如果对汉语拼音把握不甚准确，可以使用简拼输入。方法是取各个音节的第一个字母进行输入，对于包含 zh、ch、sh（知、吃、诗）的音节，也可以取前两个字母输入。

例如：

汉字	全拼	简拼
北京	beijing	bj
输入法	shurufa	shrf，srf

任务二　中文数量词简化输入

智能 ABC 提供阿拉伯数字和中文大小写数字的转换能力，对一些常用量词可简化输入。“i”为输入小写中文数字的前导字符，“I”为输入大写中文数字的前导字符。

例如：

输入“i6”，则键入“六”；　　输入“I6”，则键入“陆”。

2.3.3　混拼输入法

认识混拼输入

汉语拼音开放式、全方位的输入方式是混拼输入。方法是将两个音节以上的词语，有的音节全拼，有的音节简拼。

例如：

汉字	全拼	混拼
奥运会	aoyunhui	aoyh，aoyunh
圆满成功	yuanmanchenggong	ymcg，yuanmcg，yuanmancg

2.4　技能四　五笔字型输入法

预备知识

1983 年，王永民教授发明了“五笔字型”输入法，采用了字根拼形方案，无论多么复杂的汉字和多长的词组，最多只需击键 4 下，即可输入。每个汉字平均击键 2.6 次，重码率在万分之二以内；字根的排列井然有序，好学易记；击键操作时“顺手”，充分发挥各手指的功能，效率最高。“五笔字型”输入法以其三大优势成为当今最为普及、最受欢迎的汉字输入技术之一。

2.4.1　五笔字型的编码基础

任务一　了解汉字的 3 个层次

一个完整的汉字由笔画、字根和单字 3 个层次组成。

(1) 笔画：不间断地一次连续写成的一个线条叫做汉字的笔画。五笔字型中，将汉字的基本笔画分为横、竖、撇、捺、折 5 种。

(2) 字根：由若干笔画复合连接交叉形成相对不变的结构组成字根。大多数字根都是常见的偏旁部首，五笔字型中最基本的字根有 130 个左右，字根是构成汉字的“基本”单位。

(3) 单字：将字根按一定的位置关系拼合起来就构成了单字。

因此，基本笔画（5 种）组成字根（130 个），字根组成汉字（成千上万个）。

任务二　了解汉字的 5 种笔画

在五笔字型中，只考虑笔画的书写走向，而不计其轻重长短，可以将汉字的笔画归类于横、竖、撇、捺、折 5 种。为了便于应用，根据其使用频率的高低，分别以 1、2、3、4、5 作为代号，如表 2－1 5 种笔画所示。

表 2－1　五种笔画

代号	基本笔画名称	笔画走向	笔画变形
1	横　一	左-右	一　㇀
2	竖　丨	上-下	丨　亅
3	撇　丿	右上-左下	丿
4	捺　㇏	左上-右下	㇏　丶
5	折　乙	带转折	乙　㇗　㇇　㇙　㇉

从表中可以看出，变形笔画依据运笔方向和一笔连续写成状态与基本笔画是同一类笔画。必须注意：

(1) 提笔“㇀”应属于横“一”，例如：刁、孖。

(2) 点笔“丶”应属于捺“㇏”，例如：玉、太。

(3) 竖笔向左带钩“亅”应属于竖“丨”，例如：刘、列。

(4) 向左的竖钩外，其余一切带转折、拐弯的均归折“乙”类，例如：光、电。

任务三　了解汉字的 3 种字型

汉字是一种平面文字，同样的几个字根，摆放在不同位置，也即字型不同，就组成不同的汉字。如：“员”与“呗”，“本”与“末”等。可见，字根的位置关系，是汉字的一种重要特征信息。

根据构成汉字的各字根之间的位置关系，我们总体上可以把汉字分为 3 种字型，如表 2－2 所示。

表 2－2　三种字型

字型代号	字型	举例
1	左右	明珠标树
2	上下	学类型高
3	杂合	国本这局

左右型：字根之间有间距，总体左右排列或左中右排列。

上下型：字根之间有间距，总体上下排列或上中下排列。

杂合型：字根之间没有明显的左右或上下关系，虽有间距，但不分上下左右浑然一体，不分块排列，一般包括单体型、内外型和包围型。

任务四　了解汉字的 4 种结构

按照字根的位置关系，可以将汉字分为单、散、连、交 4 种结构。

（1）“单”，字根本身就是一个汉字，又叫成字字根。如：“日”、“月”、“王”、“工”。

（2）“散”，指构成汉字的基本字根之间保持一定的距离，字根之间的相互位置关系，是左右型、上下型、杂合型其中的一种，由字根散离拼合形成的字，也叫“散根结构”。如：“明”、“清”、“支”、“学”、“因”。

（3）“连”，指一个基本字根连一个单笔画。其中单笔画可以连前，也可以连后，这种情况下的字根与单笔画之间不是散的关系，是连的关系。如：“自”、“产”、“且”、“下”。

另外，五笔字型中规定，一个基本字根之前或之后的孤立点，即所谓的“带点结构”，一律视为是与基本字根相连的。这类汉字只能是杂合型的，如：“主”、“义”、“太”、“书”。

（4）“交”，指几个字根交叉套叠之后构成的汉字，这类汉字都是属于杂合型的。如：“申”、“农”、“电”、“必”。

2.4.2　五笔字型的字根键位

任务一　了解基本字根

字根是由若干笔画组成的相对不变的结构。在五笔字型方案中，把那些组字能力强，日常汉语中出现次数多的字根，称作基本字根。可以说，所有汉字都是由“基本字根”组成的。

基本字根有 130 种，分布到键盘的各字母键上去，将 25 个键位（除英文字母 Z 键外）分为 5 个区，区号为 1 ~5。每个区又分为 5 个位，位号也为 1 ~5。这样，区号和位号组成了字母键的编码，用 11 ~15、21 ~25、…、51 ~55 表示。

任务二　基本字根的键盘分布

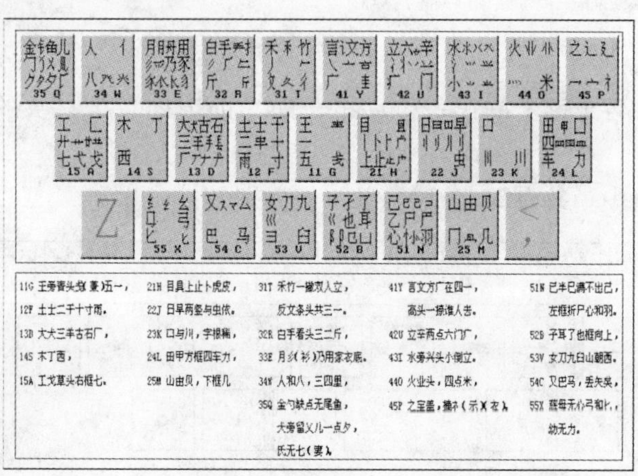

图 2 –15　五笔字型字根总表

任务三　五笔字型字根的特点

为了便于记忆，五笔字型字根分配尽量使一个键上的一组字根在音、形、义方面产生所需要的联想，字根和键位的关系有如下特征。

（1）与键名字根或主要字根的形态相近或相似。如：已键上有“已”、“巳”、“己”、“乙”等，田键上有“田”、“甲”、“四”、“皿”等。

（2）首笔符合区号，次笔符合位号。如：“土”、“士”、“干”、“十”等首笔都是横，代号为 1，与区号一致；次笔都是竖，代号为 2，与位号一致。所以，这些字根都在 12（F）键上。

（3）字根的单笔画数目与位号一致。如：横的代号为 1，那么“一”在 11 键位上，“二”在 12 键位上，“三”在 13 键位上；竖的代号为 2，那么“丨”在 21 键位上，“刂”在 22 键位上，“川”在 23 键位上。

任务四　五笔字型的编码规则

熟悉了字根键盘的分布和汉字的字型结构后，只要掌握了五笔字型的编码原则，就可以输入汉字了。下面是一首五笔字型的编码口诀。

五笔字型均直观，依照笔顺把码编；
键名汉字打四下，基本字根请照搬；
一二三末取四码，顺序拆分大优先；
不足四码要注意，交叉识别补后边。

从这口诀就可以看出五笔字型编码规则的大致面貌，同时口诀也概括了五笔字型拆字取码的五项原则。

（1）从形取码，其顺序按书写规则，即从左到右、从上到下、从外到内。

（2）以基本字根为单位取码。

（3）对于字根数超过 4 个的汉字，按一二三末字根的顺序，最多只取四码。

（4）单体结构拆分取大优先。

（5）对于字根数不足 4 个的汉字，用末笔与字型的交叉识别码填补。

2.4.3　键名字根输入

键名字根的输入

五笔字型键盘中各个键上的第一个字根，即“助记词”中打头的那个字根，我们称之为“键名”。

五笔字型输入法中一共有 25 个键名汉字，分别是：

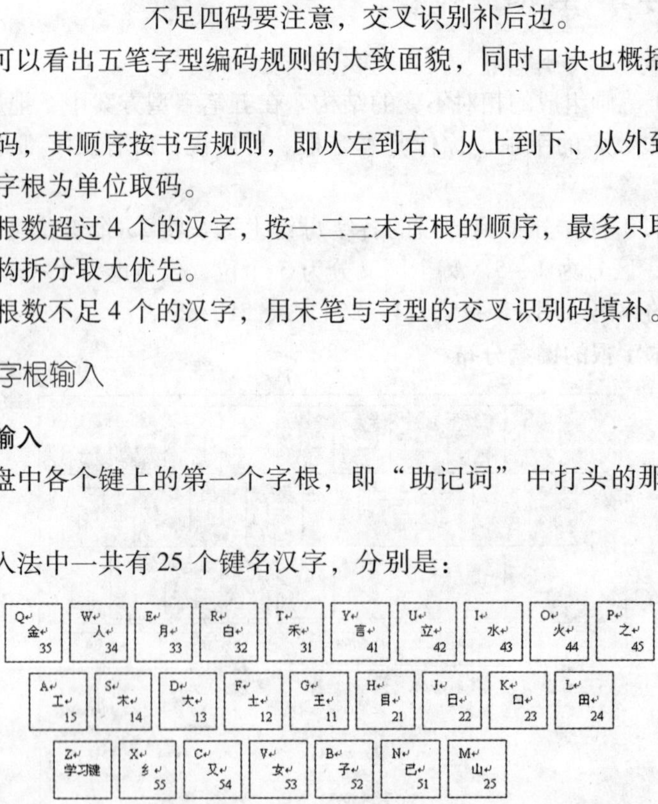

图 2－16　键名一览表

"键名"汉字的输入方法是：把所在的键连打 4 下（不再打空格键）完成一个键名的输入。

例如：

日：22 22 22 22 （J J J J） 月：33 33 33 33 （E E E E）

2.4.4 成字字根输入

任务一 掌握成字字根的输入

在字根总表中，键名以外自身也是汉字的字根称之为"成字字根"。除键名外，成字字根一共有 97 个（其中包括相当于汉字的"氵"、"亻"、"勹"、"刂"等）。

成字字根的输入方法：

键名代码 + 首笔代码 + 次笔代码 + 末笔代码

也就是说，在输入成字字根的时候，先打一下它所在的键，称之为"报户口"，再根据"字根拆成单笔画"的原则，打它的第一个单笔画、第二个单笔画以及最后一个单笔画，不足 4 键时，加打一次空格键。例如：

表 2－3 成字字根拆分

成字字根	报户口	第一单笔	第二单笔	最末单笔	所击键位	编码
雨	雨（F）	一（G）	丨（H）	、（Y）	12 11 21 41	FGHY
甲	甲（L）	丨（H）	㇆（N）	丨（H）	24 21 51 21	LHNH
十	十（F）	一（G）	丨（H）		12 11 21	FGH 空格

任务二 掌握单笔画的输入

有时候，我们需要输入 5 种单笔画"一"、"丨"、"丿"、"丶"、"乙"，在国家标准中这 5 种单笔画是作为汉字来对待的，除了"一"以外，其他的几个笔画都不常用。输入时在其正常码的后边，加两个"L"作为 5 个单笔画的编码。

即：一：GGLL 丨：HHLL 丿：TTLL 丶：YYLL 乙：NNLL

2.4.5 键外字输入

任务一 合体字的拆分原则

凡是"字根总表"上没有的汉字，即"键外字"，都可以认为是由表内的字根拼合而成的，故称之为"合体字"。我们依据"汉字拆成字根"的总原则，把"合体字"拆成若干个字根，具体拆分原则如下。

1. 单字根的汉字，即成字字根，不用再拆，如："丁"、"二"、"石"、"车"等。

2. 散结构的汉字，字根之间相对独立，没有什么关联，拆分时只需将那些字根独立出来即可，如："明"、"村"、"呈"、"散"等。

3. 连笔结构的汉字，由单笔画和基本字根构成，拆分时亦然，如："自"、"千"、"尺"、"下"等。

4. 交叉结构或交连结构的汉字，按照书写顺序进行拆分，拆分出几个最大的字根。所谓最大的字根，就是以增加一笔就不能构成已知的基本字根为原则来决定笔画的分组。如：

“量”应该拆成“日”、“一”、“日”和“土”，不能拆成“旦”、“日”和“土”。

“寺”应该拆成“土”和“寸”，不能拆成“十”、“一”和“寸”。

拆分时应该注意：取大优先，兼顾直观，能连不交，能散不连。

(1) 取大优先：按书写顺序拆分汉字时，拆分成尽可能大的基本字根，使字根数目最少。例如：“宝”拆分成“宀”、“王”和“丶”，而不能拆分成“丶”、“冖”、“王”和“丶”，因为“丶”和“冖”可以形成一个“更大”的字根“宀”。

(2) 兼顾直观：在拆分汉字时，为了照顾汉字字根的完整性，有时不得不暂且忽略一下“书写顺序”和“取大优先”的原则，形成个别例外的情况。例如：“自”按“取大优先”应拆成：“亻”、“乙”、“三”，但这样拆，不直观，所以，只能拆作“丿”和“目”；“生”不能拆成“𠂉”和“土”，应根据直观原则拆成“丿”和“龶”。

(3) 能连不交：在拆分汉字时，如果能按连的关系拆分，就不要按交的关系拆分，因为“连”的关系比“交”的关系更为“直观”。例如：“于”应拆成“一”和“十”，二者是“连”的关系，不能拆成“二”和“丨”，这样二者是“交”的关系；再如“天”，应拆成“一”和“大”，二者是连的关系，不能拆成“二”和“人”，这样二者是“交”的关系。

(4) 能散不连：在拆分汉字时，如果能按散的关系拆分，就不要按连的关系拆分，“散”的关系比“连”的关系优先使用。例如：“午”应拆分成“𠂉”和“十”，这两者之间是“散”的关系，不能拆成“丿”和“干”，这样二者是“连”的关系。

任务二　四根字取码规则

四根字输入方法：

第一字根 + 第二字根 + 第三字根 + 第四字根

“四根字”是指刚好由4个字根构成的字，其取码规则依照书写顺序把4个字根取完。

表2-4　四根字拆分

四根字	第一字根	第二字根	第三字根	第四字根	所击键位	编码
型	一 (G)	廾 (A)	刂 (J)	土 (F)	11 15 22 12	GAJF
能	厶 (C)	月 (E)	匕 (X)	匕 (X)	54 33 55 55	CEXX
容	宀 (P)	八 (W)	人 (W)	口 (K)	45 34 34 23	PWWK

任务三　多根字取码规则

多根字输入方法：

第一字根 + 第二字根 + 第三字根 + 最末字根

“多根字”是指按照规定拆分之后，字根总数多于4个字根的字。这种字，不管拆出了几个字根，只按顺序取其第一、第二、条三、最末第四个字根。

表2-5　多根字拆分

多根字	第一字根	第二字根	第三字根	最末字根	所击键位	编码
微	彳 (T)	山 (M)	一 (G)	夂 (T)	31 25 11 31	TMGT
德	彳 (T)	十 (F)	罒 (L)	心 (N)	31 12 24 51	TFLN
我	丿 (T)	扌 (R)	乙 (N)	丿 (T)	31 32 51 31	TRNT

任务四 不足四根字取码规则

不足四根字输入方法：

第一字根 + 第二字根（+ 第三字根）+ 识别码（+ 空格）

表 2-6 末笔字型交叉识别码

字型 / 末笔	左右型 1	上下型 2	杂合型 3
横 1	11（G）	12（F）	13（D）
竖 2	21（H）	22（J）	23（K）
撇 3	31（T）	32（R）	33（E）
捺 4	41（Y）	42（U）	43（I）
折 5	51（N）	52（B）	53（V）

当一个字拆不够 4 个字根时，它的取码规则是：先打完字根码，再追加一个“末笔字型识别码”，简称“识别码”。如果加“识别码”后仍不足 4 个字根，加空格补足。

“识别码”是由“末笔”代号加“字型”代号而构成的一个附加码。

例如：

“奋”字的末笔是“一”，代码为 1，字型为上下型，代码为 2，所以，识别码为 12，输入编码为“DLF”。

“他”字的末笔是“乙”，代码为 5，字型为左右型，代码为 1，所以，识别码为 51，输入编码为“WBN”。

“固”字的末笔是“一”，代码为 1，字型为杂合型，代码为 3，所以，识别码为 13，输入编码为“LDD”。

“末笔”如何选取，是确定识别码的关键，在五笔字型中规定：

（1）所有的包围和半包围结构的汉字末笔，取被包围那一部分的末笔。如：

“园”末笔取“乙”，识别码为 53（V）。

“过”末笔取“、”，识别码为 43（I）。

（2）对于以“九”、“刀”、“七”、“力”为末字根的汉字，一律用“折”作为末笔。如：

“仇”末笔取“乙”，识别码为 51（N）。

“努”末笔取“乙”，识别码为 52（B）。

（3）“找”、“我”、“成”等汉字的末笔取“丿”。

2.4.6 简码输入

预备知识

为了减少击键次数，提高输入速度，一些常用的汉字，多数都可以只取其前边的 1 ~ 3 个字根，再加空格键输入。只取其全码的最前边的 1 个、2 个或 3 个字根（码）输入，形成所谓一、二、三级简码。简码输入省去了识别码的判别，给汉字输入带来了极大的方便。

任务一　掌握一级简码

一级简码（即高频字）：一共 25 个，分别是：

一区：一（G）　地（F）　在（D）　要（S）　工（A）

二区：上（H）　是（J）　中（K）　国（L）　同（M）

三区：和（T）　的（R）　有（E）　人（W）　我（Q）

四区：主（Y）　产（U）　不（I）　为（O）　这（P）

五区：民（N）　了（B）　发（V）　以（C）　经（X）

输入方法：将各键击打一次，再击打一下空格键即可输入汉字。

任务二　掌握二级简码

二级简码是由单字全码的前两个字根组成，最多有 25 × 25 = 625 个，如表 2 – 7 二级简码表所示。

输入方法：第一字根 + 第二字根 + 空格键。

表 2 – 7　二级简码表

	11——15	21——25	31——35	41——45	51——55
11	五于天末开	下理事画现	玫珠表珍列	玉平不来	与屯妻到互
12	二寺城霜载	直进吉协南	才垢圾夫无	坟增示赤过	志地雪支
13	三夺大厅左	丰百右历面	帮原胡春克	太磁砂灰达	成顾肆友龙
14	本村枯林械	相查可　机	格析极检构	术样档杰棕	杨李要权楷
15	七革基苛式	牙划或功贡	攻匠菜共区	芳燕东　芝	世节切芭药
21	睛睦　盯虎	止旧占卤贞	睡　肯具餐	眩瞳步眯瞎	卢　眼皮此
22	量时晨果虹	早昌蝇曙遇	昨蝗明蛤晚	景暗晃显晕	电最归紧昆
23	呈叶顺呆呀	中虽吕另员	呼听吸只史	嘛啼吵　喧	叫啊哪吧哟
24	车轩因困	四辊加男轴	力斩胃办罗	罚较　边	思　轨轻累
25	同财央朵曲	由则　崭册	几贩骨内风	凡赠峭　迪	岂邮　凤
31	生行知条长	处得各务向	笔物秀答称	入科秒秋管	秘季委么第
32	后持拓打找	年提扣押抽	手折扔失换	扩拉朱搂近	所报扫反批
33	且肝　采肛	胆肿肋肌	用遥朋脸胸	及胶膛　爱	甩服妥肥脂
34	全会估休代	个介保佃仙	作伯仍从你	信们偿伙	亿他分公化
35	钱针然钉氏	外旬名甸负	儿铁角欠多	久匀乐炙锭	包凶争色
41	主计庆订度	让刘训为高	放诉衣认义	方说就变这	记离良充率
42	闰半关亲并	站间部曾商	产瓣前闪交	六立冰普帝	决闻妆冯北
43	汪法尖洒江	小浊澡渐没	少泊肖兴光	注洋水淡学	沁池当汉涨
44	业灶类灯煤	粘烛炽烟灿	烽煌粗粉炮	米料炒炎迷	断籽娄烃
45	定守害宁宽	寂审宫军宙	客宾家空宛	社实宵灾之	官字安　它
51	怀导居　民	收慢避惭届	必怕　愉懈	心习悄屡忱	忆敢恨怪尼
52	卫际承阿陈	耻阳职阵出	降孤阴队隐	防联孙耿辽	也子限取陛
53	姨寻姑杂毁	旭如舅	九　奶　婚	妨嫌录灵巡	刀好妇妈姆
54	对参　戏	台劝观	矣牟能难允	驻　驼	马邓艰双
55	线结顷　红	引旨强细纲	张绵级给约	纺弱纱继综	纪弛绿经比

任务三　掌握三级简码

三级简码是由单字全码的前三个字根组成，有 4 400 多个，输入方法：第一字根 + 第二字根 + 第三字根 + 空格键。

三级简码虽然仍是击键 4 次，没有减少击键的次数，但是，它省略了识别码的判定，提高了编码速度。

例如：

著：艹（A）　土（F）　丿（T）　AFT

容：宀（P）　八（W）　人（W）　PWW

注意：有时，同一个汉字可有几种简码。例如："经"，就同时有一、二、三级简码及全码等 4 个输入码，如下所示：

经：纟（X）　X 空格

经：纟（X）　ス（C）　XC 空格

经：纟（X）　ス（C）　工（A）　XCA 空格

经：纟（X）　ス（C）　工（A）　一（G）　XCAG

2.4.7　词语输入

任务一　两字词的输入

输入方法：每字取其全码的前两码组成，共 4 码。

例如：

情绪：忄　龶　纟　土　51　11　55　12　NGXF

学生：⺍　冖　丿　龶　43　45　31　11　IPTG

任务二　三字词的输入

输入方法：前两字各取其第一码，最后一字取其前两码，共 4 码。

例如：

计算机：讠　⺮　木　几　41　31　14　25　YTSM

操作员：扌　亻　口　贝　32　34　23　25　RWKM

任务三　四字词的输入

输入方法：每字各取其全码的第一码。

例如：

继往开来：纟　彳　一　一　55　31　11　11　XTGG

加强团结：力　弓　口　纟　24　55　24　55　LXLX

任务四　多字词的输入

输入方法：取第一、二、三及末一个汉字的第一码，共 4 码。

例如：

中华人民共和国：口　亻　人　囗　23　34　34　24　KWWL

理论联系实际：　王　讠　耳　阝　11　41　52　52　GYBB

2.4.8 重码、容错码与学习键

任务一 认识重码

在五笔字型中编码完全相同的字，称之为“重码字”。当输入重码时，重码字显示在提示行中，较常用的字排在第一个位置上，并用数字指出重码字的序号，加以选择即可。

例如：“枯”与“柘”重码。

枯：“木”、“古”、“一” （SDG）

柘：“木”、“石”、“一” （SDG）

任务二 认识容错码

几个编码对应一个汉字，这几个编码称为汉字的容错码。

容错码有两个涵义：其一是用户容易搞错的码，其二是容许用户搞错的码。“容易”弄错的码，容许你按错的打，谓之“容错码”。“五笔字型”输入法中的“容错码”目前将近有 1 000 个，使用者还可以自己再建立。

“容错码”主要有以下两种类型。

（1）拆分容错：个别汉字的书写顺序因人而异，因而容易弄错。

例如：

长：丿 七 ㇏ 43 TAYI （正确码）

长：七 丿 ㇏ 43 ATYI （容错码）

长：丿 一 丨 ㇏ TGHY （容错码）

长：一 丨 丿 ㇏ GHTY （容错码）

（2）字型容错：个别汉字的字型分类不易确定。

例如：

占：⺊ 口 12 HKF （正确码）

占：⺊ 口 13 HKD （容错码）

任务三 认识学习键“Z”

在五笔字型中，Z 键被赋予了辅助学习功能。

Z 键有两个主要的作用：

1. 代替未知的识别码

当我们要输入“光”字时，记不清楚它的识别码，可以在后面加上“Z”键，输入“IQZ”。此时，屏幕上显示出“光”的识别码为“B”，选择输入即可。

2. 代替模糊不清或分解不准的字根

当我们要输入“荷”字时，记不清楚第三个字根的编码了，可以在后面加上“Z”键，输入“AWZ”。此时，屏幕上显示出“荷”的第三和第四字根码为“SK”，选择输入即可。

本章小结

本章首先介绍了键盘的分区划位，键盘上各键的功能，阐述了如何安装输入法软件，并详细的介绍了智能 ABC 和五笔字型输入法，通过本章的学习，学生基本具备了输入中

英文字符的能力。

练习与提高

一、填空题

1. Caps Lock 键采用 Caps Lock 灯指示当前大小写状态。灯亮为＿＿＿＿＿状态，灯灭为＿＿＿＿＿状态。

2. 中文输入法的切换可以使用键盘上的＿＿＿＿＿＿＿＿＿＿＿键来切换。

3. 智能 ABC 输入法可以通过全拼、＿＿＿＿＿＿、＿＿＿＿＿＿、音形、笔画和双拼 6 种形式进行输入。

4. 五笔字型的基本字根是＿＿＿、＿＿＿、＿＿＿、＿＿＿、＿＿＿。

5. 五笔字型的最大码长为＿＿＿＿＿。

二、简答题

1. 五笔字型的编码规则是什么？

2. 五笔字型的拆字原则是什么？

3. 五笔字型的三字词如何拆分的？

三、实践题

1. 用智能 ABC 输入法输入：

中国　能够　腾飞　注意　规则　面貌　概括　只管　方法　表达　错误　训练指法
实际　故事　计算机　笔记本　社会主义　中华人民共和国　中国共产党

2. 用五笔字型输入法输入：

鞍　柏　搬　磅　堡　被　奔　蹦　笔　匾　标　别　博　部　擦　猜　餐
炮兵　哈达　抉择　轮船　经验　打电话　闭幕式　戈壁滩　现代化　代表队
炎黄子孙　港澳同胞　国家机关　规章制度　科学技术　更上一层楼　四个现代化
新闻发布会　理论联系实际　坚持四项基本原则

实训 1

键盘输入练习

要求：

1. 了解键盘输入的正确姿势；
2. 了解键盘分区及键位分布；
3. 初步掌握键盘打字的标准指法。

实训 2

智能 ABC 输入法

要求：

1. 掌握智能 ABC 输入法的全拼输入、简拼输入和混拼输入；

2. 掌握并熟悉智能 ABC 输入法的定义新词；

3. 了解智能 ABC 输入法在输入汉字的过程中输入英文、特殊符号的方法。

实训 3

五笔字型输入法

要求：

1. 熟记五笔字型输入法的字根总表和编码规则；
2. 熟练掌握键名、成字字根输入方法；
3. 熟练掌握多字根字和末笔识别码的输入方法；
4. 熟练掌握一级简码、二级简码及词组的输入方法；
5. 了解学习键“Z”的作用。

参考答案

一、填空题

1. （大写）、（小写） 2. （Ctrl + Shift） 3. （简拼）、（混拼） 4. （横）、（竖）、（撇）、（捺）、（折） 5. （4）

二、简答题

1. 五笔字型均直观，依照笔顺把码编；键名汉字打四下，基本字根请照搬；一二三末取四码，顺序拆分大优先；不足四码要注意，交叉识别补后边。

2. 取大优先，兼顾直观，能连不交，能散不连。

3. 前两字各取其第一码，最后一字取其前两码，共 4 码。

三、实践题（略）

第三章　中文操作系统 Windows XP

【学习目标】

Windows XP 的版本、功能、安装与配置

Windows XP 基本操作

用“我的电脑”和“资源管理器”进行文件管理

磁盘的管理与维护

Windows XP 控制面板操作

Windows XP 的应用程序和多媒体功能的使用

预备知识

操作系统是一组管理和控制计算机中所有软、硬件资源的程序。它不仅是硬件和软件系统之间的接口，也是用户与计算机之间交流的界面。微软公司研制开发的 Windows 系列产品，以其生动、形象的图形用户界面和简便、快捷的操作方法为优势，成为目前应用最广泛的操作系统。

Windows XP 于 2001 年被推出，是 Windows 2000 的升级版本。XP 代表“eXPerience”，即体验。也就是说，通过 Windows XP 众多强大的功能，让用户体验到良好的数字化生活。Windows XP 的出现是 Windows 操作系统发展史上一次全面的飞跃。

3.1　技能一　认识 Windows XP 的版本和新增功能

3.1.1　Windows XP 的版本

预备知识

为了满足在家庭和工作中的需要，Microsoft 公司推出了 5 个 Windows XP 版本，每个版本都各具特色，本书中如果不做特殊说明，均指 Windows XP Professional 版本。

任务一　认识 Windows XP 的各种版本

1. Windows XP Home Edition 版本

是家庭用户和游戏爱好者的最佳选择。它有最好的数字媒体平台，新的视觉设计使得高效地完成常见任务更容易；数字照片功能让您可以方便、快捷地获取、组织和共享图片；一体化的音乐工具可用来发现、下载、存储和播放高质量的数字音乐；具有在 PC 上创建、共享和欣赏视频节目所需的一切必备条件；简便的计算机共享和家庭网络使您可以在 Internet 上畅游；顶级的通信工具可用于即时消息收发、语音或视频会议以及协作；用户配置文件使得每个人都可以用独特的方式使用计算机；拥有从问题中恢复和得到专家帮

助所需的工具；最安全、最可靠的操作系统，使您的系统保持开机和运行的良好状态。

2. Windows XP Professional Edition 版本，即专业版

是专为商业用户设计的，有最高级别的可扩展性和可靠性。具有 Windows XP Home Edition 的所有优点，又增加了更高的安全性，包括可以加密文件和文件夹以保护业务数据的能力；卓越的移动支持，使您可以脱机工作或远程访问您的计算机；内置对高性能多处理器系统的支持等等。

3. Windows XP 64-Bit Edition 版本

是为满足专业的、技术工作站用户的需要而设计的。它具备 Windows XP Professional 的核心功能，又增加了最高级别的性能和可伸缩性，适用于要求最严格的技术计算任务；更大的内存容量，提高了内存存取速度，并具有超级浮点运算能力；是用于进行高级数字内容创建、进行计算机辅助机械设计和分析及财务和数据分析的最佳平台。

4. Windows XP Media Center Edition 版本

具备了 Windows XP Professional Edition 版本的所有功能，并且在多媒体功能上提高了特性。我的电视、我的音乐、我的视频、我的图片、在线聚焦、电影搜索、我的收音机功能，可以让你充分体验高档的数字化生活。

5. Windows XP Tablet PC Edition 版本

是在 Windows XP Professional Edition 版本上增加了手写功能，可以看成是专业版的扩展版本。它能够以更多方式在更多地点工作，性能强大、可移动和多功能的 Tablet PC，可提供现今笔记本电脑的所有功能，为那些需要移动办公的人提供了强大而灵活的移动信息处理方式。

3.1.2 Windows XP 的新增功能与改进功能

预备知识

Windows XP 的特点

(1) 易用性：以窗口的形式显示信息，提供了基于图形的人机对话界面，实现了“所见即所得”；组策略可以给逻辑单元分配相同的设置，以简化相应的管理任务；向导功能指导使用者操作关键步骤；帮助和支持服务，可以查找多个信息资源以便解决问题。

(2) 兼容性：Windows XP Professional 可以运行数百万个应用程序，并且可以及时的访问应用程序更新信息。提供 Internet 标准，以有效的适用于包括不同网络的操作系统。

(3) 安全性：内含的防火墙技术和带有多用户支持的加密文件系统（简称 EFS），可以保护不受黑客和数据盗窃的最高级别。

(4) 可靠性：依赖新的 Windows 引擎，在多数情况下，即使某个程序崩溃了，计算机仍能继续运行；通过设备驱动程序回滚、上次的正确配置和系统还原功能在发生错误时让计算机回滚到以前的正确状态。Windows 安装程序，可以帮助用户正确的安装、配置、跟踪、升级和卸载软件程序，可以减少系统的故障时间，提高系统的可靠性。

(5) 稳定性：Windows 文件保护，保护核心代码不被安装的应用程序覆盖；“阻止缺陷驱动程序”功能将防止安装会导致问题的驱动程序，以保证系统最大的稳定性。

(6) 可迁移性：用户状态移植工具，帮助管理员将用户的数据和应用程序或操作系统设置从旧的计算机上移植到新的计算机上。减少计算机管理员的恢复工作量和最终用户

的停机时间，用户可以继续使用熟悉的操作环境。

任务一　Windows XP 的新增功能

1. 交互界面方面

（1）简化登录界面：当启动 Windows XP 系统后，假如用户没有设置登录密码，那么在登录时直接单击用户账户前的图标就能登录到系统，这种简化信息管理的措施使用户在登录时更加方便。

（2）桌面清理向导：该向导可以更好地管理桌面上的图标，能够将最近没有使用过的桌面快捷方式放入一个名为“未被使用的桌面快捷方式”的文件夹中，使桌面看起来更为简洁。

（3）分组相似任务栏：在任务栏属性配置中增加了“分组相似任务栏按钮”，使任何打开的窗口自动分类而在一个统一的窗口按钮组中显示，避免了在任务栏上按钮显示的区域因变小而不容易查看的缺陷。

（4）隐藏不活动的图标：在任务栏上的通知区域中新增了“隐藏不活动的图标”功能，使用此功能可以将暂时不用的小图标隐藏起来，这样不会使通知区域显得混乱，单击向左的“显示隐藏的图标”箭头即可显示隐藏的图标。

（5）“开始”菜单：设计更为合理，显示区域增大，这样有利于用户进行识别和选择，系统自动在“开始”菜单的左侧添加用户最常用程序的快捷方式，以便于用户随时再次使用。为适应网络和多媒体发展的需要，系统把进行网络浏览、收发电子邮件的工具连同“我的图片”、“我的音乐”等图标都放在了显著的位置。用户能够自定义“开始”菜单，在其中添加、删除各种程序及文档的快捷方式。

2. 多媒体性能方面

（1）对扫描仪和照相机的支持：提供了对扫描仪和照相机的支持，用户能够通过向导给自己的电脑添加这两种外部设备，以便从中获取资料进行使用和编辑。

（2）对 CD-RW 及 CD-R 的支持：假如用户安装了 CD-RW 或是 CD-R 设备，那么就能够将图片、音乐、视频连同各种文档做成 CD 或 VCD，方便各种信息的存储。

（3）“Windows Movie Maker”程序：用于录制和编辑视频影片，可以将便携式设备中的影音资料导入，也能够将现存的音频、视频文档合成一个电影，在其中加入插曲、旁白及静物照片。程序采用超压缩技术，使所制作的影片所占的空间较小。用户还可以通过电子邮件的方式发送或网络上传此程序。

3. 用户管理方面

（1）多用户管理：允许多用户登录，不同的用户能够使用同一台电脑在使用公共系统资源的同时，配置富有个性的工作空间。

（2）快速转换用户：转换用户账户的时候，无需注销当前登录的用户或重新启动电脑，只要选择“用户账户”窗口中“使用快速转换”复选框，则不用关闭任何程序就能够快速转换到另一个用户账户。

4. 网络性能方面

（1）防火墙技术：融入的防火墙技术，能够使未经授权的人无法随意访问用户的电脑或网络，从而限制或阻止来自 Internet 的各种破坏和攻击的侵害。

（2）Black Hole Router 探测功能：能够让操作系统自动探测到恶意的路由攻击然后进

行数据包的过滤。增加了网络保护模块，让操作系统的网络安全大大增强。

5. 系统安全方面

（1）系统还原：假如用户对计算机做了有害的更改，影响到系统的正常运行，使用此功能可以取消所做的更改，还原系统原来的配置和性能，而在整个还原的过程中，不会使最近保存的文档、电子邮件等内容丢失，快速地恢复到正常的状态，而不至于重新安装系统，并且整个过程是可逆的。

（2）激活功能：为了减少盗版和未经授权而使用中文版 Windows XP，Microsoft 公司在系统中新增了产品激活功能，在安装过程中，需要用户激活 Windows；在使用过程中，会周期性收到系统的提醒，假如在规定的时间内不进行激活，用户将不能继续使用该系统。

（3）错误报告：为了给广大用户提供优质的跟踪服务，在运行应用程序过程中，如果执行了非法操作或系统出错时，会出现询问是否发送错误报告的对话框，Microsoft 公司将收集相类似的信息，对系统所出现的问题进行改正，进一步完善软件的功能，提高其质量。

6. 显示技术和语言支持方面

（1）Clear Type 技术：通过该技术，可以将显示文本的水平分辨率提高 3 倍，从而在带有数字接口的标准 LCD 屏幕上获得更清晰的文本显示效果。

（2）多语言及输入法：提供了对世界各地多种语言的支持，不管是哪个国家的用户都能够使用该软件，语言栏能够以按钮的形式缩小到任务栏。

任务二　Windows XP 的改进功能

1. 电源管理方面

Windows XP 提供了更特别的电源管理支持“高级配置和电源接口（ACPI）”规范。在早期的电源管理架构中，系统设备的功率状态是由 BIOS 控制的，操作系统未介入该管理。在兼容 ACPI 的系统中，操作系统可以管理、控制和协调电源，因此，用户可以在需要的时候随时访问系统，而在不主动工作的时候可以保持不活动状态并消耗尽可能少的功率。例如，传真调制解调器可以在系统待命（只会消耗极低的能量）运行，直到电话铃响，系统才会醒来接收传真，在不再需要它时，系统又会返回到待命状态。

2. 连接和管理外围设备方面

（1）安装外围设备总是变得越来越容易：ACPI 支持使得即插即用管理程序的工作比以前的即插即用系统更可靠。它首先会识别新设备，然后为新设备分配系统资源。当该即插即用管理程序检测到系统发生变化时，它还可以自动对资源分配进行重新配置。

（2）经过改进的图像捕捉技术（WIA）：Windows XP 通过 Windows 图像捕捉（Windows Image Acquisition，WIA）技术支持静态图像设备，该技术使用了 Windows 驱动程序模型（Windows Driver Model，WDM）架构。WIA 在应用程序和图像捕捉设备之间提供了强劲的通信能力，从而允许高效地捕捉图像并将它们传输到计算机进行编辑和使用。

3. 安全体系结构的管理和性能方面

（1）PKI 证书的自动用户注册：允许在登录时自动注册用户型证书。自动注册主要用于方便路由和远程访问服务（RRAS）服务器及其他类似设备的 IPSec 或 L2TP/IPSec VPN 连接。

（2）受信根证书更新：Windows XP 为管理员提供了对其客户所信任的根证书更大的控制能力。所有第三方根证书都被移动到独立的逻辑证书库中，并由根证书的自动更新功能进行定期更新。

（3）智能卡支持功能：通过添加重要工具和实用程序的智能卡、用于终端服务器的智能卡而扩充了智能卡功能。

（4）加密脱机文件（客户方缓存）：允许使用 EFS 对脱机文件和文件夹进行加密。对于旅途中需要脱机工作并保持数据安全的人士而言，该功能格外有吸引力。

4. 网络功能方面

（1）增强的网络设备支持：在以前操作系统版本的基础上改进了对 802.11 无线设备的支持。通过对 Internet RFC 2684 接口的 PVC 封装，使供应商能更容易地实现 DSL。网络驱动程序接口规范 NDIS 在即插即用和电源事件通知、支持发送取消、统计功能、LAN 唤醒更改、不用安装第三方驱动程序的情况下支持通过 USB 连接的网络设备等方面提供了相应的程序。这使得网络安装更加容易，同时降低了因为驱动程序创建得较差或未进行充分测试而导致系统故障的机会。

（2）网络服务质量（QoS）：是指当一种类型的流量或应用程序设法穿越网络连接时用来赋予其优先性（而不是仅依赖于最佳性能的连接）的各种技术。Windows XP 中的 QoS 数据包计划程序组件，可以在数据传输较慢或者非常慢的情况下加快 Internet 连接共享速度。

（3）增强的在线会议，通过改良的音频和视频流更好的提供服务：音频会议的改进包括对新编码技术的支持提高了质量和互操作性、对 DirectSound® API 的支持降低了延迟，提高了混频、声音回声消除、声音增益控制可以降低周围环境的噪声、改良的抖动缓冲控制和静音压缩算法使延迟降低，提高了质量；视频会议的改进包括新的编码技术提高了质量和互操作性、支持更新型的照相机、对 DirectDraw® API 的支持可以改进视频性能、对唇同步的支持可以改善视频和声音的同步、支持更大的视频文件等。NetMeeting 3.1 可以连接容留于 Exchange 2000 Conferencing Server 上的多点会议。

（4）网络诊断功能：通过“网络诊断”网页和 NetSh 帮助程序、“网络连接”的“支持”选项卡、“网络连接”的“修复”链接、“任务管理器”的“网络”选项卡和更新命令行网络诊断工具 netdiag.exe，大大加强了网络诊断的功能。

（5）无线局域网（LAN）的增强：以前的无线 LAN 网络在部署带有密钥管理系统的安全解决方案时不太方便。Windows XP 中改进了对 IEEE 802.1X 的支持，并配合无线 LAN 供应商支持各自访问点中的标准，可以同无线网卡一起选择可用网络，并配置与首选网络的连接，而不用用户干预。

5. 应用程序方面

（1）改良的帮助和支持服务：Windows XP 中完全修改了帮助功能，可以查找多个信息资源——包括 Internet 上的资源，可以打印整章联机文档，向 Microsoft 提交反馈信息要求改进文档质量。同时将“收藏夹”的概念整合到帮助系统中，可以比较轻松的找到重要的历史记录。

（2）搜索功能：在“搜索结果”窗口中，系统对可能要查找的内容进行了分类，如图片、音乐、文档等类别，这样在进行查找时能尽快地找到相应的内容，进而提高工作效率。

（3）记事本容量突破和插入、显示 unicode 控制字符：记事本容量突破 64KB 字节容量限制，另外还可以插入和显示 unicode 控制字符。

（4）画图格式多分身：原来的画图只能用 . BMP 格式进行保存，画图保存类型不再仅限于 BMP 格式，在 Windows XP 中，还可以存为 jpg、gif、TIFF、PNG 格式。在画图的文件菜单里面还多了设置为墙纸的功能，用户可以将经过简单编辑的图片设置为墙纸。

3.2 技能二 Windows XP 的安装与配置

3.2.1 Windows XP 的安装方法

预备知识

Windows XP 安装通常分为升级安装、全新安装、双系统共存安装 3 种方式。升级安装是覆盖原有其他版本的 Windows 操作系统升级到 Windows XP 版本；全新安装是在未安装操作系统的情况下进行的安装，或者将机器上原有的操作系统格式化后所进行的安装；双系统共存安装是计算机上已经安装了操作系统，保留现有系统的基础上安装 Windows XP。

任务一 了解系统安装需求

系统参数	最低配置	推荐配置
时钟频率	233 MHz（单个或双处理器）	300 MHz（Intel、AMD）
内存	64M	128 MB
硬盘空间	1.5 GB	越大越好
适配器和监视器	Super VGA（800×600）	越高越好
CD-ROM 或 DVD	具备	具备
键盘和鼠标或兼容的指针设备	具备	具备

任务二 全新安装方法

操作步骤

（1）在 BIOS 中设置为光驱启动，进入 BIOS 的方法随不同 BIOS 而不同，一般来说在开机自检通过后按【Del】键或者是【F2】键进入 BIOS，进入后找到“Boot”项目，然后在列表中将第一启动项设置为 CD-ROM 即可，重启电脑后从光驱启动系统。

（2）进入欢迎界面，按下【Enter】键来继续进入下一步安装进程，如图 3－1 欢迎界面所示。

（3）按【F8】键同意 Windows 的用户许可协议进行下一步安装。

（4）对分区进行选择，按【Enter】键继续下一步安装。

（5）格式化分区，在 Windows XP 中有两种文件系统供选择：FAT32、NTFS。从兼容性上来说，FAT32 稍好于 NTFS，而从安全性上来说，NTFS 要比 FAT32 好很多，选择一个合适的选项，按【Enter】键进行格式化。

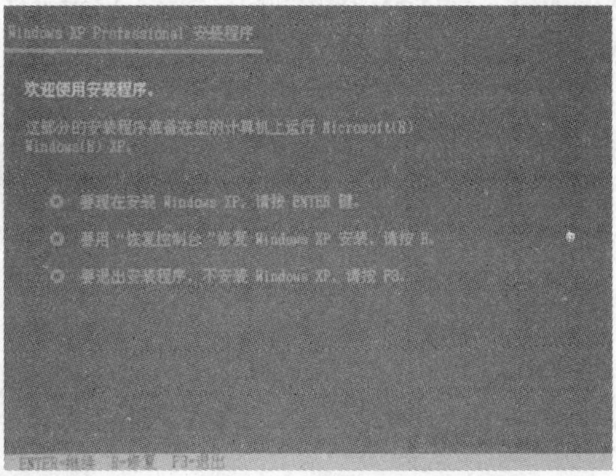

图 3－1　欢迎界面

（6）安装程序检测硬盘，复制所需文件到硬盘上，准备安装，如图 3－2 复制文件所示。

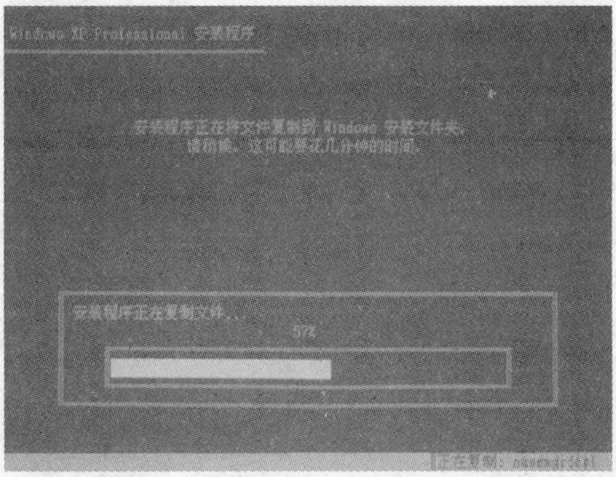

图 3－2　复制文件

（7）计算机重新启动，进入安装窗口，如图 3－3 安装程序窗口所示。

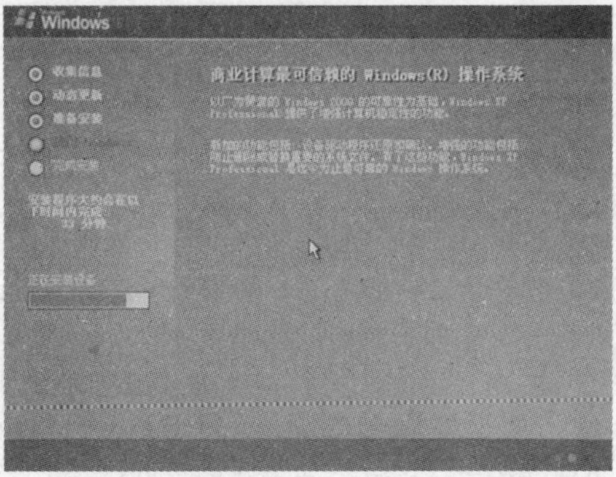

图 3－3　安装程序窗口

(8) 设置区域和语言选项，选择合适的区域和语言，单击【下一步】。

(9) 输入个人信息，包括姓名和单位，单击【下一步】。

(10) 输入序列号，单击【下一步】。

(11) 设置系统管理员密码，单击【下一步】。

(12) 设置日期和时间，单击【下一步】。

(13) 设置网络连接，可选择“典型设置”和“自定义设置”，单击【下一步】。

(14) 设置工作组或域，单击【下一步】。

(15) Windows XP 调整显示分辨率，完成安装，进入到桌面。

3.2.2 Windows XP 的系统配置

预备知识

Windows XP 中提供的系统配置实用程序（Msconfig）可以更好的管理系统的启动程序、查看加载的系统服务、提取丢失的系统文件等。要进入系统配置实用程序，需要以系统管理员身份登录，选择【开始】菜单中的【运行】命令，输入 Msconfig，单击【确定】即可。

任务一　选择系统启动方式

操作步骤

(1) 打开系统配置实用程序，如图 3－4 系统配置实用程序所示。

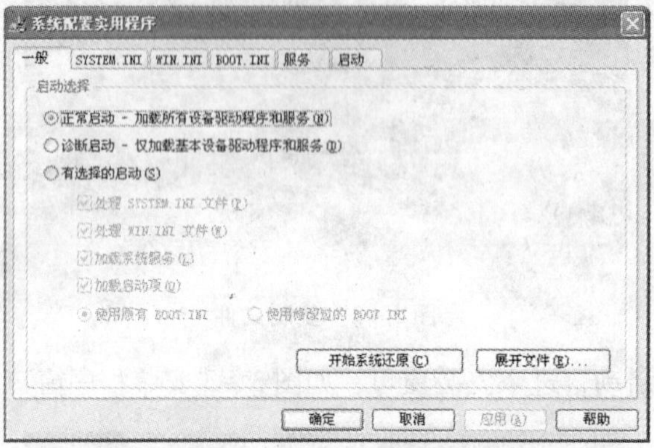

图 3－4　系统配置实用程序

(2) 系统默认为“正常启动”，选择此选项，启动时将加载所有设备的驱动程序和服务。

(3)“诊断启动”是指系统启动时仅加载基本设备驱动程序，如显卡驱动，而不加载 Modem、网卡等设备，服务也仅是系统必须的一些服务。这时系统是最干净的，如果启动没有问题，可以依次加载设备和服务来判断问题出在哪里。

(4)“有选择的启动”选项，可以选择是否处理 SYSTEME. INI 文件（启动时配置信息文件）和 WIN. INI 文件（窗口环境概貌文件）、是否加载系统服务和选择加载启动项，被处理和选择后的文件或选项在系统启动后被加载。

任务二　轻松查看服务是否合法

很多系统服务会随 Windows 一起启动，而一些软件也常常把自己的一些组件注册为系统服务，特别是一些病毒或木马注册为系统服务后，常常躲在后台“为非作歹”，而且不容易被察觉，这样就会给系统带来很大的隐患，通过系统配置实用程序可以轻松的查看服务是否合法。

操作步骤

（1）打开系统配置实用程序。

（2）单击“服务”选项卡，弹出“服务”窗口，窗口中列出系统的所有服务。

（3）勾选“隐藏所有 Microsoft 服务”，隐藏所有的 Microsoft 服务，将其他系统服务清晰显示出来。

（4）通过显示的系统服务中的“制造商”，大体可以判断是否为病毒/木马程序。

（5）通过勾选还可以启动或停止服务程序。

3.3　技能三　Windows XP 的基本操作

3.3.1　Windows XP 的启动

了解 Windows XP 的启动

Windows XP 安装成功以后，重新启动计算机，系统自动运行，正确配置后进入到桌面，启动过程完成。

3.3.2　Windows XP 的退出

关闭计算机

操作步骤

（1）单击【开始】按钮，选择【关闭计算机】命令，弹出“关闭计算机”对话框，如图 3－5 关闭计算机对话框所示。

图 3－5　关闭计算机对话框

（2）单击【关闭】按钮即可关闭计算机。

3.3.3 桌面图标的使用

预备知识

正常启动 Windows XP 后进入的界面，称为“桌面”，它像日常生活中的桌子一样，可以把常用的程序、文件和文件夹的图标放在上面，方便使用。使用时，双击图标就能够快速启动相应的程序或文件。

任务一 恢复系统默认的图标

当 Windows XP 第一次登录系统后，可以看到一个非常简洁的画面，在桌面的右下角只有一个回收站的图标，要恢复原来系统的默认图标，应进行如下操作。

操作步骤

（1）右击桌面，在弹出的快捷菜单中选择【属性】命令。

（2）在打开的“显示属性”对话框中选择“桌面”选项卡。

（3）单击【自定义桌面】按钮，这时会打开“桌面项目”对话框。

（4）在“桌面图标”选项组中选中“我的电脑”、“网上邻居”等图标，单击【确定】按钮返回到“显示属性”对话框中。

（5）单击【确定】按钮，关闭“显示属性”对话框，这时即可看到系统默认的图标。

任务二 创建桌面快捷方式图标

操作步骤

（1）右击桌面，在弹出的快捷菜单中选择【新建】命令。

（2）使用者可以创建各种形式的图标，比如文件夹、快捷方式、文本文档等等，如图3－6 所示，选择创建快捷方式。

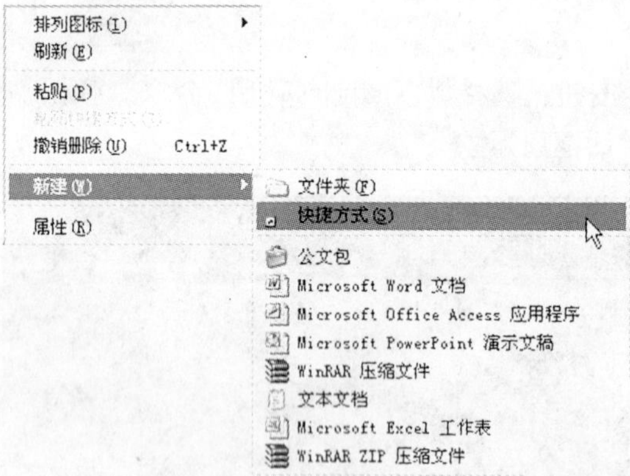

图 3－6 创建桌面图标

（3）在弹出的“创建快捷方式”对话框中，输入程序或文件的位置。

（4）在弹出的“选择程序标题”对话框中，输入程序文件的名字，点击【完成】按钮即可在桌面上创建一个新的快捷方式图标。

任务三 删除图标

操作步骤

（1）在所需要删除的图标上右击。

（2）在弹出的快捷菜单上选择【删除】命令，或者直接按键盘上的【Delete】键。

（3）在弹出的“确认文件删除”对话框上，点【是】按钮，即可删除图标。

任务四 排列图标

操作步骤

（1）右击桌面空白处，在弹出的快捷菜单中选择【排列图标】命令，如图 3－7 排列图标所示。

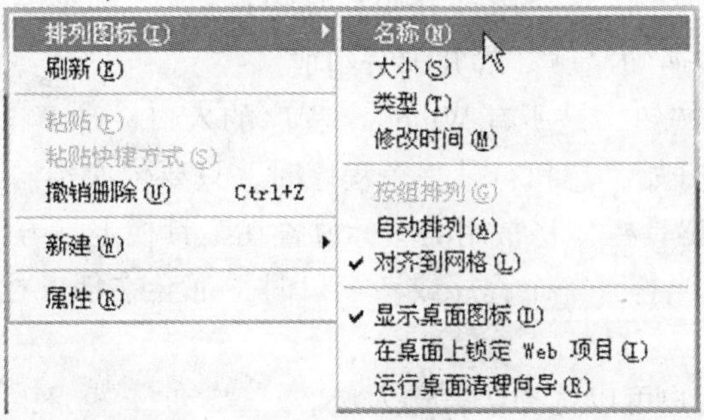

图 3－7 排列图标

（2）选择按【名称】【大小】【类型】和【修改时间】排列，单击后即可生效。

（3）选择【自动排列】命令后，在对图标进行移动时会出现一个选定标志，这时只能在固定的位置将各图标进行位置的互换，而不能拖动图标到桌面上任意位置。

（4）选择【对齐到网格】命令后，如果调整图标的位置时，它们总是成行成列地排列，也不能移动到桌面上任意位置。

任务五 运行桌面清理向导

操作步骤

（1）右击桌面空白处，在弹出的快捷菜单中选择【排列图标】命令条，单击其中的【运行桌面清理向导】命令。

（2）选择需要清理的快捷方式，单击【下一步】按钮继续。

（3）单击【完成】按钮，所选的快捷方式在桌面上消失，被收集到桌面上的“未使用的桌面快捷方式”文件夹中。

相关知识链接

“图标”是指在桌面上排列的小图像，它包含图形、说明文字两部分，如果用户把鼠标放在图标上停留片刻，桌面上会出现对图标所表示内容的说明或者是文件存放的路径，双击图标就可以打开相应的内容。

桌面图标说明：

（1）“我的文档”：用于管理其下的文件和文件夹，可以保存信件、报告和其他文档，它是系统默认的文档保存位置。

（2）“我的电脑”：可以实现对计算机硬盘驱动器、文件夹和文件的管理，可以访问连接到计算机的硬盘驱动器、照相机、扫描仪和其他硬件的有关信息。

（3）“网上邻居”：可以查看和共享网络上的硬件资源和其他计算机中的文件夹和文

件访问的有关信息。

（4）“回收站”：回收站中暂时存放着用户已经删除的文件或文件夹等一些信息，当还没有清空回收站时，可以从中还原删除的文件或文件夹。

（5）“Internet Explorer”：浏览器，浏览互联网上信息的工具。

3.3.4　任务栏的使用

任务一　认识任务栏

任务栏是桌面最下方的长条，由【开始】菜单按钮、“快速启动”工具栏、“任务按钮栏”、“语言栏”和“通知区域”等几部分组成。

（1）【开始】菜单按钮，是所有 Windows 程序的入口，是 Windows XP 的总开关，所有要完成的任务都从此开始，想执行某一个程序时，只要依次指向，单击该程序即可。

（2）“快速启动”工具栏，将常用的图标放置在工具栏上，方便单击使用。

（3）任务按钮，每当打开一个程序或者窗口时，都会在任务栏上打开一个任务按钮，单击可以在任务间切换。

（4）“语言栏”，用户可以选择语言输入法。

（5）“通知区域”，包括音量控制器、日期和时间指示器等。

任务二　改变任务栏属性

操作步骤

（1）右击任务栏，在弹出的快捷菜单中选择【属性】命令，弹出“任务栏和「开始」菜单属性”窗口，如图 3－8 任务栏和「开始」菜单属性所示。

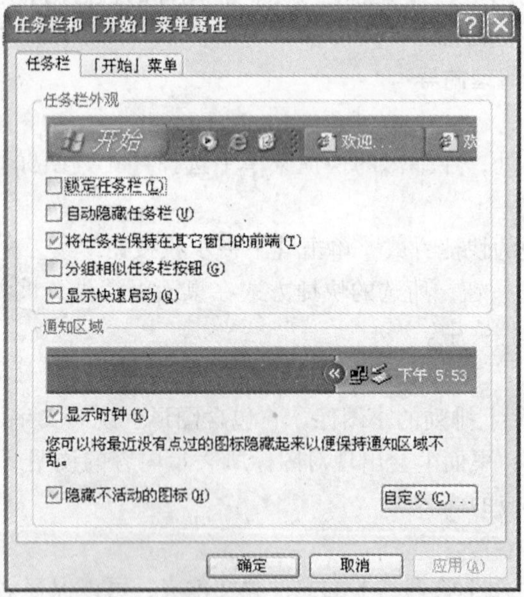

图 3－8　任务栏和“开始”菜单属性

（2）勾选“锁定任务栏”选项，任务栏不能被随意移动或改变大小。

（3）勾选“自动隐藏任务栏”选项，当不对任务栏进行操作时，任务栏将自动消失，当把鼠标放在任务栏位置上时，任务栏会自动出现。

(4) 勾选“将任务栏保持在其他窗口的前端”选项，任务栏总是在最前端，而不会被其他窗口挡住。

(5) 勾选“分组相似任务栏按钮”选项，把相同的程序或相似的文件归类分组而使用同一个按钮，这样不至于在用户打开很多的窗口时，按钮变得很小而不容易分辨，使用时，只要找到相应的按钮组就可以找到要操作的窗口名称。

(6) 勾选“显示快速启动”选项，将在任务栏上显示快速启动工具栏。

(7) 在“通知区域”选项组中，用户可以选择是否显示时钟，也可以将最近没有点击过的图标隐藏起来以保持通知区域的简洁明了。

(8) 单击【自定义】按钮，在打开的“自定义通知”对话框中，用户可以进行隐藏或显示图标的设置。

任务三　使用任务管理器

操作步骤

(1) 右击任务栏，在弹出的快捷菜单中选择【任务管理器】命令，弹出“任务管理器”窗口，如图 3 - 9 任务管理器所示。

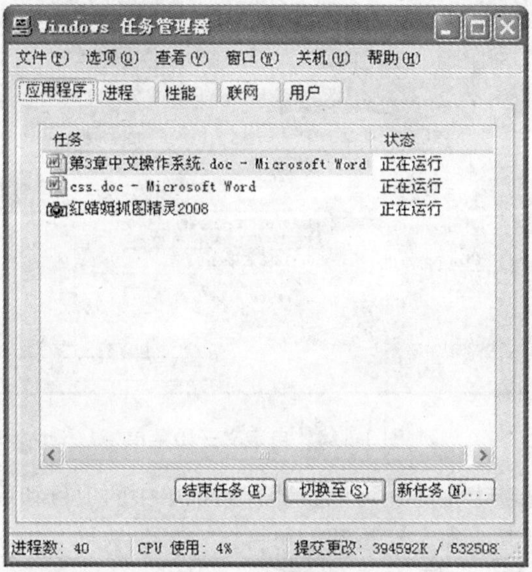

图 3 - 9　任务管理器

(2) “应用程序”选项卡中，显示正在运行的程序，单击【结束任务】按钮，可以结束当前正在运行的程序。

(3) “进程”选项卡中，显示正在运行程序的进程，单击【结束进程】按钮，可以结束当前正在运行的程序。

(4) “性能”选项卡中，显示了 CPU 和内存的运行情况。

(5) “联网”选项卡中，显示了网络运行情况。

(6) “用户”选项卡中，显示了登录的用户情况。

3.3.5 “开始”菜单的使用

任务一　自定义【开始】菜单

操作步骤

（1）右击任务栏或者【开始】按钮，然后从弹出的快捷菜单中选择【属性】命令，就可以打开“任务栏和「开始」菜单属性”对话框，在“「开始」菜单”选项卡中，用户可以选择系统默认的“「开始」菜单”或者是“经典的「开始」菜单”。

（2）选择默认的“「开始」菜单”会使用户很方便地访问 Internet、电子邮件和经常使用的程序，单击后面的【自定义】按钮，弹出“自定义「开始」菜单”窗口，在窗口中可以选择图标的大小、选择开始菜单上程序的数目、是否显示 Internet 和电子邮件等，如图 3－10 自定义开始菜单所示。

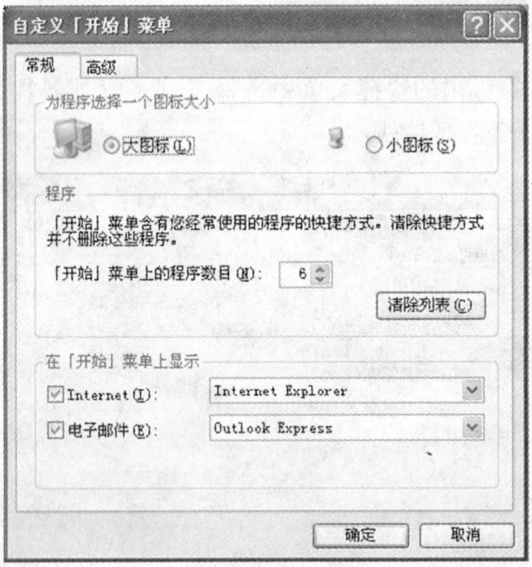

图 3－10　自定义开始菜单

（3）在“高级”选项卡中，还可以设置开始菜单中的项目和鼠标的动作等。

（4）选择好后，单击【确定】按钮即可。

任务二　运用“搜索”工具查找内容

操作步骤

（1）单击【开始】按钮，选择【搜索】命令，就会打开“搜索结果”窗口，在这个窗口中把所要查找的内容做了详细的划分归类，分为图片、音乐或录像以及文档、所有文件和文件夹、计算机或人 4 种选项，这样用户在使用时只要找到相应的类别，然后在其类型下进行查找会缩小搜索范围，节约时间，如图 3－11 搜索结果窗口所示。

（2）选定所要查找的类型然后单击，会出现要求用户输入搜索标准的列表，所选择的类型不同，所要输入的条件也不同，用户要结合自己实际情况输入搜索标准，单击【搜索】按钮进行搜索。

（3）如果在进行了以上的条件设置后，感觉达不到搜索要求，可以打开【更多高级

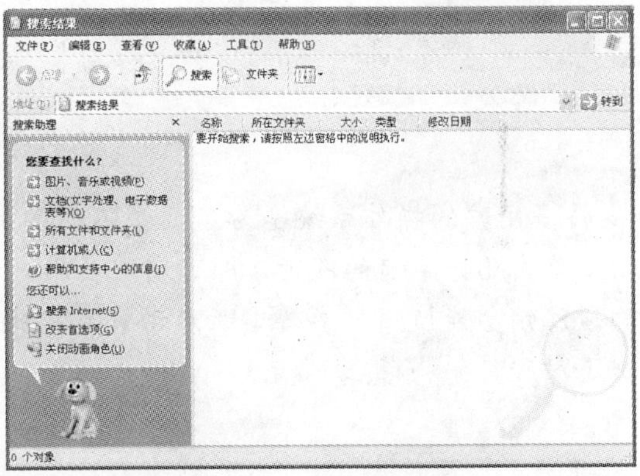

图 3－11 搜索结果窗口

选项】进一步设置搜索条件，然后再搜索。

说明

搜索时可以用通配符“＊”和“?”来替代文件名，用“＊”来表示任意多个字符，用“?”来表示任意一个字符。

任务三 使用帮助系统

操作步骤

(1) 单击【开始】按钮，选择【帮助和支持】命令，就会打开“帮助和支持中心”窗口，如图 3－12 帮助和支持中心所示。

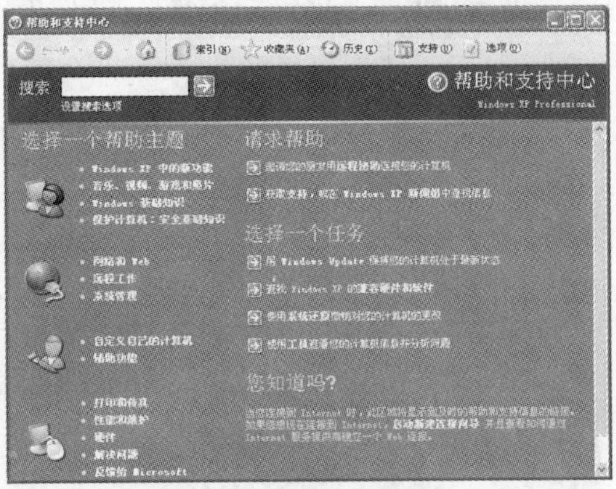

图 3－12 帮助和支持中心

(2) 通过“相关主题”选项组，可以在“帮助和支持中心”的窗口上快速的找到提供的帮助主题。

(3) 也可以在“搜索”栏上输入需要帮助的内容，单击按钮即可找到所需的帮助主题。

(4) 在“请求帮助”选项组中可以启用远程协助向别的计算机用户求助，也可以通过 Microsoft 联机帮助支持向在线的计算机专家求助，或从 Windows XP 新闻组查找信息。

(5) 在“选择一个任务”选项组中可利用提供的各选项对自己的计算机系统进行

维护。

3.3.6 注销用户

预备知识

Windows XP 是一个支持多用户的操作系统，为了便于不同的用户快速登录来使用计算机，只需要在登录界面上单击用户名前的图标，即可实现多用户登录，各个用户可以进行个性化设置而互不影响，注销功能使用户不必重新启动计算机就可以实现多用户登录，这样既快捷方便，又减少了对硬件的损耗。

任务一　注销用户

操作步骤

（1）单击【开始】按钮，选择【注销】命令，弹出“注销 Windows”对话框，如图 3－13“注销”对话框所示。

图 3－13　“注销”对话框

（2）单击【注销】按钮可以进行注销，单击【切换用户】按钮可以切换到其他用户。

3.4　技能四　Windows XP 的文件管理

预备知识

文件、文件夹及其管理工具

（1）文件：文件是指按格式存储在计算机外存上的一组信息的有序集合。文件名是用来识别和管理文件的，由文件主名和扩展名组成。文件主名由 1 ~255 个字符组成，包括空格，但不能包含 \ 、/、:、 * 、?、“、”、 〈、〉、| 等。扩展名表示文件的类型，以“.”开始，后面跟 0 ~4 个字符，通常为 3 个。

（2）文件夹：文件夹是用来存储文件或者其他文件夹的一个容器，又叫目录。

（3）管理工具：文件和文件夹的管理工具主要有“我的电脑”、“资源管理器”和“回收站”，这 3 个管理工具其实都是在执行文件 explorer. exe，可以通过【文件夹】按钮在三者之间进行相互转换。

3.4.1　“我的电脑”的使用

任务一　选定文件或文件夹

Windows 的操作是“对谁操作就选定谁”，所以选定这一步骤很重要，选定的对象以反相显示（黑底白字），下面介绍选定操作。

1. 选择单个文件或文件夹

方法一：单击要选择的文件或文件夹。

2. 选择多个连续的文件或文件夹

方法一：单击要选择的第一个文件或文件夹，再按【Shift】键不放，然后单击最后一个文件或文件夹。

方法二：用鼠标从空白处开始，在想要选择的文件或文件夹处拖动形成一个矩形选择框，选择框中的文件或文件夹即被选中。

3. 选择多个不连续的文件或文件夹

方法一：单击要选择的第一个文件或文件夹，再按住【Ctrl】键不放，然后分别单击其他文件或文件夹。

4. 全部选定

方法一：单击【编辑】菜单中的【全部选定】命令。

方法二：快捷键【Ctrl + A】键。

5. 反向选择

方法一：选择不需要的文件，然后单击【编辑】菜单中的【反向选择】命令。

6. 撤销选择

方法一：单击任意空白处，即可撤销选择。

任务二　打开文件或文件夹

一般要打开的文件有两类，一类是文档文件，一类是应用程序文件，打开应用程序文件就是执行该应用程序。

方法一：选择要打开的文件或文件夹，双击。

方法二：选择要打开的文件或文件夹，右击，在弹出的快捷菜单中选择【打开】命令。

任务三　创建文件夹

操作步骤

(1) 选择一个目标位置。

(2) 单击【文件】菜单，选择【新建】命令中的【文件夹】选项，或者右击，在弹出的快捷菜单中选择【新建】命令中的【文件夹】选项。

(3) 在【新建文件夹】框中输入文件夹名称，按【Enter】键或在其他位置单击鼠标。

任务四　删除文件或文件夹

一般情况下，删除文件或文件夹都是把文件或文件夹放入到“回收站”中，并没有真正的删除，如果需要恢复可以选择【还原此项目】按钮，如果需要真正删除，可以选择【清空回收站】按钮。要删除文件或文件夹，先选定要删除的文件或文件夹，然后应用下列方法之一即可：

方法一：选择【文件】菜单中的【删除】命令，在弹出的“确认文件（文件夹）删除”对话框中单击【是】按钮，即可删除，如图 3－14“确认文件夹删除”对话框（放入回收站）所示。

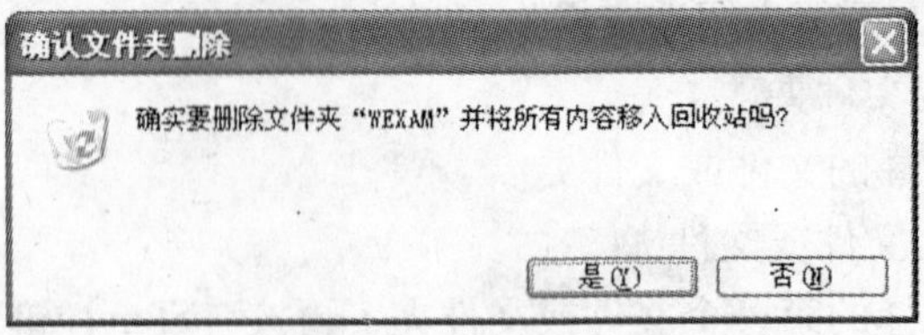

图 3－14　“确认文件夹删除”对话框（放入回收站）

方法二：在要删除的文件或文件夹上单击鼠标右键，在弹出的快捷菜单中选择【删除】命令，在弹出的“确认文件（文件夹）删除”对话框中单击【是】按钮，即可删除。

方法三：按【Delete】键，在弹出的【确认文件（文件夹）删除】对话框中单击【是】按钮，即可删除。

如果先按住【Shift】键，再进行上述操作，将弹出“确认文件（文件夹）删除”对话框，单击【是】按钮，将直接删除文件或文件夹，而不放到“回收站”中，如图 3－15“确认文件夹删除”对话框（直接删除）所示。

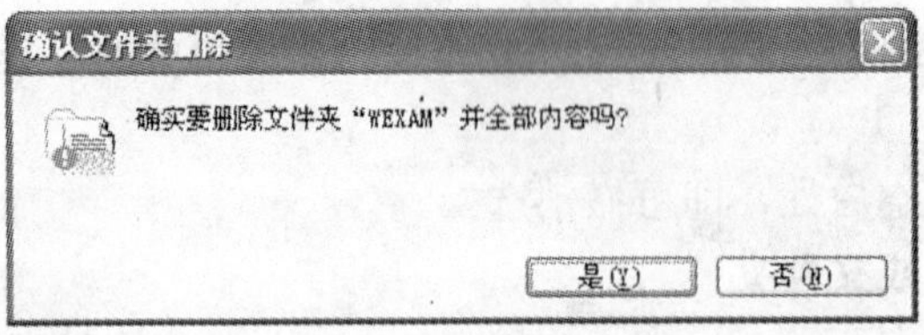

图 3－15　“确认文件夹删除”对话框（直接删除）

方法四：用鼠标直接将要删除的文件或文件夹拖动到回收站图标上。按住【Shift】键同时进行操作，将直接删除文件或文件夹。

任务五　文件或文件夹的更名

文件或文件夹的更名就是重新给文件或文件夹命名，首先选定要重新命名的文件或文件夹，然后执行以下方法之一即可：

方法一：选择【文件】菜单中的【重命名】命令，文件或文件夹将处于反向被选中状态，此时，输入新的文件名，然后按【Enter】键或单击空白处即可。

方法二：在要更名的文件或文件夹上单击鼠标右键，在弹出的快捷菜单中选择【重命名】命令，文件或文件夹将处于反向被选中状态，此时，输入新的文件名，然后按【Enter】键或单击空白处即可。

方法三：有间断的单击要更名的文件或文件夹，文件或文件夹将处于反向被选中状态，此时，输入新的文件名，然后按【Enter】键或单击空白处即可。

3.4.2　“资源管理器”的使用

预备知识

“资源管理器”可以以分层的方式显示计算机内所有文件的详细图表。它不必像“我的电脑”那样打开多个窗口，而只在一个窗口中就可以浏览所有的磁盘和文件夹，可以更方便地实现浏览、查看、移动和复制文件或文件夹等操作。要打开“资源管理器”可以单击【开始】按钮，依次指向【所有程序】【附件】，单击【资源管理器】命令，或者右击【开始】按钮，在弹出的快捷菜单中选择【资源管理器】命令，都可以进入“资源管理器”。

任务一　移动文件或文件夹

移动文件或文件夹就是把文件或文件夹从原来的位置移走，移动到目标位置，要移动文件或文件夹，先要进行选定对象，选择下列方法之一即可。

方法一：窗口菜单法，选择【编辑】菜单中的【剪切】命令，再定位到目标位置，然后选择【编辑】菜单中的【粘贴】命令。

方法二：快捷菜单法，在要移动的文件或文件夹上单击鼠标右键，在弹出的快捷菜单中选择【剪切】命令，然后定位到目标位置，单击鼠标右键，在弹出的快捷菜单中选择【粘贴】命令。

方法三：工具按钮法，单击工具栏上的【移至】按钮，然后选择目标位置，再单击【移动】按钮。

方法四：快捷键法，按【Ctrl + X】键，然后定位到目标位置，再按【Ctrl + V】键。

方法五：鼠标拖动法，按住【Shift】键的同时，用鼠标拖动被选文件或文件夹到目标位置。

说明

在“资源管理器”中有“+”号和“-”号，单击“+”号可展开其所包含的子文件夹，展开后，“+”号变成“-”号，单击“-”号，可折叠已展开的内容。

任务二　复制文件或文件夹

复制文件或文件夹就是对文件或文件夹制作副本，原来位置的文件保留，在目标位置生成副本，要复制文件或文件夹，先要进行选定，选择下列方法之一即可：

方法一：窗口菜单法，选择【编辑】菜单中的【复制】命令，然后定位到目标位置，再选择【编辑】菜单中的【粘贴】命令。

方法二：快捷菜单法，在要复制的文件或文件夹上单击鼠标右键，在弹出的快捷菜单中选择【复制】命令，然后定位到目标位置，单击鼠标右键，在弹出的快捷菜单中选择【粘贴】命令。

方法三：工具按钮法，单击工具栏上的【复制到】按钮，然后选择目标位置，单击【复制】按钮。

方法四：快捷键法，按【Ctrl + C】键，然后定位到目标位置，再按【Ctrl + V】键。

方法五：鼠标拖动法，按住【Ctrl】键的同时，用鼠标拖动被选文件或文件夹到目标位置。

任务三　更改文件或文件夹的属性

操作步骤

（1）选择一个文件或文件夹。

（2）单击【文件】菜单，选择【属性】命令，也可以在文件或文件夹上右击，在弹出的快捷菜单中选择【属性】命令，弹出属性对话框。

（3）若将文件或文件夹设置为【只读】属性，则该文件或文件夹只允许读不允许更改和删除。

（4）若将文件或文件夹设置为【隐藏】属性，则该文件或文件夹在常规显示中将被隐藏无法找到。

（5）在【高级】按钮中还可以将文件或文件夹设置为【存档】属性，有些程序用此选项来确定哪些文件需要做备份。

（6）选择所需的属性，单击【确定】按钮出现“确认属性更改”对话框，如果是对文件夹操作，还会出现选择“仅将更改应用于该文件夹”或“将更改应用于该文件夹、子文件夹和文件”选项，再次单击【确定】按钮即可更改属性。

3.5　技能五　磁盘的管理与维护

3.5.1　查看磁盘属性

任务一　查看磁盘属性

操作步骤

（1）打开“我的电脑”窗口，鼠标定位在要查看的驱动器上，单击右键，在弹出的快捷菜单中选择【属性】命令，出现“属性”窗口，如图 3－16“磁盘”属性对话框所示。

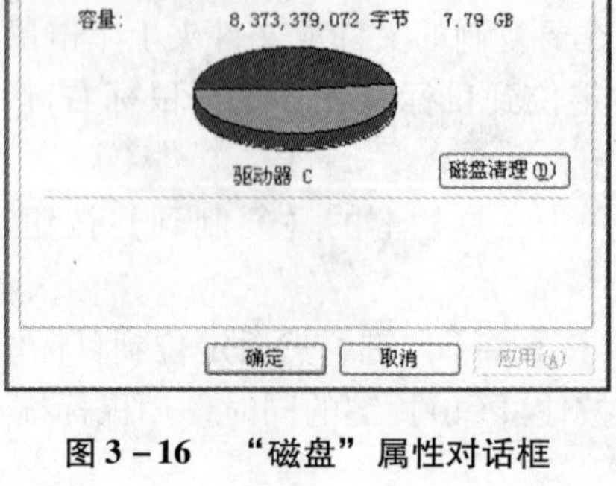

图 3－16　“磁盘”属性对话框

（2）在“常规”选项卡中，可以显示磁盘的卷标、类型、文件系统类型、容量、已用空间和可用空间等信息；还可以进入到磁盘清理工具清理磁盘。

（3）在“工具”选项卡中，可以对磁盘进行查错、碎片整理和备份。

（4）在“硬件”选项卡中，列出所有驱动器及其设备的厂商、位置、运行状态等信息。

（5）在“共享”选项卡中，给出磁盘的共享信息。

任务二　进行磁盘清理

操作步骤

（1）点击【开始】菜单，依次指向【所有程序】【附件】【系统工具】，然后单击【磁盘清理】命令，会出现“选择驱动器”窗口。

（2）选择要进行清理的驱动器，单击【确定】按钮，弹出“磁盘清理”对话框，如图 3－17“磁盘清理”对话框所示。

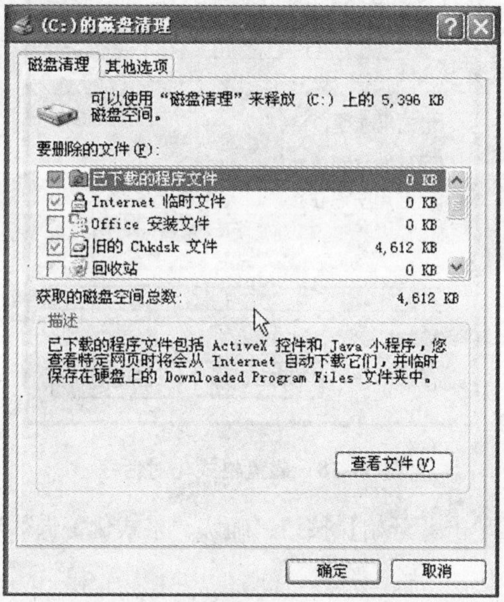

图 3－17　“磁盘清理”对话框

（3）选择“磁盘清理”选项卡，在“要删除的文件”列表框中选择要删除的文件，单击【确定】按钮，在弹出的确认删除对话框中，单击【是】按钮，进行磁盘清理。

（4）若要删除不用的可选 Windows 组件或卸载不用的安装程序，可选择“其他选项”选项卡，选择清理，单击【确定】即可。

3.5.2　进行磁盘格式化

预备知识

磁盘只有进行格式化操作之后才能进行存储信息，格式化就是对磁盘进行划分磁道和扇区，可分为高级格式化和低级格式化。格式化后磁盘中原有信息全部丢失。

任务一　格式化磁盘

操作步骤

（1）打开“我的电脑”对话框。

（2）选择要进行格式化操作的磁盘。

（3）单击【文件】菜单中的【格式化】命令，或在要进行格式化操作的磁盘上右击，在打开的快捷菜单中选择【格式化】命令，都可以打开【格式化】对话框，如图3－18 磁盘格式化对话框所示。

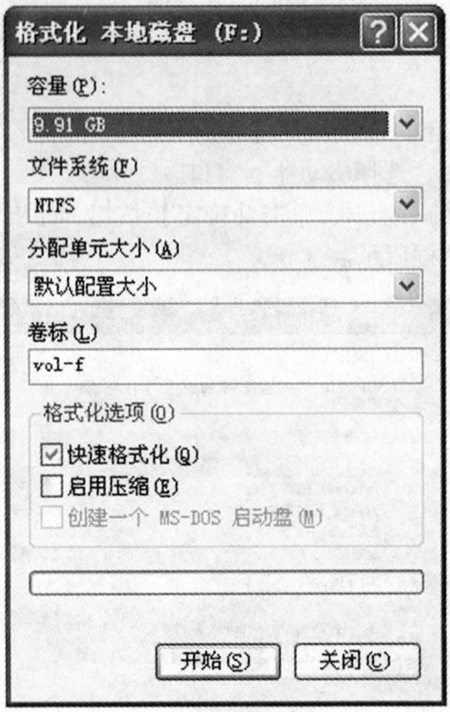

图3－18　磁盘格式化对话框

（4）选择相关信息，单击【开始】按钮，确认“格式化警告”对话框，即开始格式化。

3.5.3　整理磁盘碎片

预备知识

磁盘经过长时间的使用后，经常出现很多零散的空间和磁盘碎片，一个文件可能被分别存放在不同的磁盘空间中，在访问该文件时，系统就需要到不同的磁盘空间中去寻找该文件的不同部分，从而影响了运行的速度。由于磁盘中的可用空间也是零散的，创建新文件或文件夹的速度也会降低。使用磁盘碎片整理程序可以将文件的存储位置整理到一起，同时合并可用空间，实现提高运行速度的目的。

整理磁盘碎片

操作步骤

（1）单击【开始】菜单，依次指向【所有程序】【附件】【系统工具】，然后单击【磁盘碎片整理程序】命令，会出现“磁盘碎片整理程序”窗口。

（2）整理前可单击【分析】按钮，分析该磁盘是否需要进行碎片整理，如图 3－19 磁盘碎片整理分析所示。

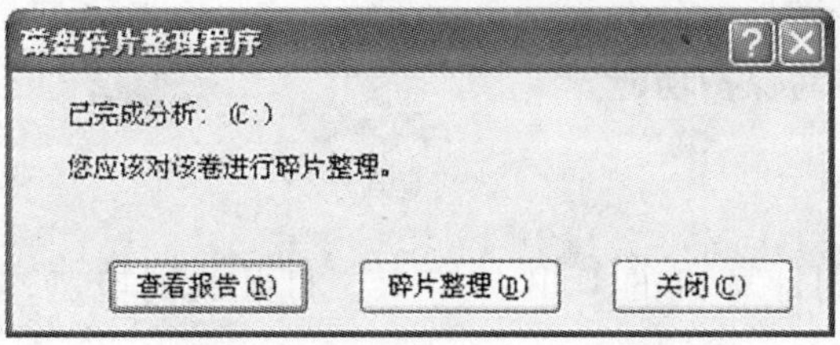

图 3-19　磁盘碎片整理分析

（3）单击【查看报告】按钮，可得到分析报告。

（4）单击【碎片整理】按钮即可执行操作，如图 3-20 磁盘碎片整理程序所示。

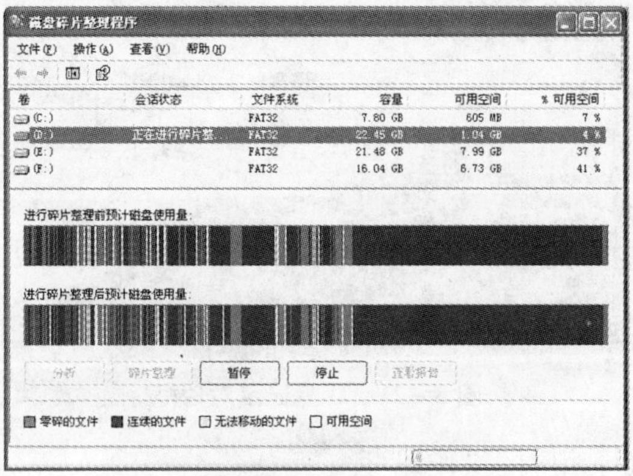

图 3-20　磁盘碎片整理程序

3.5.4　优盘和移动硬盘的使用

预备知识

随着多媒体技术和宽带网络的发展，人们对移动存储的需求越来越高。在日益兴起的移动存储市场上，优（U）盘和移动硬盘成为两类主流产品。U 盘是采用 flash memory（也称闪存）存储技术的 USB 设备。USB 是“通用串行接口（Universal Serial Bus）”的缩写，由于第一个字母是“U”，所以简称“U 盘”。近几年，使用 USB 接口的设备也与日俱增，例如，数码相机、扫描仪、游戏杆、打印机、键盘、鼠标等等。

移动硬盘在兼顾便携性的同时，又满足了大容量数据移动存储的要求，成为移动存储的首选。

任务一　U 盘的特性和使用

1. U 盘的特性

（1）体积小，重量轻，仅为大拇指般大小。

（2）容量大，存储容量在 8MB 至 2GB 之间。

（3）不需要驱动器，无外接电源。

（4）使用简便，即插即用，可带电热插拔。

（5）存取速度快，约为软盘速度的 15 倍。

（6）可靠性好，可擦写达 100 万次。

（7）数据保存时间久，可达 10 年。

(8) 抗震，防潮，携带十分方便。

(9) USB 接口，带写保护功能。

2. U 盘的使用

操作步骤

(1) 将 U 盘安装到计算机的 USB 接口上，打开我的电脑，出现 U 盘盘符，如图 3－21所示。

图 3－21　U 盘显示对话框

(2) 双击打开，执行相应的操作即可。

(3) 若想关闭 U 盘，可点击任务栏右下方的“安全删除硬件”图标，单击删除即可，如图 3－22 安全删除硬件按钮、图 3－23 安全删除 U 盘对话框所示。

图 3－22　安全删除硬件按钮

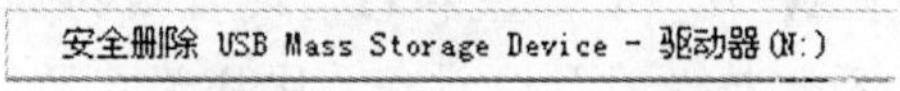

图 3－23　安全删除 U 盘对话框

任务二　移动硬盘的特性和使用

1. 移动硬盘的特性

(1) 容量大，存储容量在 10～320GB。

(2) 不需要驱动器，无外接电源。

(3) 使用简便，即插即用，可带电热插拔。

(4) 存取速度快，可靠性好。

(5) 数据保存时间久，可达 10 年。

(6) 功耗低，高强度抗震。

2. 移动硬盘的使用

操作步骤

(1) 将移动硬盘安装到计算机的 USB 接口上，打开我的电脑，出现移动硬盘的盘符，此时移动硬盘相当于本地磁盘使用。

（2）移动硬盘的其他操作与 U 盘相同，执行相应的操作即可。

3.6 技能六 Windows XP 的控制面板

预备知识

“控制面板”是 Windows XP 用来系统设置和设备管理的一个工具集。它可以根据需要对鼠标、键盘、显示方式、用户账户等进行设置和管理，还可以添加或删除程序、添加新硬件等。“控制面板”有经典视图和分类视图两种形式。要进入“控制面板”，可以点击【开始】按钮，执行【控制面板】命令，也可打开【我的电脑】或【资源管理器】，选择【控制面板】命令即可进入。

3.6.1 使用控制面板管理计算机资源

任务一 认识控制面板（图 3－24）

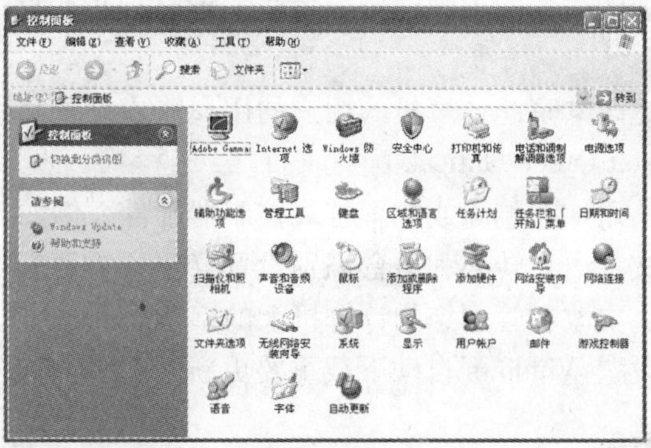

图 3－24 控制面板经典视图

任务二 系统设置概述

（1）Adobe Gamma：校正屏幕以求色彩一致，建立 ICC 描述档。

（2）Internet 选项：配置 Internet 显示和连接设置。

（3）Windows 防火墙：配置 Windows 防火墙。

（4）安全中心：查看当前安全状态并访问重要设置以帮助保护计算机。

（5）打印机和传真：显示安装的打印机和传真打印机，并帮助您添加新的。

（6）电话和调制解调器选项：配置电话拨号规则和调制解调器设置。

（7）电源选项：配置计算机的节能设置。

（8）辅助功能选项：为视觉、听力和行动能力而调整计算机设置。

（9）管理工具：配置您计算机的管理设置。

（10）键盘：自定义键盘设置，例如：指针闪烁速率和字符重复速率。

（11）区域和语言选项：自定义语言、数字、货币、时间和日期的显示设置。

（12）任务计划：安排自动运行的任务。

（13）任务栏和「开始」菜单：自定义启动菜单和任务栏，例如：要显示项目的类型及如何显示。

（14）日期和时间：为您的计算机设置日期、时间和时区信息。

（15）扫描仪和照相机：添加、删除和配置扫描仪和照相机。

（16）声音和音频设备：更改计算机的声音方案，或者配置扬声器和录音设备的设置。

（17）鼠标：自定义鼠标设置，例如：按钮设置、双击速度、鼠标指针和移动速度。

（18）添加或删除程序：安装或删除程序和 Windows 组件。

（19）添加硬件：安装并诊断硬件。

（20）网络安装向导：启用网络安装向导。

（21）网络连接：与其他计算机、网络和 Internet 连接。

（22）文件夹选项：自定义文件和文件夹的显示，改变文件关联，并使网络文件脱机时使用。

（23）无线网络安装向导：为家庭或办公室设置或添加无线网络。

（24）系统：查看您的计算机系统的信息，并为硬件、性能和自动更新更改设置。

（25）显示：更改您的桌面的外观，例如背景、屏幕保护程序、颜色、字体大小和屏幕分辨率。

（26）用户账户：更改共享此计算机的用户的用户账户设置和密码。

（27）邮件：Microsoft Office Outlook 配置文件。

（28）游戏控制器：添加、删除或配置游戏控制器硬件，例如：游戏杆和游戏板。

（29）语音：改变文字语音转换和语音识别设置（如果需要）。

（30）字体：添加、更改和管理您的计算机上的字体。

（31）自动更新：设置 Windows 自动下载重要更新。

3.6.2 系统属性设置

任务一 查看系统属性基本信息

操作步骤

（1）打开控制面板，单击【系统】图标，或者右击“我的电脑”，在弹出的快捷菜单中选择【属性】命令，都可以进入到系统属性的设置。

（2）可以查看计算机的常规信息，包括操作系统信息、CPU 信息、内存信息、计算机描述和网络标识等。

任务二 更改硬件设备信息

操作步骤

（1）打开“系统”属性，单击“硬件”选项卡。

（2）单击【设备管理器】按钮，打开设备管理器，在此列出了计算机上的所有硬件设备，如图 3－25 设备管理器所示。

（3）可以对硬件更新驱动程序、停用、卸载、扫描检测硬件改动以及更改属性，选择某一设备，单击右键，在弹出的快捷菜单中选择【属性】，可以对硬件属性进行设置。

（4）“驱动程序签名”可以确认安装的驱动程序与 Windows 程序是否兼容，还可以设置驱动程序的更新，只需要单击相应的按钮即可。

图 3-25　设备管理器

(5) 可以通过硬件配置文件为用户提供建立和保存不同硬件配置的方法。

任务三　设置系统还原

操作步骤

(1) 打开“系统”属性，单击“系统还原”选项卡，如图 3-26 系统还原选项卡所示。

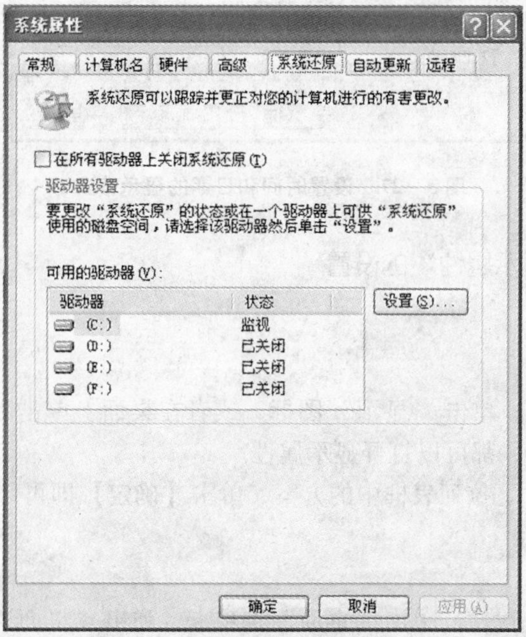

图 3-26　系统还原选项卡

(2) 选择要设置系统还原的驱动器，单击【设置】按钮，弹出“驱动器（X:）设置”对话框，进行设置确认即可。

3.6.3 日期和时间设置

日期、时间的设置

操作步骤

（1）打开控制面板，单击“日期和时间”图标，可以设置系统的日期和时间。

（2）打开控制面板，单击“区域和语言选项”图标，打开区域和语言选项，单击【自定义】按钮，可以对日期和时间的显示格式进行设置，如图 3－27 设置时间和日期显示格式所示。

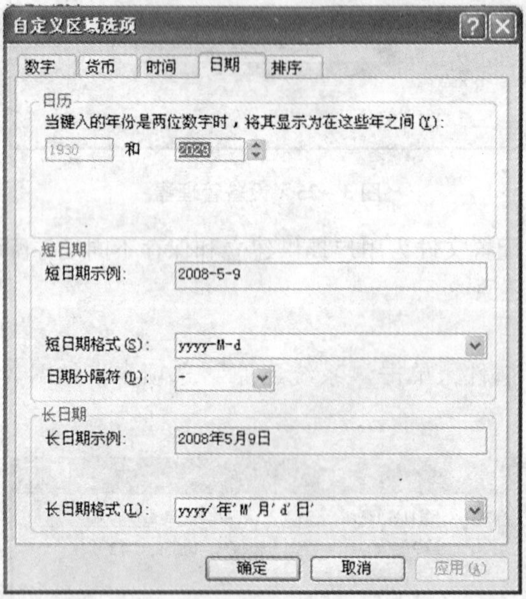

图 3－27　设置时间和日期的显示格式

3.6.4 桌面与“显示属性”的设置

任务一　改变主题

操作步骤

（1）打开控制面板，单击“显示”图标，或者在桌面上单击右键，在弹出的快捷菜单中选择【属性】命令，都可以打开显示属性。

（2）选择“主题”下拉列表框中的方案，单击【确定】即可。

任务二　改变桌面

操作步骤

（1）打开“显示”属性，单击“桌面”选项卡，弹出“桌面”选项，如图 3－28 桌面选项卡所示。

（2）在背景框中选择一幅图片，作为桌面背景，对图片位置进行调整，【确定】即可。

（3）单击【自定义桌面】按钮，可以设置桌面图标、更改图标、设置桌面清理等。

图 3－28　桌面选项卡

任务三　设置屏幕保护程序

操作步骤

（1）打开“显示”属性，单击“屏幕保护程序”选项卡，弹出“屏幕保护程序”设置，如图 3－29 设置屏幕保护程序所示。

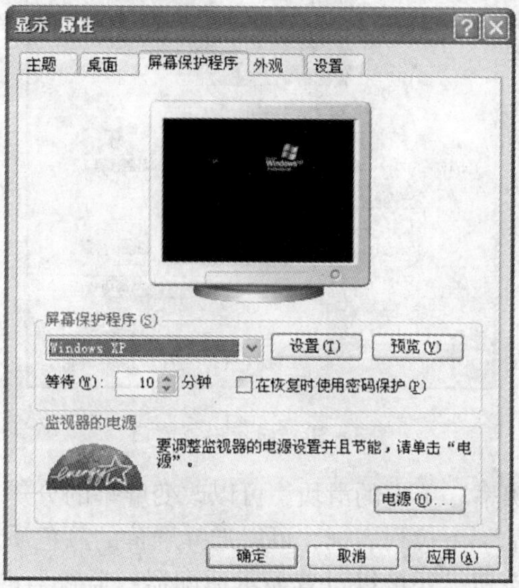

图 3－29　设置屏幕保护程序

（2）在“屏幕保护程序”下拉列表框中选择一个屏幕保护程序，单击【设置】按钮，可以对此程序进行快慢、长宽等属性设置，单击【预览】按钮可以进行预览。

（3）输入等待时间。

（4）在恢复使用时还可以使用密码，只需选中密码保护前的单选框即可。

(5) 单击【电源】按钮可以对监视器的电源进行节能管理，设置好后确认即可。

任务四 设置窗口和按钮的外观

操作步骤

(1) 打开“显示”属性，单击“外观”选项卡，弹出“外观”设置窗口。

(2) 在“窗口和按钮”下拉列表框下选择一种 Windows XP 给定的方案，改变窗口和按钮的显示方式。

(3) 单击“色彩方案”下拉列表框，可以选择色彩搭配方案；单击“字体大小”下拉列表框，可以选择字体显示的大小。

(4) 单击【效果】按钮，可以设置菜单和工具栏的过渡效果、屏幕字体边缘平滑、是否使用大图标等。

(5) 单击【高级】按钮，可以设置桌面、按钮、窗口等的颜色效果，设置好后确认即可。

任务五 改变屏幕分辨率和颜色质量

操作步骤

(1) 打开“显示”属性，点击“设置”选项卡，弹出“设置”窗口，如图 3-30 显示设置窗口所示。

图 3-30 显示设置窗口

(2) 拖动“屏幕分辨率”下方的滑块，可以改变屏幕的分辨率。

(3) 单击“颜色质量”下拉列表框，可以选择屏幕的颜色质量。

(4) 单击【高级】按钮，还可以设置显示适配器、监视器的属性、设置屏幕刷新速率和颜色管理等，设置好后确认即可。

3.6.5 文件夹选项设置

使用文件夹选项显示隐藏的文件

操作步骤

(1) 打开控制面板，单击“文件夹选项”图标，也可在“我的电脑”或者“资源管理器”中，打开【工具】菜单选择【文件夹选项】命令，都可进入到“文件夹选项”的设置，在此可以设置文件夹的常规及显示方面的属性，设置关联文件的打开方式及使用脱机文件等。

（2）单击【查看】选项卡，如图 3－31 查看选项卡所示，在“高级设置框”中找到“隐藏文件和文件夹”选项，选中“显示所有文件和文件夹”项，单击【确定】按钮后，即可以在“资源管理器”或“我的电脑”中查看具有隐藏属性的文件。

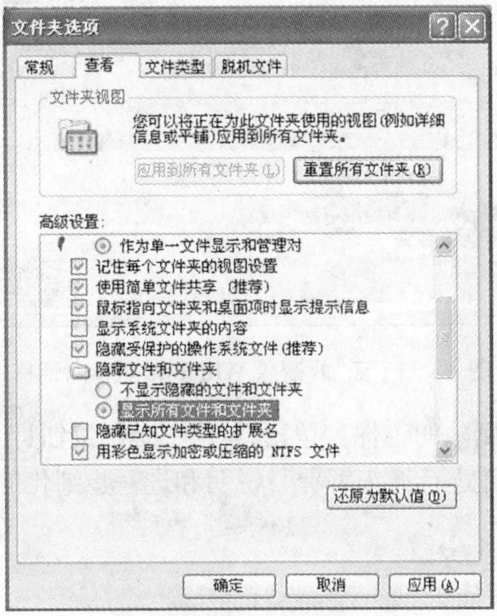

图 3－31　查看选项卡

3.6.6　“添加或删除程序”的方法

任务一　更改或删除程序

操作步骤

（1）打开控制面板，单击“添加或删除程序”图标，可以进入到“添加或删除程序”的设置，如图 3－32“添加或删除程序”对话框所示。

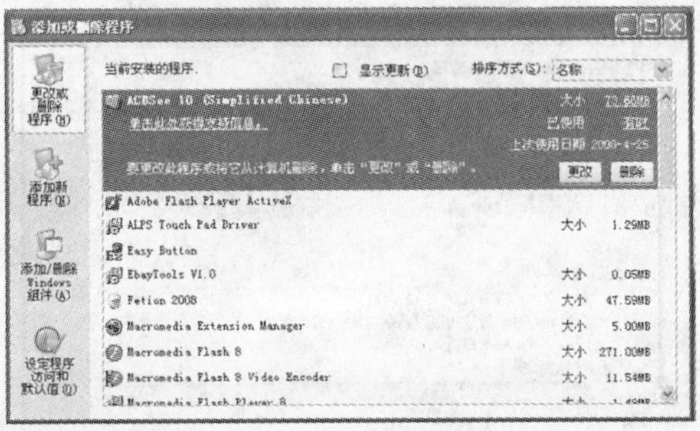

图 3－32　“添加或删除程序”对话框

（2）单击【更改或删除程序】按钮，选择要更改或者删除的程序，单击相应的按钮。

任务二　添加/删除 Windows 组件

操作步骤

（1）打开“添加或删除程序”属性，单击【添加/删除 Windows 组件】按钮，弹出“Windows 组件向导”窗口，如图 3－33 添加/删除 Windows 组件对话框所示。

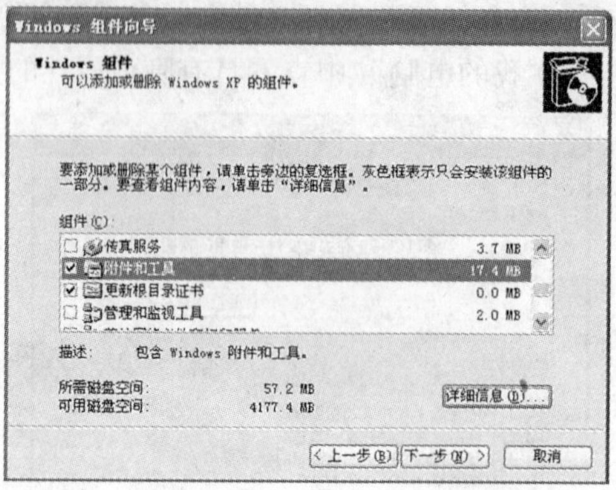

图 3－33　添加/删除 Windows 组件对话框

（2）选择要添加或者删除的组件，单击【下一步】按钮即可添加或删除，其中【详细信息】按钮还可以对组件进行详细解释、说明和进一步细化的选择。

3.6.7　“添加新硬件”设置

任务一　添加新硬件

操作步骤

（1）打开控制面板，点击“添加硬件”图标，可以进入到“添加硬件”的向导，单击【下一步】继续。

（2）向导搜索最近连接到计算机但尚未安装的硬件。

（3）询问硬件是否已经连接到计算机，选择【是】，单击【下一步】继续。

（4）在列出的“已安装的硬件”框中选择要添加的硬件，也可以添加新硬件，单击【下一步】继续，如图 3－34“添加硬件”向导所示。

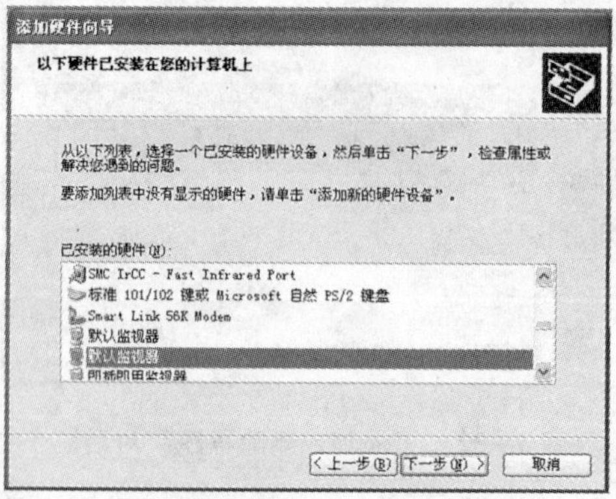

图 3－34　“添加硬件”向导

（5）为硬件选择驱动程序，单击【下一步】继续。

（6）进入安装确认界面，单击【下一步】即可完成安装。

3.6.8　设置“用户账户”

任务一　新建用户账户

操作步骤

（1）打开控制面板，单击“用户账户”图标，可以进入到“用户账户”设置，如图 3－35 用户账户对话框所示。

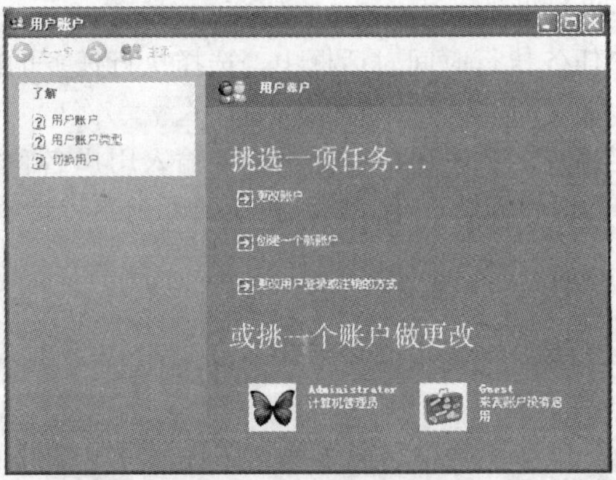

图 3－35　用户账户对话框

（2）单击【创建一个新账户】按钮，系统弹出“为新用户起名”的窗口，输入一个用户名，单击【下一步】按钮。

（3）选择“计算机管理员”或“受限”账户类型，单击【创建账户】按钮，即可。

任务二　更改账户信息

操作步骤

（1）打开“用户账户”属性，单击【更改账户】按钮，挑选一个要更改的账户，比如：“apple”账户，然后弹出“你想更改 apple 的账户的什么”对话框。

（2）选择【更改名称】按钮，可以给账户输入一个新名，单击【改变名称】按钮即可改名。

（3）选择【创建密码】按钮，可以为账户创建密码。

（4）选择【更改图片】按钮，可以为账户更改用户图标。

（5）选择【更改账户类型】按钮，可以更改账户的类型。

相关知识链接

黑客入侵的常用手段之一就是试图获得到 Administrator 账户的密码。每台计算机至少需要一个账户拥有 Administrator（管理员）权限，但不一定非用“Administrator”这个名称不可。所以，最好创建另一个拥有全部权限的账户，然后停用 Administrator 账户以增加安全性。

3.6.9 添加“任务计划”的设置方法

任务一　添加任务计划

操作步骤

（1）打开控制面板，单击“任务计划”图标，可以进入添加任务计划向导，单击【下一步】继续。

（2）在弹出的“选择程序”对话框中，选择一个程序，单击【下一步】继续。

（3）在弹出的指定程序名称和选择执行频率对话框中，指定任务名称并选择执行任务的频率，单击【下一步】继续。

（4）在弹出的指定任务执行时间对话框中，选择执行任务的时间，单击【下一步】继续。

（5）在弹出的指定用户名和密码的对话框中，输入用户名和密码，单击【下一步】继续，在弹出的确认对话框中，单击【完成】按钮即可。

3.6.10 设置辅助工具

任务一　设置辅助工具

操作步骤

（1）打开控制面板，单击“辅助功能选项”图标，可以进行辅助功能的设置，这些设置可以满足特殊的视觉、听觉、行动、感觉的需要。

（2）选择“键盘”选项卡，可以设置粘滞键、筛选键、切换键和额外的键盘帮助等。

（3）选择“声音”选项卡，可以启动声音卫士发出可视警告、设置声音显示等。

（4）选择“显示”选项卡，可以设置文字颜色的高对比度和光标闪烁速率等。

（5）选择“鼠标”选项卡，可以设置鼠标指针的快慢速度，显示鼠标状态等。

（6）选择“常规”选项卡，可以设置重置功能、通知形式、串行键设备和管理功能等。

3.7 技能七　Windows XP 中的应用程序

3.7.1 “记事本”的使用方法

预备知识

“记事本”是 Windows XP 附带的一个纯文本文件编辑器。它只有新建、保存、打印、查找、替换等几个简单的功能。文件以纯文本文件格式（.txt）保存。它的优点是运行速度快，占用内存空间少，使用方便，所有纯文本文档都可以使用记事本打开、显示和修改。它主要用于写便条、简单的备忘录和纯文本的文字信息。由于记事本可以保存无格式（任意格式）文件，所以，也可以将“记事本”作为程序语言的编辑器。要打开“记事本”，单击【开始】按钮，依次指向【所有程序】【附件】，然后单击【记事本】命令即可。

任务一　改变文字的阅读顺序

操作步骤

（1）打开“记事本”窗口。

（2）为了适应不同用户的阅读习惯，在记事本中可以改变文字的阅读顺序，在工作区域右击，在弹出的快捷菜单中，选择【从右到左的阅读顺序】命令，则全文的内容都移到了工作区的右侧，如图 3－36“记事本”窗口所示。

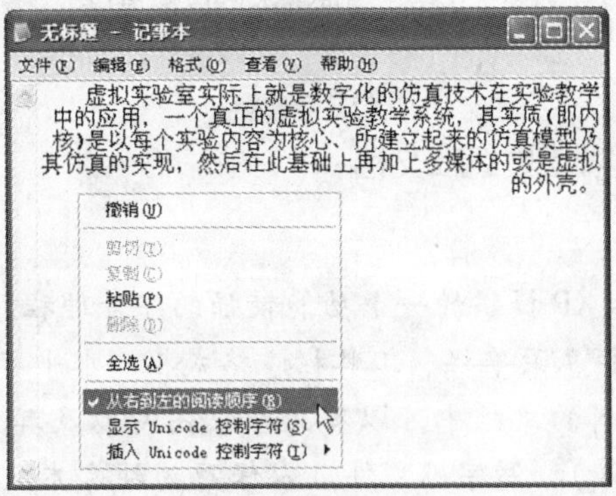

图 3－36　“记事本”窗口

任务二　编辑文档

操作步骤

（1）在“记事本”窗口中打开需要编辑的文档。

（2）选择：按住鼠标左键在所需要选择的对象上拖动，文字呈反相显示时，说明已经选中对象。选择全文时，执行【编辑】菜单中的【全选】命令，或者使用快捷键【Ctrl＋A】即可选定文档中的所有内容。

（3）复制：先选定对象，执行【编辑】菜单中的【复制】命令，也可以使用快捷键【Ctrl＋C】来进行，到目标位置执行【编辑】菜单中的【粘贴】命令即可。

（4）移动：先选定对象，然后按住鼠标左键拖动到目标位置即可。或者执行【编辑】菜单中的【剪切】命令，也可以使用快捷键【Ctrl＋X】来进行，到目标位置执行【编辑】菜单中的【粘贴】命令即可。

（5）删除：要对不需要的对象进行清除时，先选定对象，然后按键盘上的【Delete】键，进行删除。或者执行【编辑】菜单中的【清除】或【剪切】命令，也可删除内容。

（6）查找和替换：利用【编辑】菜单中“查找”和“替换”功能，可以轻松地找到想要的内容。这样，大大提高了工作效率。进行“查找”时，执行【编辑】菜单中的【查找】命令，弹出“查找”对话框，用户可以在其中输入要查找的内容，单击【查找下一个】按钮即可。

（7）如果需要对查找的内容进行替换时，执行【编辑】菜单中的【替换】命令，弹出“替换”对话框，如图 3－37“记事本”替换窗口所示，单击【替换】只替换一处的内容，单击【全部替换】则在全文中进行替换。

相关知识链接

纯文本文档：是一种在文字之中不加任何格式、图形和控制字符的文件，文件只由文

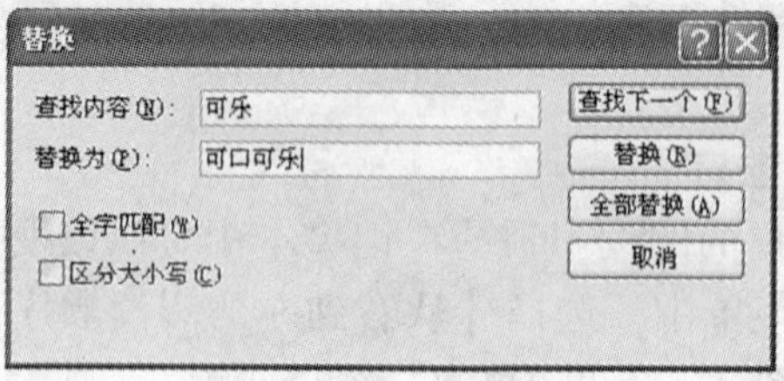

图 3－37 “记事本”替换窗口

字和数字组成。

3.7.2 使用“写字板”工具编辑文档

预备知识

“写字板”是 Windows XP 提供的一个功能较强的字处理程序。它的功能比“记事本”要强大得多，窗口由标题栏、菜单栏、工具栏、格式栏、水平标尺、工作区和状态栏几部分组成。用“写字板”编辑的文档中可以有文字、图片以及其他链接和插入其他应用程序对象（声音、视频剪辑等），写字板文件可以保存为纯文本文件、RTF（多信息文本格式，写字板默认格式）、MS-DOS 文本文件或者 Unicode 文本文件。要打开“写字板”，单击【开始】按钮，依次指向【所有程序】【附件】，然后单击【写字板】命令即可。

任务一 创建新文档

操作步骤

（1）打开“写字板”窗口，如图 3－38 所示。

图 3－38 “写字板”窗口

（2）选择【文件】菜单中的【新建】命令，在弹出的“新建”对话框中，选择新建“RTF 文档”、“文本文档”、“Unicode 文本文档”中的一类，单击【确定】后，即可新建一个文档。

任务二 文本内容格式化

操作步骤

（1）在“写字板”窗口中，打开需要格式化的文档，选定要格式化的内容；

（2）设置字体：执行【格式】菜单中的【字体】命令，出现“字体”对话框，如图 3－39“写字板”中字体对话框所示，对文字可以设置字体、字形、字号、效果以及颜色等。

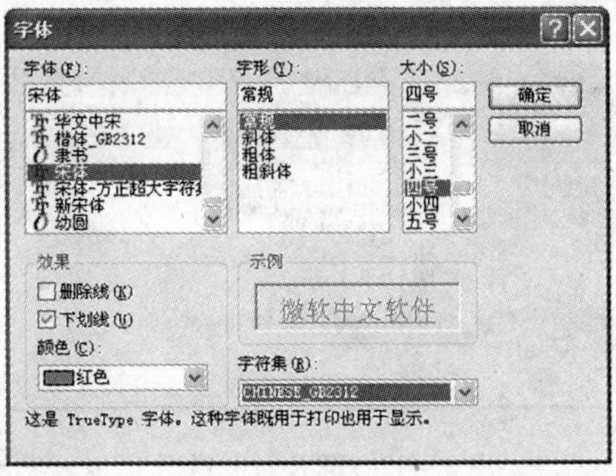

图 3－39　“写字板”中字体对话框

（3）设置段落：执行【格式】菜单中的【段落】命令，出现“段落”对话框，如图 3－40“写字板”中段落对话框所示，对段落设置缩进和对齐方式。

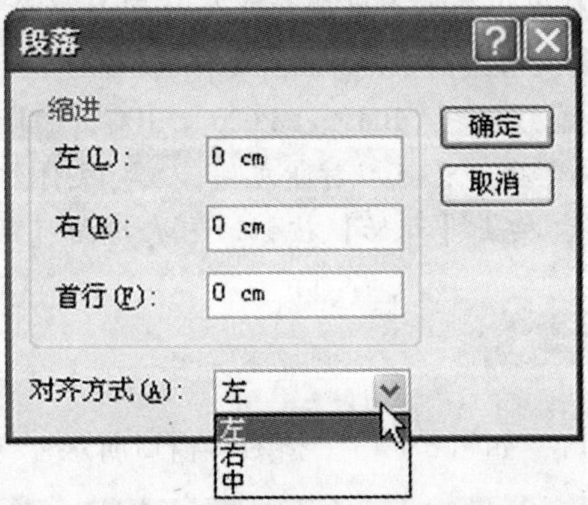

图 3－40　“写字板”中段落对话框

任务三　插入操作

操作步骤

（1）打开“写字板”窗口。

（2）选择插入点，单击【插入】菜单，选择【日期和时间】命令可以插入各种格式的日期和时间，如图 3－41 插入日期和时间对话框所示。

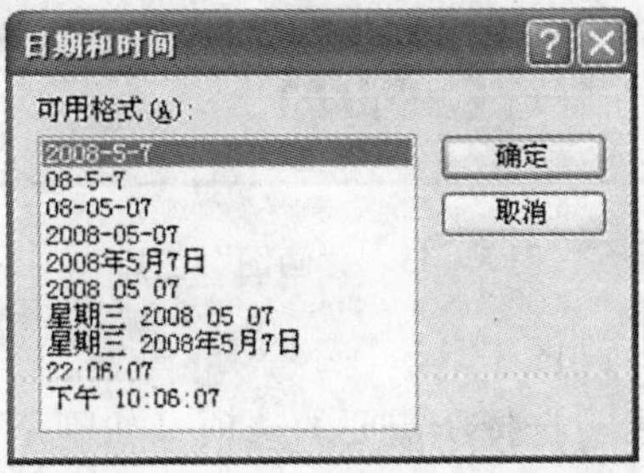

图 3－41　插入日期和时间对话框

（3）选择【对象】命令，可以插入图表、图片、声音、视频剪辑等，如图 3－42 插入对象对话框所示。

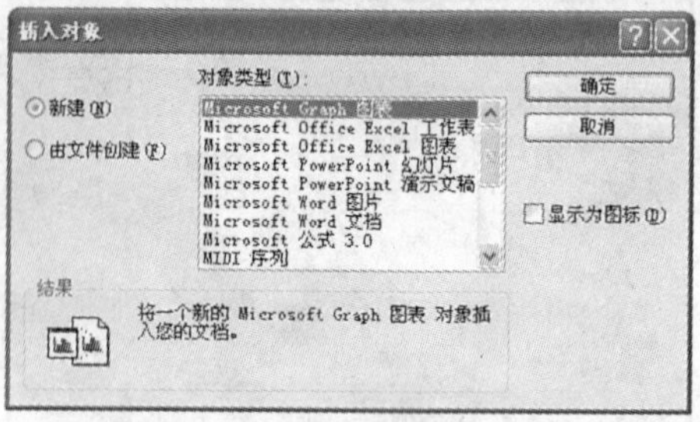

图 3－42　插入对象对话框

3.7.3　使用“画图”工具绘制图形

预备知识

“画图”是 Windows XP 提供的一个功能较强的绘图和简单图像处理工具。它是绘制位图的程序，生成的图片默认格式为 24 位位图文件（.BMP），它可以建立黑白和彩色图像，支持多种图像文件格式，包括 .BMP、.PCX、.JPG、.TIF、.PNG、.GIF 的图像文件；提供各种绘图工具和编辑命令；可以打印文件，或将文件作为桌面背景及粘贴到另一个文档中。要打开“画图”，单击【开始】按钮，依次指向【所有程序】【附件】，然后单击【画图】命令即可。

任务一　绘图的基本步骤

操作步骤

（1）打开“画图”窗口，如图 3－43“画图”窗口所示。

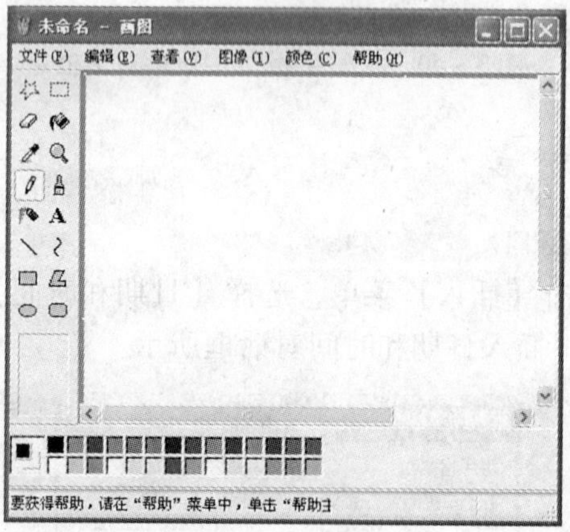

图 3－43　“画图”窗口

（2）在“工具箱”中选择画图工具。

（3）在“工具属性选项区”选择所需要的选项（如刷子形状、线条粗细等）。

（4）在“颜料盒”中选择颜色。

（5）在“绘图区”绘制所需图形。

任务二　认识“画图”工具箱（图3－44）

（1）不规则形状选择工具：又叫裁剪工具，可以对图片进行任意形状的裁切。单击此工具按钮，按住左键不放，对所要进行的对象进行圈选后，出现虚框选区，此时拖动选区，即可裁剪。

（2）矩形选择工具：用于选中对象，使用时单击此按钮，拖动鼠标左键到目标区域，可以得到一个矩形选区，用户可对选中范围内的对象进行复制、移动、剪切等操作。

（3）橡皮工具：用于擦除绘图中不需要的部分，橡皮工具根据背景色而变化，当改变其背景色时，橡皮会转换为绘图工具，类似于刷子的功能。

（4）填充工具：对一个选区内进行颜色的填充，填充时，要在封闭的范围内进行，否则填充整个画布。

（5）取色工具：进行颜色的选择。

（6）放大镜工具：当需要对某一区域进行详细观察时，可以单击，进行放大，再次单击，回到原状态。

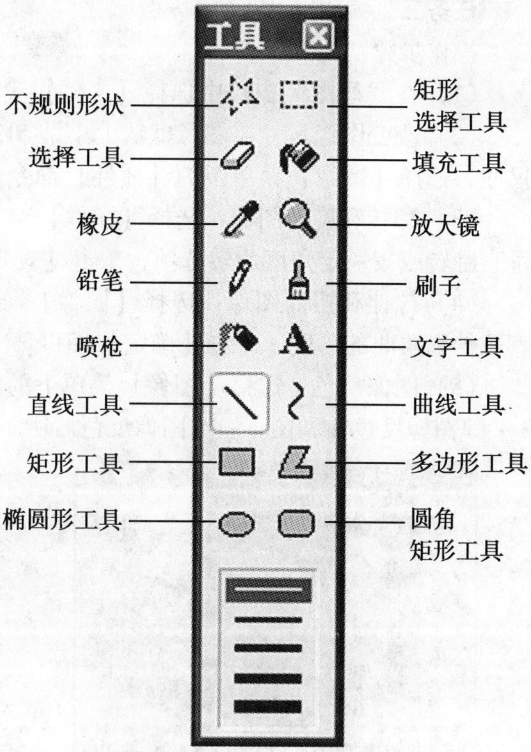

图3－44　画图工具箱

（7）铅笔工具：用于绘制不规则的线条。

（8）刷子工具：用于绘制不规则的图形。可以根据需要选择不同粗细及形状的笔刷。

（9）喷枪工具：能产生喷绘的效果。在喷绘点上停留的时间越久，其浓度越大，反之，浓度越小。

（10）文字工具：可在图画中加入文字。单击此按钮，这时就会弹出“文字工具栏”，在文字输入框内输完文字并且选择后，可以设置文字的字体、字号等。

（11）直线工具：用于绘制直线线条。在拖动的过程中同时按 Shift 键，可起到约束的作用，这样可以画出水平线、垂直线或与水平成45°的线条。

（12）曲线工具：用于绘制曲线线条。选择线条上的一点，移动鼠标则线条会随之变化，调整至合适的弧度即可。

（13）矩形工具、椭圆形工具、圆角矩形工具：这3种工具的应用基本相同。当单击工具按钮后，在绘图区直接拖动即可拉出相应的图形，在拉动鼠标的同时按 Shift 键，可以分别得到正方形、正圆形、正圆角矩形。

（14）多边形工具：利用此工具可以绘制多边形。单击此按钮，在绘图区拖动鼠标左键，当需要弯曲时松开，如此反复，到最后时双击鼠标，即可得到相应的多边形。

说明

在“工具箱”中，为用户提供了16种常用的工具，当选择任意一种工具时，在下面的辅助选择框中会出现相应的信息，用户可自行选择。通过鼠标的左键单击选定前景色设置操作，右键单击选定背景色设置操作。

任务三　编辑图片

操作步骤

（1）在“画图”窗口中选择【文件】菜单，打开一个要编辑的图片文件。

（2）改变图像尺寸：图像默认大小是 512×384 个像素点，根据需要可以改变图像的尺寸，选择【图像】菜单中的【属性】命令，改变其高度和宽度，单击【确定】即可。

（3）翻转和旋转图像：选择【图像】菜单中的【翻转/旋转】命令，选择水平翻转、垂直翻转或按一定角度旋转选项，单击【确定】即可。

（4）拉伸和扭曲图像：选择【图像】菜单中的【拉伸/扭曲】命令，输入水平或垂直拉伸和扭曲的角度，单击【确定】即可。

（5）图像反色：选择【图像】菜单下的【反色】命令，图形即可呈反色显示，如图 3-45 图像反色前和图 3-46 图像反色后所示。

图 3-45　图像反色前

图 3-46　图像反色后

3.7.4　“计算器”的应用

任务一　执行简单计算

操作步骤

（1）单击【开始】按钮，依次指向【所有程序】【附件】，单击【计算器】命令，打开标准型“计算器”窗口，如图 3-47 标准型计算器窗口所示。

（2）按日常生活中的计算器操作即可。

任务二　执行科学计算

操作步骤

（1）打开标准型“计算器”窗口。

（2）单击【查看】菜单，选择“科学型”选项，可以打开科学型计算器，如图 3-48 科学型计数器窗口所示，科学型计算器可以用来进行指数、对数、三角函数等复杂运算，还可以进行数制转换。

图 3-47　标准型计算器窗口

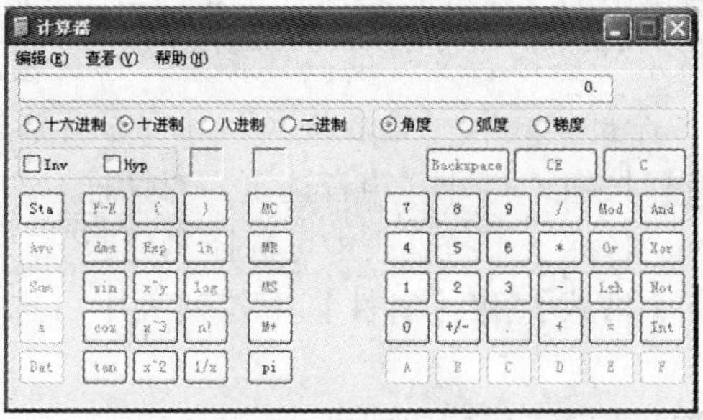

图 3-48 科学型计算器窗口

(3) 选择进制、显示类型，依次计算即可。

3.8 技能八 Windows XP 的多媒体功能

3.8.1 Windows XP 的“录音机”的使用

预备知识

“录音机”是 Windows XP 提供的一个小应用程序，它可以录制、混合、播放和编辑声音，也可以将声音链接或插入到声音文件中，使用时，必须在计算机上安装声卡、麦克风和扬声器。所录制的声音以波形（.wav）文件保存。要打开“录音机”，请单击【开始】，依次指向【所有程序】【附件】【娱乐】，然后单击【录音机】命令即可。

任务一 录制声音

操作步骤

(1) 打开“录音机”窗口，如图 3-49 录音机窗口所示。

图 3-49 录音机窗口

(2) 单击红色【录音】按钮，即可开始录音，录音最大长度为 60s。

(3) 录制完毕后，单击【停止】按钮即可。

(4) 单击【播放】按钮，即可播放所录制的声音文件。

任务二 调节音质

操作步骤

(1) 在“录音机”窗口中选择【文件】菜单中的【打开】命令，打开将要进行调整的声音文件。

(2) 单击【文件】菜单中的【属性】命令，打开“声音文件属性”对话框。

(3) 在该对话框中显示了该声音文件的具体信息，在“格式转换”选项组中单击“选自”下拉列表，选择“全部格式”、“播放格式”和“录音格式”其中的一项。

(4) 单击【立即转换】按钮，打开“声音选定”对话框。

(5) 在该对话框中的“名称”下拉列表中可选择“无题”、“CD 质量”、“电话质量”和“收音质量”选项。在【格式】和【属性】下拉列表中可选择该声音文件的格式和属性。

(6) 调整完毕后，单击【确定】按钮即可。

任务三　调节音量

操作步骤

(1) 打开“录音机”窗口。

(2) 选择【效果】菜单中的【加大音量】或【降低音量】即可。

另外，可以通过 Windows XP 的音量控制工具来对系统的各种音量进行查看和调节，单击【开始】菜单，依次指向【所有程序】【附件】【娱乐】，单击【音量控制】命令，启动“音量控制”程序，拖动各种音量控制栏中的上下滑块来调节音量大小，如图 3 - 50 音量控制对话框所示。

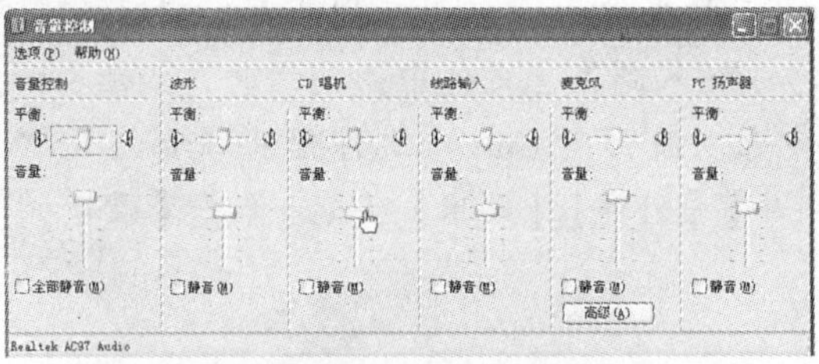

图 3 - 50　音量控制对话框

任务四　插入声音

操作步骤

(1) 在“录音机”窗口中选择【文件】菜单里的【打开】命令，打开将要插入声音的声音文件。

(2) 将滑块移动到需要插入声音的位置。

(3) 选择【编辑】菜单中的【插入文件】命令，打开“插入文件”对话框。

(4) 选择所要插入的声音文件，确认即可。

3.8.2　“Windows Media Player（媒体播放器）”的使用

预备知识

“Windows Media Player” 媒体播放器是 Windows XP 提供的一个欣赏视频节目和音乐的真正一体化的工具，它可以播放、编辑和嵌入多种多媒体文件，包括视频、音频和动画文件，还可以收听 3 000 个以上的 Internet 广播站或电视台；可以播放本地的多媒体文件，也可以播放来自 Internet 的流式媒体文件。要打开“Windows Media Player”，请单击【开始】，依次指向【所有程序】【附件】【娱乐】，然后单击【Windows Media Player】命令即可。

任务一　播放多媒体文件或 CD 唱片

操作步骤

(1) 打开“Windows Media Player”窗口，如图 3－51 媒体播放器窗口所示。

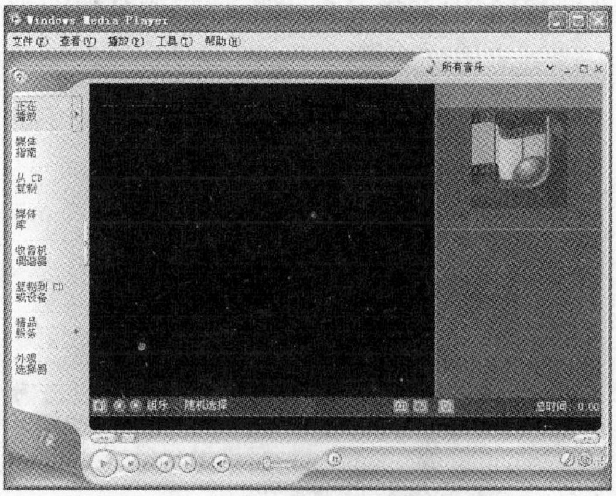

图 3－51　媒体播放器窗口

(2) 若要播放本地磁盘上的多媒体文件，可以选择【文件】菜单中的【打开】命令，选中将要播放的多媒体文件，单击【打开】按钮或双击即可播放，如果选择多个文件，媒体播放器将按一定顺序依次播放选择的文件。

(3) 当用户需要从 Internet 网络中播放指定的媒体文件时，可选择【文件】菜单中的【打开 URL】命令，弹出【打开】对话框。在打开的文本框内输入媒体文件的完整名称，也可单击任务栏上【媒体指南】按钮，登陆到 Internet 进行播放文件的定位。

(4) 若要播放 CD 唱片，可将 CD 唱片放入 CD-ROM 驱动器中，单击【播放】菜单中的【VCD 或 CD 音频】命令即可。

任务二　将曲目添加到新播放列表中

操作步骤

(1) 在“Windows Media Player”窗口中单击【媒体库】按钮，打开 Windows Media Player 媒体库。

(2) 单击【选择新建播放列表】菜单，选择【新建列表】中的【播放列表】。

(3) 将要添加的曲目拖动到播放列表中。

(4) 单击【选择新建播放列表】菜单中的【将播放列表另存为】命令，保存列表，即可将曲目添加到新建立的播放列表当中。

任务三　制作自己的 CD

操作步骤

(1) 在“Windows Media Player”窗口中单击【刻录】按钮，打开刻录窗口。

(2) 选择一个【播放列表】或者选择【编辑播放列表】选项来装载歌曲。

(3) 将不需要刻录的曲目前的复选项去掉。

(4) 单击【开始刻录】按钮即可。

任务四　更换 Windows Media Player 面板

操作步骤

（1）在“Windows Media Player”窗口中，单击【查看】菜单，执行【外观选择器】命令，打开外观浏览窗口。

（2）在“面板清单”列表框中选择一种面板，在预览框中即可看到该面板的效果，单击【应用外观】按钮，即可应用该面板，下面显示了图 3－52 更换后的面板的效果。

图 3－52　更换后的面板

任务五　收听广播或收看电视

操作步骤

（1）在“Windows Media Player”窗口中单击【收音机调谐器】按钮，打开电台面板。

（2）选择合适的电台，单击【播放】即可。

（3）收看电视时，单击【媒体指南】按钮，进入到 WindowsMedia. com 主页。

（4）选择电视节目，单击【播放】即可。

相关知识链接

媒体播放器有两种显示模式：

（1）完整模式：显示的是播放器的默认视图模式。在完整模式下可以使用所有功能，在此模式下单击右下方的【切换到外观模式】按钮就可以切换到外观模式。

（2）外观模式：虽然许多功能不可用，但是，外观更加简洁漂亮，并且可以根据自己的喜好来变更样式。在此模式下，单击【切换到完整模式】按钮就可以切换到完整模式。

3.8.3　“Windows Movie Maker（影视制作）”的使用

预备知识

“Windows Movie Maker”是 Windows XP 提供的一个进行多媒体的录制、组织、编辑等操作的影视制作工具，它可以帮助您用通过模拟或数字摄像机录制的材料来创建、编辑和共享家庭电影。电影制作完毕后，不但可以观看，并可以上传到网络与朋友共享。要打开“Windows Movie Maker”，请单击【开始】，依次指向【所有程序】【附件】【娱乐】，单击【Windows Movie Maker】命令即可。

任务一　录制多媒体项目文件

操作步骤

(1) 打开“Windows Movie Maker”窗口，如图3-53影视制作窗口所示。

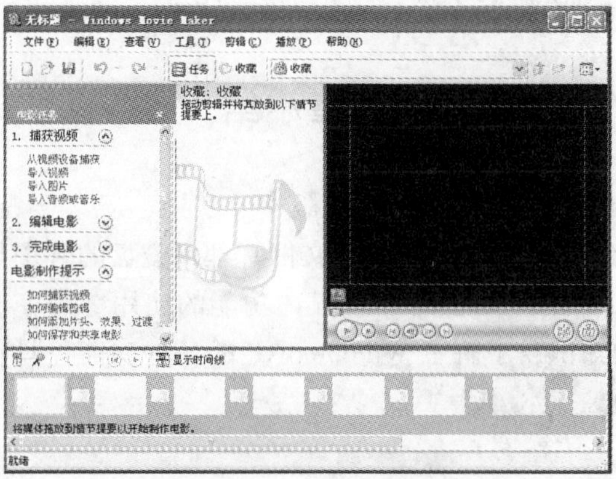

图3-53　影视制作窗口

(2) 选择【文件】菜单中的【捕获视频】命令，或单击任务工具栏上的【从视频设备捕获】按钮，弹出“视频捕获向导”对话框，可以配置音频设备，单击【下一步】继续。

(3) 输入文件名和文件所在位置，单击【下一步】继续。

(4) 配置视频设备和播放质量，单击【下一步】继续。

(5) 单击【开始捕获】按钮，录制开始。每千兆计算机硬盘空间可以存储20h的视频节目。

(6) 录制完成后，以项目文件（.MSWMM）保存。

任务二　多媒体项目文件存储为电影

操作步骤

(1) 打开要转换为电影的“Windows Movie Maker”项目文件。

(2) 将项目文件拖动到视频轨道上，并调整好音频轨道。

(3) 打开【文件】菜单，单击【保存电影文件】命令，选择播放电影（.WMV）的形式，单击【下一步】继续。

(4) 输入电影文件的名字和保存电影文件的位置，单击【下一步】继续。

(5) 在弹出的电影文件信息的对话框中，单击【下一步】继续。

(6) 剪辑文件开始转换为电影文件，单击【完成】按钮完成转换。

任务三　编辑电影

操作步骤

(1) 打开“Windows Movie Maker”窗口并打开要编辑的电影文件。

(2) 单击【电影任务】中的【编辑电影】按钮，打开编辑电影的各功能选项。

(3) 单击【查看视频效果】命令，窗口中列出各种视频效果，拖动一种效果到电影文件的某一个情节上，该情节的效果即做相应的更改。

（4）单击【查看视频过渡】命令，窗口中列出各种视频过渡效果，拖动一种效果到电影文件的某两个情节之间，过渡效果即做相应的更改。

（5）单击【制作片头或片尾】命令，可以在电影开头或者剪辑之前添加片头文字，也可以在片尾添加文字。

（6）单击【制作自动电影】命令，可以按系统给定的效果模式自动生成电影文件。

本章小结

本章首先简要的介绍了 Windows XP 的版本、功能、安装与配置，然后在介绍 Windows XP 基本操作的基础上，详细的介绍了文件管理、磁盘的管理与维护、Windows XP 控制面板操作、Windows XP 的应用程序和多媒体功能的使用等等，通过本章的学习，学生基本掌握了操作系统的知识，了解了 Windows XP 的各种功能，具备了文件操作和管理及维护计算机资源的能力。

练习与提高

一、选择题

1. Windows XP 在软件系统分类中属于（　　）。

A. 图形界面的应用程序　B. 操作系统　C. 数据库管理系统　D. 应用软件

2. 在 Windows XP 中（　　）可运行一个应用程序。

A. 按【Alt + F4】　B. 右击该应用程序

C. 双击该程序　D. 单击该应用程序

3. 在 Windows XP 中直接删除文件而不进入回收站的操作中，正确的是（　　）。

A. 选定后，按【Shift + Delete】键　B. 选定后，按【Ctrl + Delete】键

C. 选定后，按【Delete】键　D. 选定后,按【Shift】键,再按【Delete】键

4. 要选择多个不连续的文件或文件夹，先选择第一个文件或文件夹，再按住（　　）键的同时，选择其他各项。

A. 【Alt】键　B. 【Shift】键　C. 【Ctrl】键　D. 【Delete】键

5. Windows XP 的总开关指（　　）。

A. “我的电脑”图标　B. 【开始】按钮

C. 资源管理器　D. 任务栏

6. 磁盘碎片整理的目的是（　　）。

A. 压缩文件　B. 扩充磁盘容量

C. 提高硬盘访问速度　D. 修补磁盘

7. 在 Windows XP 中不是管理文件的工具是（　　）。

A. 我的电脑　B. 回收站　C. 资源管理器　D. 控制面板

8. Windows XP 将运行程序的窗口最小化后，该应用程序（　　）。

A. 在前台运行　B. 在后台运行　C. 暂停运行　D. 程序被关闭

9. 资源管理器左窗口中的“+”，表示（　　）。

A. 该文件夹的图标　　　　　　　　B. 文件中还有文件

C. 文件夹中还有子文件夹　　　　　D. 文件夹中有文件

10. 格式化磁盘后，磁盘中的信息（　　）。

A. 部分丢失　　B. 全部丢失　　C. 不丢失　　D. 可以丢失也可以保留

二、填空题

1. Windows XP 安装时硬盘最低要求__________GB，内存最低要求为__________MB。
2. 复制文件可以使用键盘上的__________键来操作。
3. 画图文件默认的扩展名是____________。
4. 显示属性可以设置主题、______、______、屏幕保护程序、分辨率及颜色质量等。
5. 在搜索过程中“?”代表任意______个字符。

三、简答题

1. 如何删除桌面图标?
2. 移动文件的方法有几种，都是什么?
3. 如何新建一个用户账户?
4. 如何将图片设置为桌面墙纸?
5. 在“Windows Movie Maker”中，如何将多媒体项目文件转存为电影文件?

四、实践题

1. 全新安装一次 Windows XP 系统。
2. 在桌面上创建一个“画图”程序的快捷方式图标。
3. 搜索以字母“w”开头的所有文件。
4. 在 D：盘上建立两个名字分别为 ABC 和 DEF 的文件夹。
5. 在 ABC 文件夹下建立一个名为 password 的文本文件和名为 picture 的位图文件。
6. 将文本文件 password 移动到 DEF 文件夹下。
7. 将位图文件 picture 复制到 DEF 文件夹下。
8. 将 ABC 文件夹下的位图文件 picture 删除。
9. 将 DEF 文件夹中的文本文件 password 设置隐藏属性。
10. 将 DEF 文件夹中的位图文件 picture 改名，名字为 image。
11. 对 C：盘进行整理碎片。
12. 设定屏幕保护程序为“变幻线”。
13. 建立一个记事本程序，内容为“中华民族是一个自强不息的民族!”。
14. 启动“科学型”计算器，将十六进制数“4c3”转换为十进制数。
15. 启动“录音机”程序进行一段录音，再启动“Windows Movie Maker（影视制作）”程序，将录制的声音加入到电影文件中，并插入适当的剪辑，制作一部小电影。

实训 1

Windows XP 的文件管理

要求：

1. 熟练使用“我的电脑”程序。
2. 熟练使用“资源管理器”程序。

实训 2

磁盘的管理与维护训练

要求：

1. 熟悉磁盘属性的查看。
2. 掌握磁盘格式化的操作方法。
3. 熟练掌握整理磁盘碎片的方法步骤。
4. 进一步掌握优盘和移动硬盘的使用方法。

实训 3

控制面板的使用

要求：

1. 掌握系统属性、日期、时间及其格式的设置。
2. 熟练掌握显示属性的设置。
3. 掌握“添加或删除程序”的方法。
4. 掌握“添加新硬件”的设置。
5. 掌握“用户账户”的设置。
6. 了解“文件夹选项”、“计划任务”和“辅助工具”的设置。

实训 4

Windows XP 中的应用程序

要求：

1. 熟练使用“记事本”程序。
2. 熟练使用“写字板”程序。
3. 熟练使用“画图”程序。

实训 5

Windows XP 的多媒体使用

要求：

1. 熟练使用“录音机”程序。
2. 熟练使用“Windows Media Player（媒体播放器）”程序。
3. 熟练使用“Windows Movie Maker（影视制作）”程序。

参考答案

一、选择题

1. B 2. C 3. A 4. C 5. B 6. C 7. D 8. B 9. C 10. B

二、填空题

1. (1.5)(64) 2. (Ctrl + C) 3. (. BMP) 4. (桌面)(外观) 5. (1)

三、简答题

1. (1) 在所需要删除的图标上右击。

(2) 在弹出的快捷菜单上选择【删除】命令,或者直接按键盘上的【Delete】键。

(3) 在弹出的【确认文件删除】对话框上点【是】按钮,即可删除图标。

2. 移动文件方法有5种,分别是:窗口菜单法、快捷菜单法、工具按钮法、快捷键法、鼠标拖动法。

3. (1) 打开"用户账户"设置。

(2) 点击【创建一个新账户】按钮,系统弹出"为新用户起名"的窗口,输入一个用户名,单击【下一步】按钮。

(3) 选择"计算机管理员"或"受限"账户类型,单击【创建账户】按钮,即可。

4. (1) 打开"画图"窗口。

(2) 打开一个要设置的图片文件。

(3) 选择【文件】菜单,点击【设置为墙纸】命令即可。

5. (1) 打开要转换为电影的"Windows Movie Maker"项目(. MSWMM)文件。

(2) 将项目文件拖动到视频轨道上,并调整好音频轨道。

(3) 打开【文件】菜单,单击【保存电影文件】命令,选择播放电影(. WMV)的形式,单击【下一步】按钮。

(4) 输入电影文件的名字和保存电影文件的位置,单击【下一步】按钮。

(5) 在弹出的电影文件信息的对话框中单击【下一步】按钮。

(6) 剪辑文件开始转换为电影文件,单击【完成】按钮完成转换。

四、实践题(略)

第四章　计算机网络基础和 Internet

【学习目标】

网络的定义和功能

网络的分类和应用

网络常用硬件设备的名称、作用

局域网的硬件组成

网络的协议

Internet 的接入方式

利用 Internet 搜索信息

收发 E－mail

4.1　技能一　认识计算机网络

4.1.1　计算机网络定义和特征

任务一　理解计算机网络的定义

简单地说，计算机网络是将地理位置不同并具有独立工作功能的多个计算机系统（例如：分散的计算机、外围设备和数据站等设备）通过通信线路互连在一起，由网络软件（例如：操作系统等）实现网络资源共享和数据通信的整个系统叫做计算机网络。

首先计算机网络是计算机的一个群体，是由多台计算机组成的。计算机之间的互连通常有两种方式：计算机间通过双绞线、同轴电缆、电话线、光导纤维等有形通信介质互相连接，或通过激光、微波、地球卫星通信信道等无形介质互连。同时，每台计算机的工作是独立的，例如，启动、运行、停止等。

任务二　了解计算机网络的特点

1. 计算机网络是计算机技术和通信技术相结合的产物。
2. 计算机网络建立的主要目的是实现计算机资源共享和相互通信。
3. 联网的计算机之间的通信必须遵守共同的网络协议。

任务三　了解计算机网络的发展

计算机网络从产生到发展，总体来说可以分成 4 个阶段。

第一阶段：20 世纪 60 年代末到 20 世纪 70 年代初为计算机网络发展的萌芽阶段。

其主要特征：为了增加系统的计算能力和资源共享，把小型计算机连成实验性的网络。第一个远程分组交换网叫 ARPANET，是由美国国防部于 1969 年建成的，第一次实现了由通信网络和资源网络复合构成计算机网络系统。标志计算机网络的真正产生，ARPA-

NET 是这一阶段的典型代表。

第二阶段：20 世纪 70 年代中后期是局域网络（LAN）发展的重要阶段。

其主要特征：局域网络作为一种新型的计算机体系结构开始进入产业部门。局域网技术是从远程分组交换通信网络和 I/O 总线结构计算机系统派生出来的。1976 年，美国 Xerox 公司的 Palo Alto 研究中心推出以太网（Ethernet），它成功地采用了夏威夷大学 ALOHA 无线电网络系统的基本原理，使之发展成为第一个总线竞争式局域网络。1974 年，英国剑桥大学计算机研究所开发了著名的剑桥环局域网（Cambridge Ring）。这些网络的成功实现，一方面标志着局域网络的产生；另一方面，它们形成的以太网及环网对以后局域网络的发展起到导航的作用。

第三阶段：整个 20 世纪 80 年代是计算机局域网络的发展时期。

其主要特征：局域网络完全从硬件上实现了 ISO 的开放系统互连通信模式协议的能力。计算机局域网及其互连产品的集成，使得局域网与局域互连、局域网与各类主机互连，以及局域网与广域网互连的技术越来越成熟。综合业务数据通信网络（ISDN）和智能化网络（IN）的发展，标志着局域网络的飞速发展。1980 年 2 月，IEEE（美国电气和电子工程师学会）下属的 802 局域网络标准委员会宣告成立，并相继提出 IEEE801. 5 ~ 802. 6 等局域网络标准草案，其中的绝大部分内容已被国际标准化组织（ISO）正式认可。作为局域网络的国际标准，它标志着局域网协议及其标准化的确定，为局域网的进一步发展奠定了基础。

第四阶段：20 世纪 90 年代初至现在是计算机网络飞速发展的阶段。

其主要特征：计算机网络化，协同计算能力发展以及全球互连网络（Internet，因特网）的盛行。计算机的发展已经完全与网络融为一体，体现了“网络就是计算机”的口号。目前，计算机网络已经真正进入社会各行各业，为社会各行各业所采用。另外，虚拟网络 FDDI 及 ATM 技术的应用，使网络技术蓬勃发展并迅速走向市场，走进平民百姓的生活。

4.1.2 计算机网络的功能

了解计算机网络的功能

1. 数据通信

数据通信是指计算机网络中可以实现计算机与计算机或计算机与终端之间的数据传送。也可以说，计算机网络的基本功能是数据通信。

2. 资源共享

一个网络的好坏取决于网络中资源丰富程度、资源的使用效率、使用的方便性和安全性等因素。可见资源共享是整个网络的核心，常见的资源共享主要分为 3 部分。

（1）硬件资源的共享：共享硬件资源包括打印机、超大型存储器、大容量存储设备和昂贵的专用外部设备等。

（2）软件资源的共享：现在计算机软件层出不穷，其中不少是免费共享的，它们是网络上的宝贵财富。共享软件资源包括各种语言处理程序、服务程序和很多网络软件，如电子备课软件、联机考试软件、办公管理软件等。

（3）数据资源的共享：数据资源包括各种数据库、数据文件等，如电子图书库、成绩库、档案库、新闻、科技动态信息等都可以放在网络数据库或文件里供大家查询使用。

3. 改善工作环境

计算机网络实现了计算机之间信息交流，加快了信息传递，其中作用最显著的是在计算机网络上发电子邮件和召开网络会议，使工作更加快捷、方便、经济。提高了工作效率，改善了工作环境。

4. 提高系统的可靠性和可用性

计算机系统的可靠性对于军事、航空、金融、交通控制和工业控制等过程中的应用尤为重要。提供分布处理环境，集中管理，负载分担与均衡等，改进了管理方式。通过数据备份管理，确保了系统的正常运行和避免故障的发生。

5. 分散数据的综合处理

网络系统可有效地将分散在各地的各计算机中的数据信息收集起来，从而达到对分散数据进行分析处理，并把分析结果反馈给相关用户的目的。

4.2 技能二 计算机网络的分类与应用

4.2.1 计算机网络分类

任务一 熟悉按信息传输距离进行分类

1. 局域网（LAN）

也称局部网，是一种局限于一个建筑或一组相距很近的建筑物之间，利用通信线路将许多数据设备（个人计算机、服务器、工作站及小型计算机等）连接起来，进行调整数据传输和实现资源共享（硬件和软件资源）的系统。

局域网传输距离在十几公里之内。通常用电缆组网，可用于共享数据、应用程序、外设及其他资源，如电子邮件、工厂环境监控、办公自动化、企业信息平台等。

2. 城域网（MAN）

是指在一个城市或一个地区范围内操作的网络，或者是物理上使用城市基础电信设施（地下电缆系统，公用电话交换系统等）的网络，也可以说是一处大范围的、高速率的局域网。

3. 广域网（WAN）

由于分布地理范围很广，所以，也称远程网。广域网是一种连接主机系统（也可以连接多个局域网）为目的，跨越广阔的地理范围，普遍公共电信设施（如公用电话交换网、公用数字交换网、卫星等）和少数专用线路高速数据交换和信息共享的计算机网络。

4. 全球网（GAN）

是指 Internet（因特网）也称国际互联网或网际网，世界各国间不同类型计算机和不同技术的计算机网络按一定协议互相连接在一起，使每台计算机就像在一个网络上工作，实现了资源和服务器共享。

任务二 掌握按网络的拓扑结构进行分类

网络的拓扑结构是指网络中各节点之间的物理连接形式。

（1）总线型：网络上所有计算机通过接头连接在一条传输线上，如图 4 - 1 总线型网所示。

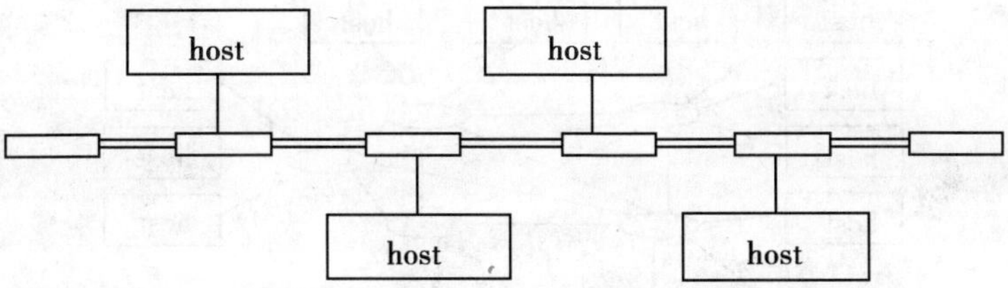

图 4－1 总线型网

（2）环型：环型网是各网络节点和信道连成环状。如图 4－2 环型网所示。

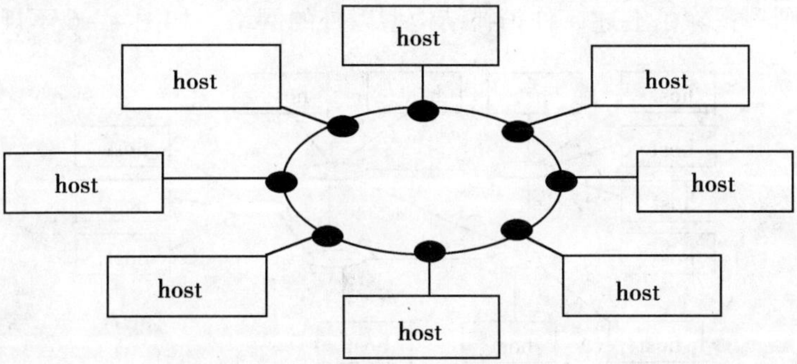

图 4－2 环型网

（3）星型：每个网络节点都有一条单独的信道与中心节点相连。如图 4－3 星型网所示。

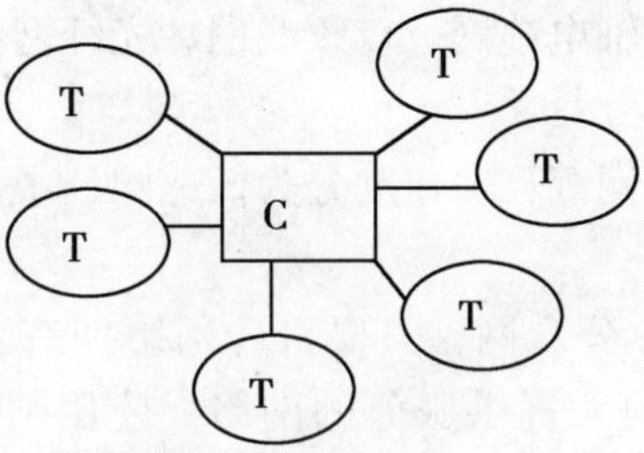

图 4－3 星型网

（4）树型：各节点按层次进行连接，低层节点信息通过高层节点中转。如图 4－4 树型网所示。

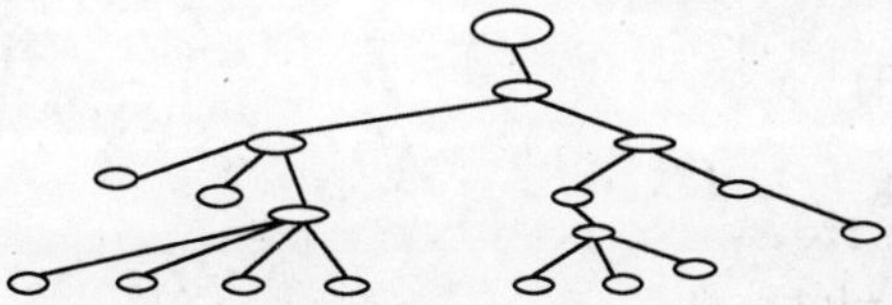

图 4－4 树型网

（5）全互联型：每两个网络节点间都有一条单独的信道相连。如图 4－5 全互联网型所示。

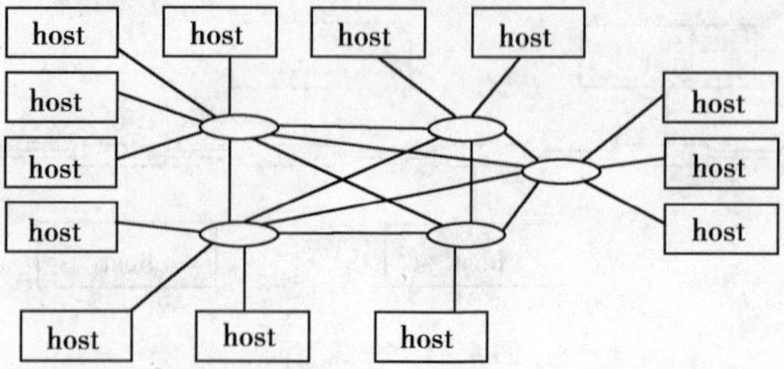

图 4 - 5　全互联型网

（6）不规则型：除了上述 5 种拓扑结构型以外的网络。如图 4 - 6 不规则型网所示。

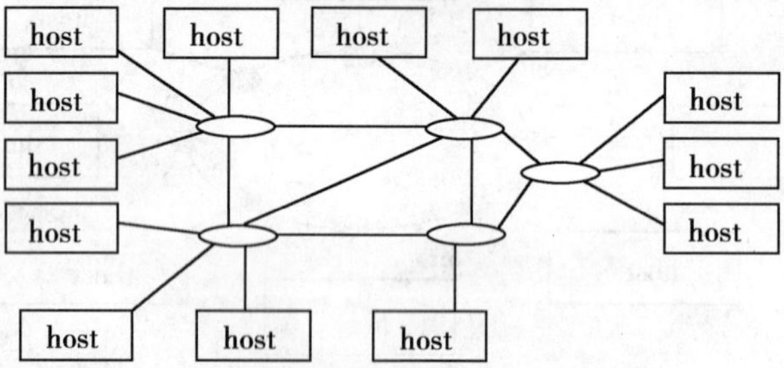

图 4 - 6　不规则型网

任务三　了解按其他标准进行分类

1. 按传输介质分类

也就是按通信线路分为同轴电缆网、双绞线网、光纤网、卫星网和无线网等。

2. 按带宽分类（或按速度）

按带宽分为基带网、宽带网等；按速度分为低速网、中速网和高速网。

3. 按使用范围分类

（1）公用网：公用网也称公众网，只要符合网络拥有者的要求就能使用这个网络，也就是说它是为全社会所有的人提供服务的网络。公用网一般是国家电信部门建造的网络。

（2）专用网：专用网是某个部分为本系统的特殊业务工作的需要而建造的网络。它只为拥有者提供服务，一般不向本系统以外的人提供服务。

其他还有一些分类方式，如按网络的通信传播方式分类，按网络的交换功能分类等。

4.2.2　计算机网络应用

了解计算机网络的应用

1. 企业网络的应用——Intranet

Intranet 主要是为企业内部服务，并具有连接 Internet 功能的企业内部网络。随着局域网技术的日益成熟，企业已经成为连接企业、工业内部各个部门，并与外界交流信息的重要基础设施。在市场经济和信息社会中，企业对企业的综合竞争能力的增强起到十分重要的作用。同时 Intranet 的建立还提供了强大的通信功能，两个相距很远的网络用户可以通过电子邮件发送和接收信息，分散在不同地区的工程技术人员可以共同设计一个技术产品。

2. 公众网络的应用——Internet

因特网（Internet）为个人用户提供了大量的信息服务，这些信息服务大致如下。

（1）远程登录：远程登录是指允许一个地点的用户与另一个地点的计算机上运行的应用程序进行交互式对话。

（2）电子邮件服务：它是目前 Internet 上使用最频繁的一种服务，计算机网络可以作为通信媒介，用户可以在自己的计算机上把电子邮件（E-mail）发送到世界各地，这些邮件中可以包括文字、声音、图形、图像等信息。

（3）电子数据交换：电子数据交换（EDI）是计算机网络在商业中一种重要的应用形式。它以共同认可的数据格式，在贸易的计算机之间传输数据，代替了传统的贸易单据，从而节省了大量的人力和财力，提高了效率。

（4）联机会议：利用计算机网络，人们可以通过个人计算机参加会议讨论。联机会议除了可以使用文字外，还可以传送声音和图像。

（5）交互式娱乐：视频点播是最吸引人的应用，它可以让人们在家里点播自己喜爱的电影和电视节目，观众可以在某一时刻选择故事情节的发展方向。

总之，基于计算机网络的各种应用、各种信息服务、通信与家族娱乐都正在促进信息产品制造业、软件产业与信息服务业的高速发展。

4.3　技能三　局域网硬件组成

掌握局域网系统的硬件知识

1. 网络服务器

网络服务器主要用于管理网络系统中的共享资源，例如：大容量磁盘、磁带、光盘、高速打印机、数据库文件等。网络服务器可分为文件服务器、打印服务器、备用服务器等。一个局域网中可以有多个服务器，以实现共享资源的分布配置。局域网的许多功能是通过服务器来实现的，网络操作系统等软件也主要驻留在服务器上。因此，网络服务器的性能直接影响到局域网的性能。网络服务器可由网络中高性能的微型机或工作站充当，但更多的是选择中小型机或大型计算机专用。不管选用哪种设备，网络服务器都必须具备快速访问能力和适当的通信处理能力。

2. 用户工作站

用户工作站也称为网络终端，用户通过它来访问网络的共享资源。在局域网中，用户工作站本身应具有一定的处理能力，可能使用普通微型机，也可以选择专用网络终端。根据用户的需要，工作站可以没有磁盘及磁盘驱动器，这被称为无盘工作站。

3. 网络适配器（网卡）

网络适配器是局域网中的通信控制或通信处理机，通过它将用户工作站或服务器连接到网络上，实现网络资源共享和相互通信。网络适配器执行通信协议，实现信号的转换，它是网络中的关键部件。在局域网中通常将网络适配器做成一块插件板，安装在微机的扩展槽上，因而又称之为网卡。

4. 传输介质及附属设备

局域网使用的传输介质主要有双绞线、同轴电缆和光纤电缆。双绞线和同轴电缆一般作为建筑物内部的局域网干线，光纤电缆则因其性能优良、价格较贵，常常作为建筑物之间的连接干线。

(1) 双绞线：双绞线是外层绝缘的两根导线绞合而成，外加套管作为保护层。双绞线价格低廉，但数据传输速率较低，一般为几兆位每秒，抗干扰性能也较差。一般用于小范围的局域网中。

(2) 同轴电缆：同轴电缆最里面是一根较粗的硬铜线，其外面有屏蔽层。同轴电缆价格高于双绞线，但抗干扰能力较强，连接也不太复杂，数据传输速率可达数兆位每秒到几百兆位每秒，所以被中、高档局域网广泛采用。

(3) 光纤：光纤即光导纤维，是一种能够传输光波的电介质导体，内层为光导玻璃纤维和包层，外层为保护层。光纤数据传输速率可达100Mb/s到几吉位每秒，抗干扰能力强，传输损耗少，且安全保密性好，目前已被许多高速局域网采用，但价格高。

5. 网络互连设备

当局域网上节点很多或节点之间超过规定的距离，或者网络中含有混合拓扑结构时，就需要增加一些互连设备，如中继器、集线器、路由器、网关和交换机等。

(1) 中继器（Repeater）和集线器（Hub）：中继器连接具有对信号放大的功能，用于连接两个或两个以上任何类型的传输介质的网段。当网段的站点数或网段的长度超过允许的最大值时，信号的质量开始降低。中继器提供信号放大和连接网段所必需的重新定时。使整个网络的地域范围得到扩充。中继器用于网络后，网络仍是一个统一的整体，网络上各工作站仍可共享同一网络上的服务器。

集线器是一种特殊的多路中继器，既具有对信号的再生放大功能，又能管理多路通信。目前还出现一些新型集线器（如智能集线器），它们不但提供中继器的功能，还具有网络管理，选择网络路径功能。一个集线器一般有8个、16个、32个等不同的多个连接端口，并且每个端口相互独立，互不干扰，如果一个端口出了故障，其他的端口不会受到影响。

(2) 交换机（Switch）：交换机是构建网络平台的基石，它是用来实现交换功能的设备，又称网络开关。它采用类似电话总机的交换式技术，使各连接端口能独占带宽，从而提高了局域网的总带宽。

(3) 网桥（Bridge）：网桥用于两个同类的网络（一般指具有相同类型的网络操作系统）的互连。当一个网络在距离和功能上不能满足用户的需求时，网桥就在两个网络之间搭一个桥梁，使两个网络能够连通，成为一个整体。

(4) 路由器（Router）：路由器用于连接多个同类或不同类型的局域网（或广域网）。它具有很强的网连能力，除能取代风格用于异种局域网连接外，还可用于局域网与广域网的互连，以及广域网之间的互连。路由器还具有选择路径的功能，在多于两个网互连时，节点之间可选择一条最佳路径传送数据。

(5) 网关（Gateway）：网关用来连接不同类型的网络，包括异种局域网的连接、局域网与广域网的连接。网关能实现不同网络之间的协议转换，它有时并不是一种设备，有时在主机中也能完成这种功能。

4.4　技能四　制作双绞线

预备知识

1. 了解双绞线的常识

双绞线的英文名字叫 Twist-Pair。是综合布线工程中最常用的一种传输介质。

双绞线采用了一对互相绝缘的金属导线互相绞合的方式来抵御一部分外界电磁波干扰，“双绞线”的名字也是由此而来。典型的双绞线有 4 对的，也有更多对双绞线放在一个电缆套管里的。这些称之为双绞线电缆。与其他传输介质相比，双绞线在传输距离，信道宽度和数据传输速度等方面均受到一定限制，但价格较为低廉。

双绞线可以用来传输模拟声音信息，也适应数字信号的传输，特别适应较短距离的信息传输，采用双绞线的局域网的带宽取决于所有导线的质量、长度及传输技术，当距离很短且采用特殊的传输技术时，数据传输速率可达 100～155Mb/s。

双绞线可分为屏蔽双绞线和非屏蔽双绞线两大类。非屏蔽双绞线（UTP）是由多个线对外包裹一层塑胶护套构成，非屏蔽双绞线由于无屏蔽层，具有安装简便、成本低、节省空间的优点。屏蔽双绞线价格相对较高，安装相对困难，它必须配有支持屏蔽功能的特殊连接器和相应的安装技术，但它有较高的数据传输速率，100Mb 内可达到 155Mb/s。

常用的双绞线有 4 个线对。这些线对被标识了不同的颜色。

2. RJ-45 连接器的使用常识

（1）以太网中 RJ-45 连接器的针脚：在双绞线以太网中，其连接导线只需要两对线：一对线用于发送，另一对线用于接收。但现在的标准是使用 RJ-45 连接器。这种连接器又称为水晶头，有 8 根针脚，一共可连接 4 对线。对于 10BASE-T 以太网的确只使用两对线。这样在 RJ-45 连接器中就空出来 4 根针脚。到对 100BASE-T4 快速以太网，则要用到 4 对线，即 8 根针脚都要用到。

采用 RJ-45 而不采用电话线的 RJ-11 是为了避免将以太网的连接线插头错误地插进电话线的插孔内。另外，RJ-11 只有 6 根针脚，而 RJ-45 有 8 根针脚。现在标准规定使用下表中的 4 根针脚（1，2，3 和 6），1 和 2 用于发送，3 和 6 用于接收。

（2）不同颜色的 4 对双绞线与针脚连接：EIA/TIA-568 标准规定了两种连接标准（并没有实质上的差别），即 EIA/TIA-568A 和 EIA/TIA-568B。

标准 568A：绿白 -1，绿 -2，橙白 -3，蓝 -4，蓝白 -5，橙 -6，棕白 -7，棕 -8

标准 568B：橙白 -1，橙 -2，绿白 -3，蓝 -4，蓝白 -5，绿 -6，棕白 -7，棕 -8

学习制作双绞线

操作步骤

（1）裁 2m 长的双绞线。

（2）用剥线钳剥去线端头 1cm 左右的外皮。

（3）内芯线的外皮上有颜色的配对，按标准定义的颜色将线对排列好，并整理平整，然后将线头剪齐插入 RJ-45 接头，再用压线工具压紧，这样就完成了一个接头的制作。

（4）按以上的（2）、（3）将双绞线的另一端的接头制作好，就完成了双绞线的制作。

4.5 技能五 设置网卡

预备知识

网卡即网络接口卡，又称网络适配器，是连接计算机与外界局域网的一块接口板（或者是在笔记本电脑中插入一块 PCMCIA 卡）。网卡通过网线与网络上的其他计算机交换数据、共享资源。

1. 网卡的不同分类

根据网络技术的不同，网卡的分类也有所不同，如 ATM 网卡、令牌环网卡和以太网网卡等。据统计，目前约有 80% 的局域网采用以太网技术。根据工作对象的不同服务器的工作特点而专门设计的，价格较贵，但性能很好。就兼容网卡而言，目前，网卡一般分为普通工作站网卡和服务器专用网卡。服务器专用网卡是为了适应网络服务种类较多，性能也有差异，可按以下的标准进行分类：按网卡所支持带宽的不同可分为 10M 网卡、100M 网卡、10/100M 自适应网卡、1 000M 网卡几种；根据网卡总线类型的不同，主要分为 ISA 网卡、EISA 网卡和 PCI 网卡三大类，其中 ISA 网卡和 PCI 网卡较常使用。ISA 总线网卡的带宽一般为 10M，PCI 总线网卡的带宽从 10M 到 1 000M 都有。同样是 10M 网卡，因为 ISA 总线为 16 位，而 PCI 总线为 32 位，所以，PCI 网卡要比 ISA 网卡快。

2. 网卡的接口类型

根据传输介质的不同，网卡出现了 AUI 接口（粗缆接口）、BNC 接口（细缆接口）和 RJ-45 接口（双绞线接口）3 种接口类型。在选用网卡时，应注意网卡所支持的接口类型，否则可能不适用于网络连接。市面上常见的 10M 网卡主要有单口网卡（RJ-45 接口或 BNC 接口）和双口网卡（RJ-45 和 BNC 两种接口），带有 AUI 粗缆接口的网卡较少。而 100M 和 1 000M 网卡一般为单口卡（RJ-45 接口）。除网卡的接口外，在选用网卡时还常常要注意网卡是否支持无盘启动。必要时还要考虑网卡是否支持光纤连接。

任务一　掌握选择网卡的技巧

1. 网卡的应用领域

目前，以太网网卡有 10M、100M、10M/100M 及千兆网卡。对于大数据量网络来说，服务器应该采用千兆以太网网卡，这种网卡多用于服务器与交换机之间的连接，以提高整体系统的响应速率。而 10M、100M 和 10M/100M 网卡则属人们经常购买且常用的网络设备，这 3 种产品的价格相差不大。所谓 10M/100M 自适应是指网卡可以与远端网络设备（集线器或交换机）自动协商，确定当前的可用速率是 10M 还是 100M。对于通常的文件共享等应用来说，10M 网卡就已经足够了，但对于将来可能的语音和视频等应用来说，100M 网卡将更利于实时应用的传输。鉴于 10M 技术已经拥有的基础（如以前的集线器和交换机等），通常的变通方法是购买 10M/100M 网卡，这样既有利于保护已有的投资，又有利于网络的进一步扩展。

2. 总线接口方式

当前台式机和笔记本电脑中常见的总线接口方式都可以从主流网卡厂商那里找到适用的产品。但值得注意的是，市场上很难找到 ISA 接口的 100M 网卡。1994 年以来，

PCI 总线架构日益成为网卡的首选总线，目前已牢固地确立了在服务器和高端桌面机中的地位。即将到来的转变是这种网卡将推广到所有的桌面机中。PCI 以太网网卡的高性能、易用性和增强了的可靠性使其被标准以太网网络所广泛采用，并得到了 PC 业界的支持。

3. 网卡兼容性和运用的技术

快速以太网在桌面一级普遍采用 100BaseTX 技术，以 UTP 为传输介质，因此，快速以太网的网卡设一个 RJ-45 接口。由于小办公室网络普遍采用双绞线作为网络的传输介质，并进行结构化布线，因此，选择单一 RJ-45 接口的网卡就可以了。适用性好的网卡应通过各主流操作系统的认证，至少具备如下操作系统的驱动程序：Windows、Netware、Unix 和 OS/2。智能网卡上自带处理器或带有专门设计的 AISC 芯片，可承担使用非智能网卡时由计算机处理器承担的一部分任务，因而即使在网络信息流量很大时，也极少占用计算机的内存和 CPU 时间。智能网卡性能好，价格也较高，主要用在服务器上。另外，有的网卡在 BootROM 上加入防病毒功能；有的网卡则与主机板配合，借助一定的软件，实现 Wake on LAN（远程唤醒）功能，可以通过网络远程启动计算机；还有的计算机则将网卡集成到了主机板上。

4. 网卡生产商

由于网卡技术的成熟性，目前生产以太网网卡的厂商除了国外的 3Com、英特尔和 IBM 等公司之外，台湾的厂商以生产能力强且多在内地设厂等优势，其价格相对比较便宜。

任务二　练习安装网卡并对其进行正确设置。

操作步骤

(1) 打开主机机箱，将网卡插在主板上一个合适的扩展槽里。

(2) 安装其驱动程序。打开计算机电源，开机时系统会提示发现新设备，要求加载设备驱动程序，这时可插入随卡所带的软盘或光盘，找到此网卡在该操作系统下的驱动程序，然后安装。

(3) 重新启动计算机。用鼠标右键单击【我的电脑】—【属性】—【设备管理器】，从中可以看到【网络适配器】下的网卡驱动程序的类型。

(4) 如果启动时没有找到网卡，则在 Windows 下可双击【我的电脑】—【控制面板】下的【添加新硬件】，然后选择【搜索新硬件】，再按上述方法加载驱动程序，确认后重新启动计算机。

相关知识链接

1. 有可能计算机提示网络配器工作不正常，这可能是因为网卡中断或输入/输出地址与其他设备有冲突，可以在【控制面板】—【系统】—【设备管理】—【网络适配器】—【属性】—【资源】中重新设置网卡的中断和输入、输出，可以解决冲突问题。

2. 如果网卡带有 BootROM，将 BootROM 安装到网卡之后，还得将它 Enable（启动），并设定 Base Address，有的卡可直接以软件设置，有的必须调整跳线或 DIP 开关。设置 Base　Address 时要注意，绝不能与其他设备冲突。

4.6 技能六　网络协议

4.6.1 Internet 简介

预备知识

因特网的基础知识

1. 因特网的产生

因特网是Internet的中文译名，它的前身是美国国防部高级研究计划局（ARPA）主持研制的ARPAnet。20世纪60年代末，美国军方为了自己的计算机网络在受到袭击时，即使部分网络被摧毁，其余部分仍能保持通信联系，便由美国国防部的高级研究计划局（ARPA）建设了一个军用网，叫做“阿帕网”（ARPAnet）。阿帕网于1969年正式启用，当时仅连接了4台计算机，供科学家们进行计算机联网实验用，这就是因特网的前身。

2. Internet 的概念

Internet（国际互联网）是一个由各种不同类型和规模的独立运行和管理的计算机网络组成的全球范围内的计算机网络，组成Internet的计算机网络包括局域网（LAN），城域网（MAN）以及大规模的广域网（WAN）等。这些网络通过普通电话线，高速专用线路，卫星，微波和光缆等通信线路把不同国家的大学，公司，科研机构以及军事及政府等组织的网络联系起来。Internet是全世界最大的图书馆，它为人们提供了巨大的并且不断增长的信息资源和服务工具宝库，用户可以利用Internet所提供的各种工具去获得Internet提供的巨大信息资源。

任何一个地方的Internet用户都可以从Internet获得任何方面的信息，如自然、社会、政治、历史、科技、教育、卫生、娱乐、政治决策、金融、商业和天气预报等。Internet用户可以利用Internet提供的应用系统去查询和获取Internet信息资源，用户可以在工作单位，比如在大学，也可以在家里使用Internet。Internet连接了大量本身就载有大量信息的计算机，而且随着Internet的不断壮大，开发了大量的创建和使用网上信息的工具，这些机制使得Internet有着任何网络不能比拟的功能。

任务一　了解 Internet 的基本功能和服务

1. 电子邮件（E-mail/Electronic Mail）

E-mail是网络用户之间实现快速、简便、高效、价廉的通信工具。与国内、国际长途电话的费用相比，电子邮件可以大大降低用户国际间的通信费用，因而受到广大用户的喜爱，E-mail也就成为Internet诸项功能中使用频率最高的一个。

2. 远程登录（Telnet）

远程登录在网络通讯协议Telnet的支持下，使用户自己的计算机暂时成为远程计算机的一个终端。要在远程计算机上登录，首先要成为远程计算机系统的合法用户，并拥有相应的用户名和口令。一旦登录成功后，用户便可以实时使用远程计算机对外开放的相应资源。

3. 文件传送（FTP / File Transfer Protocol）

FTP是由文件传送协议支持的，用于在Internet网上的两台计算机之间文件的互传。

使用 FTP 几乎可以传送任何类型的文件：文本文件、二进制文件、图像文件、声音文件、数据压缩文件等。目前，网络中公共的 FTP 站点都支持匿名访问，即在与之接通时，用 anonymous 作用户名，用你的 E-mail 地址作密码。这类站点一般只允许用户做“取”(get) 操作，而不允许做“送”(put)。

4. 超文本信息检索工具（WWW / World Wide Web）

WWW 的含义是“万维网”（World Wide Web），是一个基于超级文本（Hypertext）方式的信息检索工具。由于超文本机制能将全世界 Internet 网上不同地点的相关信息有机地链接在一起，并以图文声多媒体的方式展示信息，使 WWW 成为非常友好且有效的信息检索工具。另外，WWW 浏览器已能集成一些“传统的” Internet 功能，并使其功能更加强大。这也是 WWW 倍受青睐的原因之一。与 WWW 相关的名词是 Home Page，指某 WWW 站点的进入点或用 HTML 语言编写的用于展示信息的主页。

5. 其他

Internet 发展到今天，除了上述功能之外，Internet 作为通信和信息双向交流的工具，已被很多领域所看重，一系列的网上增值服务系统相继产生，诸如：电子商店、电子银行、电子影院、电子杂志、电子诊所、网络音乐会、数据库检索、网上广告、信息咨询等等，构成了一个几乎无所不包、无所不能的“虚拟世界”（Virtual World）。

4.6.2　TCP/IP 协议

预备知识

Internet 允许世界各地的网络连入作为它的子网，而连入的各个子网的计算机可以是不同类型的，计算机所使用的操作系统也可以是不同的。在这样一个复杂的系统中，就要求所有连入 Internet 的计算机都使用相同的通信协议，这个协议就是 TCP/IP 协议。

TCP/IP 协议叫做传输控制/网际协议，它是 Internet 国际互联网络的基础。TCP/IP 是网络中使用的基本的通信协议。从名字上看 TCP/IP 包括两个协议，传输控制协议（TCP）和网际协议（IP），但 TCP/IP 实际上是一组协议，它包括上百个各种功能的协议，如：远程登录、文件传输和电子邮件等，而 TCP 协议和 IP 协议是保证数据完整传输的两个基本的重要协议。通常说 TCP/IP 是 Internet 协议族，而不单单是 TCP 和 IP。

任务一　了解 TCP/IP 协议的特点

（1）TCP/IP 协议是开放的协议标准，可以免费使用，并独立于特定的计算机硬件与操作系统。

（2）TCP/IP 协议独立于特定的网络硬件，可以运行在局域网、广域网、因特网中。

（3）TCP/IP 协议采用统一的网络地址分配方案，使各个 TCP/IP 设备在网中都具有惟一的地址。

（4）TCP/IP 协议是标准化的高层协议，可以提供多种可靠的用户服务。

（5）TCP/IP 协议适用于异型机与异型网的互联，提高了组网的灵活性。

（6）TCP/IP 协议使用多层体系结构，该结构清晰地定义了每个协议的责任。

4.6.3 IP 地址

预备知识

Internet 上的计算机数以万计，如何区分它们，使信息从网络中的一台计算机正确抵达其传输的目的机呢？在 Internet 中，每个独立存在的计算机都有惟一的 IP 地址。对用户来说，地址有两种表示形式：IP 地址和域名。每个 IP 地址实际上是 32b 的二进制数据，分 4 个字节存储。为方便尽快，人们将 IP 地址按每个字节的值记载下来，写成以句点分割的 4 个十进制数形式。这种记法，称作“点分十进制”。

将 IP 地址分成了网络号和主机号两部分，设计者就必须决定每部分包含多少位。网络号的位数直接决定了可以分配的网络数（计算方法 2^网络号位数）；主机号的位数则决定了网络中最大的主机数（计算方法 2^主机号位数-2）。然而，由于整个互联网所包含的网络规模可能比较大，也可能比较小，设计者最后聪明的选择了一种灵活的方案：将 IP 地址空间划分成不同的类别，每一类具有不同的网络号位数和主机号位数。

了解 IP 地址的分类

1. A 类 IP 地址

一个 A 类 IP 地址由 1 字节的网络地址和 3 字节主机地址组成，网络地址的最高位必须是“0”，地址范围从 0. 0. 0. 1 到 126. 0. 0. 0。可用的 A 类网络有 126 个，每个网络能容纳 1 亿多个主机。

2. B 类 IP 地址

一个 B 类 IP 地址由两个字节的网络地址和两个字节的主机地址组成，网络地址的最高位必须是“10”，地址范围从 128. 0. 0. 0 到 191. 255. 255. 255。可用的 B 类网络有 16 382个，每个网络能容纳 6 万多个主机。

3. C 类 IP 地址

一个 C 类 IP 地址由 3 字节的网络地址和 1 字节的主机地址组成，网络地址的最高位必须是“110”。范围从 192. 0. 0. 0 到 223. 255. 255. 255。C 类网络可达 209 万余个，每个网络能容纳 254 个主机。

4. D 类地址用于多点广播（Multicast）

D 类 IP 地址第一个字节以“1 110”开始，它是一个专门保留的地址。它并不指向特定的网络，目前这一类地址被用在多点广播（Multicast）中。多点广播地址用来一次寻址一组计算机，它标识共享同一协议的一组计算机。

5. E 类 IP 地址

以“11 110”开始，为将来使用保留。全零（“0. 0. 0. 0”）地址对应于当前主机。全“1”的 IP 地址（“255. 255. 255. 255”）是当前子网的广播地址。

4.6.4 域名系统

了解域名系统和顶级域名的基本知识

1. 域名

IP 地址是一个 32 位的号码，多数人感到难以记忆。另一方面，TCP/IP 协议软件又要用到 IP 地址，TCP/IP 应用程序服务所用到的任何符号名都要翻译成对应的 32 位 IP 地址，这一翻译工作是由域名系统（DNS）来完成的。

域名系统（DNS），全名叫 Domain Name Server，是指在 Internet 上查询域名或 IP 地址的目录服务系统。在说明 DNS Server 前，要先说明什么叫 Domain Name，在网路上辨别一台电脑的方式是利用 IP，但是一组 IP 数字很不容易记，且没有什么联想的意义，因此，为网路上的伺服器取一个名字，这个名字就叫它「Domain Name」。

2. 顶级域名

域名由两个或两个以上的词构成，中间由点号分隔开。最右边的那个词称为顶级域名。表 4－1 顶级域名分配是几个常见的顶级域名及其用法。

表 4－1　顶级域名分配

顶级域名	域名类型	顶级域名	域名类型
COM	商业机构	MIL	军事部门
EDU	教育机构	NET	网络组织
GOV	政府部门	ORG	各种非营利组织
INT	国际组织	国家代码	各个国家

国家代码由两个字母组成的顶级域名如 . cn（中国）、. uk（英国）、. ca（加拿大）和 . jp（日本）称为国家代码顶级域名（ccTLDs），其中 . cn 是中国专用的顶级域名，其注册归 CNNIC 管理，以 . cn 结尾的二级域名简称为国内域名。注册国家代码顶级域名下的二级域名的规则和政策与不同的国家的政策有关。您在注册时应咨询域名注册机构，问清相关的注册条件及与注册相关的条款。某些域名注册商除了提供以 . com、. net 和 . org 结尾的域名的注册服务之外，还提供国家代码顶级域名的注册。ICANN 并没有特别授权注册商提供国家代码顶级域名的注册服务。

相关知识链接

开放系统互联模型（OSI）

计算机之间实现数据流动要按照有关原则进行互联通信，这些规定称为网络协议。国际标准化组织（ISO）提出的“开放系统互联参考模型（OSI）”是计算机网络通信的基本协议。该协议分成 7 层，各层规定通信过程中的功能：

（1）应用层：该层是最高层，直接为最终用户服务。提供文件传递、虚拟终端、报名处理、事务处理等功能。

（2）表示层：提供由应用层选择的一组服务，对交换数据的含义进行解释，管理数据的输入、交换显示和控制。

（3）会话层：提供一条与其他系统之间的开放的通信路径，提供会话连接管理服务和对话数据交换服务。

（4）传输层：为上层提供一个透明、可靠的综合传输服务，并且与下层提供的服务基本相关。

（5）网络层：为一个网络连接两个传输实体之间进行网络服务数据单元的交换，提供功能手段和过程手段。解决路由选择、交换方式、拥塞控制等问题，为上层提供端到端的数据传输功能。

(6) 数据链路层：为网络实体之间数据链路的建立、维持和释放提供功能手段和过程手段，提供网络层点的无差错的帧传输。

(7) 物理层：为数据链路实体之间物理连接的建立、维持和释放提供机械、电气上的所需特性。

OSI 中“系统”是指计算机、外部设备、终端、传输设备、操作人员以及相应软件的集合。“开放”是指按照参考模式的任意两系统之间的连接或操作。当一个系统能按 OSI 模式与另一个系统进行通信，就称该系统为开放系统。

4.7 技能七 Internet 的接入方式

预备知识

1. ISP 服务商

我国大多数用户的计算机是通过上网接入 Internet 的。用户向 ISP 提出入网申请后，如果是电话拨号上网，ISP 服务商给用户提供的是公开账户，如其电话号码、用户名和密码都是 163，但也有例外。如果是 ADSL 宽带上网，ISP 服务商将分配一个特定的用户名的密码要想接入 Internet，首先要到 ISP（Internet Server Provider）服务商那里去办理入网手续。ISP 服务质量的好坏直接影响到用户的上网效果，选择 ISP 主要考虑以下几方面的因素。

(1) ISP 的收费标准，相同性能指标前提下，越便宜越好。

(2) 提供给用户的通信线路的传输速率，越快越好。

(3) ISP 接入 Internet 的带宽，这个速率直接影响用户访问 Internet 的速度。

(4) WWW 和 E-mail 等服务功能要齐全。

2. 调制解调器（Modem）

通常 PC 机使用的电话拨号上网的调制解调器接入产品分为内置式和外置式。内置式 Modem 是一块可以插入计算机主板扩展槽中的卡，其优点是可直接使用计算机电源且价格便宜，缺点是安装麻烦，工作状态不易判断。外置式 Modem 是独立于计算机之外的盒式设备。工作时，面板上有一排指示灯，能十分清楚地表示数据传输状态。其优点是安装、拆卸方便，缺点是比同品牌、同档次的内置式 Modem 价格贵一些。调制解调器传输速率现在的产品多为 56kb/s。数值越大，速度越快。

任务一 利用电话拨号连接因特网

操作步骤

(1) 将计算机连接好调制解调器和电话线。

(2) Windows XP 操作系统在【附件】—【通信】选项中设立了【新建连接向导】命令。

(3) 在【新建连接向导】窗口中单击【下一步】，在【新建连接向导】窗口中选择【连接到 Internet（C）】后，单击【下一步】按钮。如图 4-7 新建连接向导之一所示。

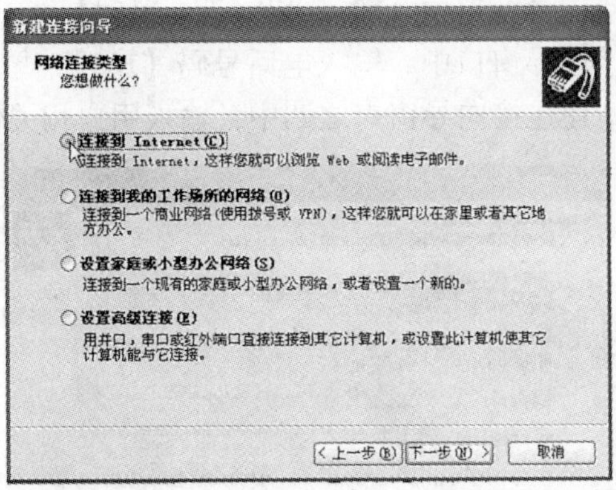

图 4 –7　新建连接向导之一

（4）在【新建连接向导】窗口选择【手动设置我的连接】，单击【下一步】按钮，如图4 –8 新建连接向导之二所示。

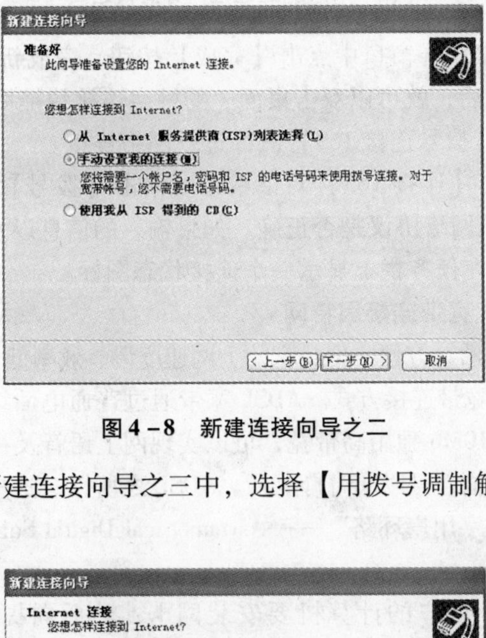

图 4 –8　新建连接向导之二

（5）在如图 4 –9 新建连接向导之三中，选择【用拨号调制解调器连接（D)】按钮，点击【下一步】按钮。

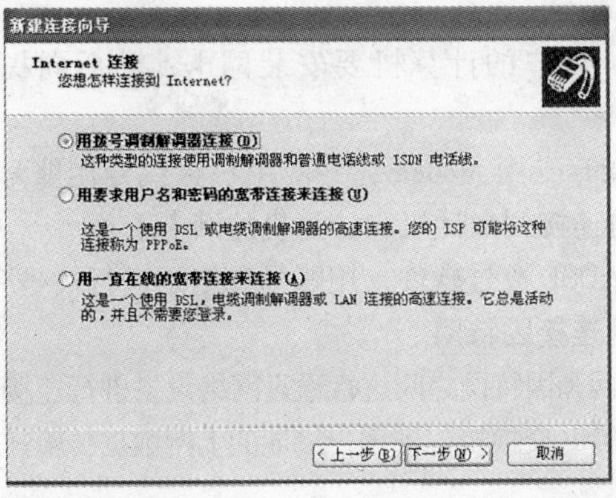

图 4 –9　新建连接向导之三

（6）在新的新建连接向导窗口中，输入 ISP 名称【163】，单击【下一步】按钮。

（7）在新的新建连接向导窗口中，输入电话号码【163】，单击【下一步】按钮。

（8）在如图 4－10 新建连接向导窗口之四中，输入用户相关信息。

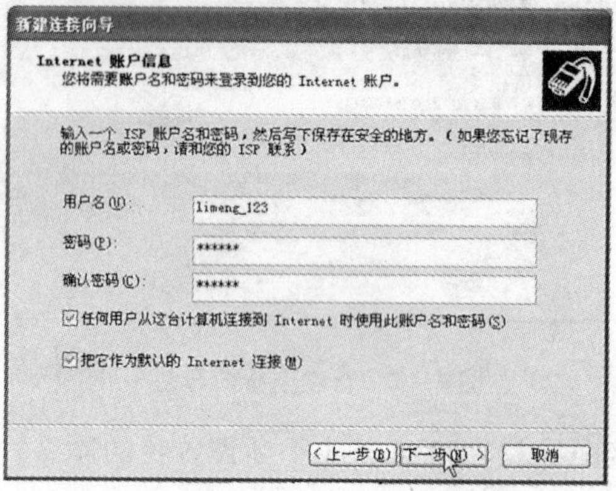

图 4－10　新建连接向导窗口之四

（9）在新的新建连接向导窗口中点击【完成】按钮，完成新建连接。

（10）建立了连接之后，就可以双击桌面上的网络连接快捷图标，或者在打开的【网络连接】窗口中，双击【拨号连接 163】图标进行网络连接。

（11）在屏幕弹出的【连接 163】对话框中，单击【拨号】按钮，计算机会打开端口，验证用户密码，检测网络协议是否正确。如果输入的信息以及网络协议完全正确，则会完成 Internet 连接，并在任务栏上显示一个连接状态图标。

任务二　利用 ADSL 宽带连接因特网

电话拨号虽然上网灵活、方便，但是它的上网速度慢、效率低、连接可靠性低，经常上网的用户可以打用 ADSL 宽带连接方式。ADSL 宽带通过普通电话线实现调整数据传输，最高可以提供下行 8Mb/s，10Mb 独用高带宽，可以实现网上语音及视频传输，而且在上网过程中不影响电话的语音传输，可以同时打电话。ADSL 之所以有这样高的数据传输速率，是因为它使用了“非对称数字用户环路”——Asymmetrical Digital Subscriber Line。

操作步骤

（1）使用 ADSL 前，用户的计算机要安装网卡，然后向提供 ADSL 的 ISP 服务商申请。

（2）服务商提供 ADSL 专用 Modem，并向用户提供专用账号和密码。把电话线连接到 ADSL 专用 Modem，再连接到电话机和计算机的网卡上。

（3）用户通过专用 ADSL 拨号软件，用账号和密码进行拨号登录到因特网。

任务三　通过局域网连接因特网

目前，一般是在局域网和因特网之间进行通过网络设备进行连接，主干网用 1 000Mb 交换机通过光纤连接到基层 100Mb 交换机，到用户终端的上网数据传输速率可达 10Mb/s。

操作步骤

（1）把局域网和因特网通过网络设备路由器或交换机连接起来。

（2）局域网中的计算机通过服务器或宽带拨号程序来访问因特网。

4.8 技能八 利用 Internet 搜索信息

4.8.1 使用 IE 浏览网页

预备知识

浏览器是用于浏览网络上的网页文件的，用户通过它利用 HTTP 协议把请求传给服务器，服务器再把请求的页面送回到浏览器，浏览器再将页面进行解释，显示在用户的屏幕上。浏览器有很多种，目前最常用的是微软公司的 IE（Internet Explorer）浏览器，它可以支持各种类型的超媒体文件，如 HTML、ActiveX、Java、CSS 等格式的文件。IE 一般嵌入在 Windows 操作系统中。

任务一 用 IE 浏览网页

操作步骤

（1）在浏览网页之前，先要保证与 Internet 建立了连接。

（2）IE 一般嵌入在 Windows 操作系统中，在桌面上双击 IE 图标，即可打开 IE。

（3）在 IE 的地址栏输入要浏览网站的网址或 IP 地址。如要浏览搜狐网，则在地址栏中输入http：//www. sohu. com，按回车键，然后就会出现“搜狐网”的主页。

（4）在网页中可以看到相关的文字和图片信息。

（5）有些文本是特殊的颜色或带有划线，通常它是一个超级链接，把光标移到上面就会变成一个手形指针，单击就可以转到其他网页中去。有时单击超级链接会打开一个的窗口，浏览完后把它关闭即可。

（6）如果单击一个超级链接后，没有打开新窗口中，IE 原来的窗口变成了新网页窗口，浏览完后，可以单击工具栏上的【后退】按钮回到原来的网页；单击【前进】按钮再回到打开的窗口；单击【主页】可以回到 IE 默认的主页中；单击【停止】按钮用于取消当前网页的请求；单击【刷新】按钮用于重新请求当前网页。

任务二 收藏常用的网址

操作步骤

（1）把当前正在浏览的网页的网址添加到收藏夹，单击【收藏】菜单中的【添加到收藏夹】命令，会出现如图 4－11【添加到收藏夹】对话框所示内容。

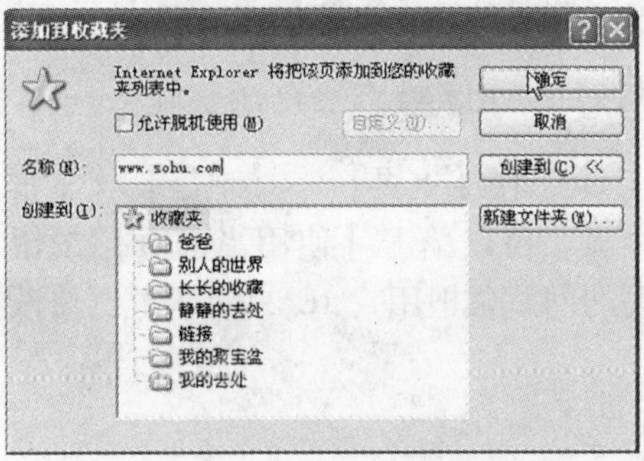

图 4－11 【添加到收藏夹】对话框

(2) 在【名称】文本框中输入要收藏网页的名称。

(3) 在【创建到】列表框中选择要保存到哪个文件夹。如果单击【新建文件夹】按钮，可以把网址放到新建的一个文件夹中，单击【确定】按钮完成收藏。

(4) 单击【收藏】菜单在其下拉菜单中就可以找到相应网页的名称，单击即可再访问该页面。

任务三　网页的保存

操作步骤

(1) 打开所需的网页。

(2) 单击【文件】菜单—【另存为】命令，打开【另存为】对话框，在其中选择保存位置与文件名，默认的保存类型是网页文件，扩展名为 . HTML。还可以选择保存为其他类型的文件，如文本文件类型等。

任务四　设置 IE 参数

1. 设置默认主页

操作步骤

(1) 单击【工具】菜单—【Internet 选项】，出现如图 4－12 设置 IE 选项所示的对话框。

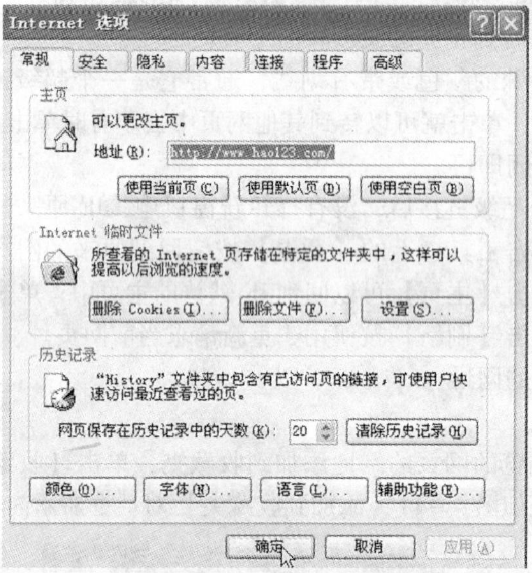

图 4－12　设置 IE 选项

(2) 选择【常规】标签页，在【主页】—【地址】文本框中输入网站地址，如果当前已经打开了这个网站的主页，可以单击【使用当前页】按钮，就会把当前网页地址自动输入进去。含有恶意代码的网站常把用户 IE 的默认主页修改，用户可以在这里把它改过来。

2. 清除历史记录

操作步骤

(1) 单击【常规】—【历史记录】—【清除历史记录】按钮，清除访问网页记录。

(2) 在【网页保存在历史记录中的天数】中还可以设置 IE 保存历史记录的天数，默认值为 20 天。

3. 安全设置

操作步骤

(1) 单击图 4-12 设置 IE 选项对话框中的【安全】—【自定义级别】—【安全设置】对话框。

(2) 在其中把【运行 ActiveX 控件和插件】设为【禁用】；把【Java 小程序脚本】设为【禁用】；把【活动脚本】设为【禁用】。设置后，就可以屏蔽大多数网页广告，并且可以防止大多数恶意网页的有害代码或病毒的运行，但也会造成有些网页无法正常显示，有些弹出式窗口看不到，这时把设置改为默认设置即可。

4.8.2 利用搜索引擎搜索信息

预备知识

1. 搜索引擎的概念

搜索引擎指自动从因特网搜集信息，经过一定整理以后，提供给用户进行查询的系统。

2. 搜索引擎的工作原理

(1) 搜集信息：搜索引擎的信息搜集基本都是自动的。搜索引擎利用称为网络蜘蛛（spider）的自动搜索机器人程序来连上每一个网页上的超链接。机器人程序根据网页连到其他的超链接，从少数几个网页开始，连到数据库上所有到其他网页的链接。理论上，若网页上有适当的超链接，机器人便可以遍历绝大部分网页。

(2) 整理信息：搜索引擎整理信息的过程称为“建立索引”。搜索引擎不仅要保存搜集起来的信息，还要将它们按照一定的规则进行编排。搜索引擎根本不用重新翻查它所有保存的信息而迅速找到所要的资料。如果信息是不按任何规则地随意堆放在搜索引擎的数据库中，那么，它每次找资料都得把整个资料库完全翻查一遍，这样再快的计算机系统也没用。

(3) 接受查询：用户向搜索引擎发出查询，搜索引擎接受查询并向用户返回资料。搜索引擎每时每刻都要接到来自大量用户的几乎是同时发出的查询，它按照每个用户的要求检查自己的索引，在极短时间内找到用户需要的资料，并返回给用户。目前，搜索引擎返回主要是以网页链接的形式提供的，通过这些链接，用户便能到达含有自己所需资料的网页。通常搜索引擎会在这些链接下提供一小段来自这些网页的摘要信息以帮助用户判断此网页是否含有自己需要的内容。

任务一 了解搜索引擎的种类

1. 全文搜索引擎

全文搜索引擎是名副其实的搜索引擎，国外具代表性的有 Google、Fast/AllTheWeb、AltaVista、Inktomi、Teoma、WiseNut 等，国内著名的有百度（Baidu）。它们都是通过从互联网上提取的各个网站的信息（以网页文字为主）而建立的数据库中，检索与用户查询条件匹配的相关记录，然后按一定的排列顺序将结果返回给用户，因此，它们是真正的搜索引擎。

从搜索结果来源的角度，全文搜索引擎又可细分为两种：一种是拥有自己的检索程序（Indexer），俗称“蜘蛛”（Spider）程序或“机器人”（Robot）程序，并自建网页数据库，搜索结果直接从自身的数据库中调用，如上面提到的7家引擎；另一种则是租用其他引擎的数据库，并按自定的格式排列搜索结果，如Lycos引擎。

2. 目录索引类搜索引擎

目录索引虽然有搜索功能，但在严格意义上算不上是真正的搜索引擎，仅仅是按目录分类的网站链接列表而已。用户完全可以不用进行关键词（Keywords）查询，仅靠分类目录也可找到需要的信息。目录索引中最具代表性的莫过于大名鼎鼎的Yahoo雅虎。其他著名的还有Open Directory Project（DMOZ）、LookSmart、About等。国内的搜狐、新浪、网易搜索也都属于这一类。

3. 元搜索引擎（META Search Engine）

元搜索引擎在接受用户查询请求时，同时在其他多个引擎上进行搜索，并将结果返回给用户。著名的元搜索引擎有InfoSpace、Dogpile、Vivisimo等（元搜索引擎列表），中文元搜索引擎中具代表性的有搜星搜索引擎。在搜索结果排列方面，有的直接按来源引擎排列搜索结果，有的则按自定的规则将结果重新排列组合。

任务二　掌握使用搜索引擎的技巧

搜索引擎为用户查找信息提供了极大的方便，只需输入几个关键词，任何想要的资料都会从世界各个角落汇集到用户的电脑前。然而如果操作不当，搜索效率也是会大打折扣的。

1. 提炼搜索关键词

学会从复杂搜索意图中提炼出最具代表性和指示性的关键词，选择搜索关键词的原则是，首先确定所要达到的目标，要形成一个比较清晰概念，即要找的到底是什么？是资料性的文档？还是某种产品或服务？然后再分析这些信息都有些什么共性，以及区别于其他同类信息的特性，最后从这些方向性的概念中提炼出此类信息最具代表性的关键词。

2. 细化搜索条件

给出的搜索条件越具体，搜索引擎返回的结果也会越精确。

3. 用好搜索逻辑命令

搜索引擎基本上都支持附加逻辑命令查询，常用的是“+”号和“-”号，或与之相对应的布尔（Boolean）逻辑命令AND、OR和NOT。用好这些命令符号可以大幅提高搜索精度。

4. 精确匹配搜索

除利用前面提到的逻辑命令来缩小查询范围外，还可使用“ ”引号（注意为英文字符。虽然现在一些搜索引擎已支持中文标点符号，但顾及到其他引擎，最好养成使用英文字符的习惯）来进行精确匹配查询（也称短语搜索）。如“计算机冒险游戏”与计算机+冒险+游戏的区别是：虽然后者限定网页中要同时包含3个关键字，但其顺序和相邻位置允许是任意的。而前者不仅要求网页中必须同时包含3个关键字，关键字的顺序也要求完全相同，并且它们必须还是挨在一起的，所以带“ ”号的查询范围更小。

操作步骤

（1）确定所需搜索引擎。在文本框中输入【北京到上海的火车时刻表】，如图4－13 Google 搜索主页。

图 4－13 Google 搜索主页

（2）单击【Google 搜索】按钮，将弹出搜索结果。如图 4－14 搜索结果所示。

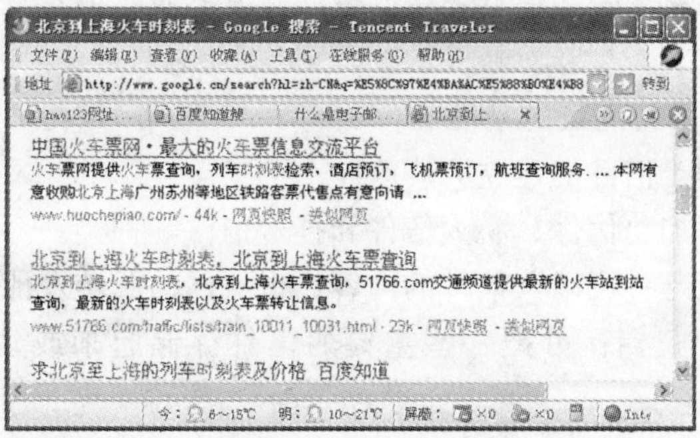

图 4－14 搜索结果

（3）根据需要选择合适网站进行进一步的查询。如图 4－15 查询车次所示。

图 4－15 查询车次

4.9 技能九　利用电子邮件发送与接收资料

4.9.1 申请电子邮箱

预备知识

电子信箱主要用于计算机用户之间交换电子信件。信箱系统首先接收、存储客户发来的信件，然后根据收信人的地址自动选择一条最佳路径，将信件准确地发送对方分组网、电话网和用户电报网上的所有用户均可以申请使用电子信箱业务，电话拨号进分组网的用户可以在全国拥有电子信箱。

电子邮件（E-mail，也被称为“伊妹儿”）是Internet应用最广的服务，通过网络的电子邮件系统，可以用非常低廉的价格（不管发送到哪里，都只需负担电话费和网费即可），以非常快速的方式（几秒钟之内可以发送到世界上任何指定的目的地），与世界上任何一个角落的网络用户联络，这些电子邮件可以是文字、图像、声音等各种方式。同时，还可以得到大量免费的新闻、专题邮件，并实现轻松的信息搜索。由于电子邮件的使用简易、投递迅速、收费低廉，易于保存、全球畅通无阻，使得电子邮件被广泛地应用，使人们的交流方式得到了极大的改变。

任务一　了解电子邮件地址的功能

（1）信件编辑：用于信件的建立和修改。

（2）信件发送：有加急信件、私人信件和挂号信件等种类。

（3）信件的接收处理：可以读信件的内容，也可回信或转发他人。

（4）信件的存储和归档：可把一些重要的信件存储起来或建立一个文件夹，以便查阅。

（5）直投业务：信箱用户可以直接向传真机、电传机、分组终端等投送信件。

（6）文件传输：用户可以通过电子信箱系统传输各种类型的文件。

（7）多语言环境：客户可以根据需要选择使用中文或英文进行信件的编辑。

（8）安全保密：每个信箱客户都必须输入自己的信箱名和口令，才能进入自己的信箱，客户还可以有一个私人密码，对于私人信件，客户除了输入信箱名和口令外，必须输入私人密码才能读到此信，用这个办法还可以实现多人公用一个信箱。

任务二　了解电子信箱的特点

（1）电子信箱业务提供了友好的客户界面，操作方便，用户足不出户即可进行信息交流图4-16。

（2）电子信箱克服了传统业务在技术、经济和使用方面的不足，做到一机多用，拥有一个信箱，除了可以与信箱用户通信外，还可以给世界范围内任一台传真机或电传机传递信息。电子信箱系统安全可靠，它设有两道密码，用户有权随时修改，其中，私人密码用于阅读机密性的私人信件，当连续3次密码（或用户名称）输入错误时，系统将记录在案。

（3）电子信箱业务是实时性通信与非实时性通信的统一，既可在用户关机时接收信件（非实时性），又可以将指定信件实时输到指定传真机或电传机上（实时性），从而实现两者的统一。

（4）信箱业务不受时间、空间的限制，客户可在合适的时间、地点随时打开信箱收发信件。

任务三　学会申请一个电子邮箱

因特网上许多网站提供邮箱服务，有些是收费的，有些是免费，有的免费邮箱只提供网上收发邮件，但不提供对客户端邮件工具的支持，如不能对接收地址 POP 服务器或者发送地址 SMTP 服务器进行访问。

操作步骤

（1）选择一个自己喜欢的搜索引擎，在搜索首页栏输入寻找的关键词：申请免费邮箱。

（2）在浏览器窗口显示的申请免费邮箱的网站列表中选择自己喜欢的站点，如图 4－16网易邮箱所示。

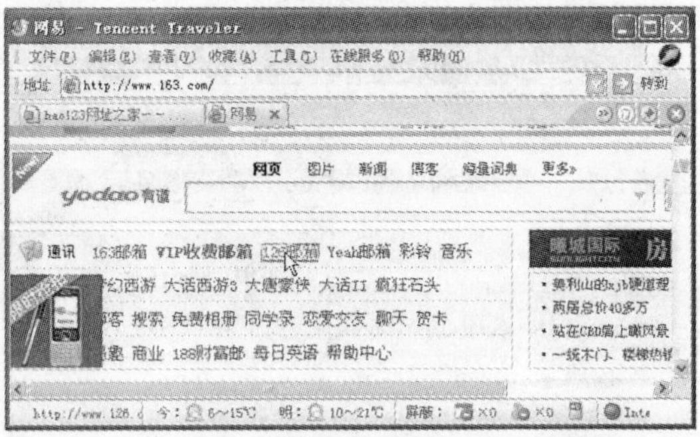

图 4－16　网易邮箱

（3）单击进入该站的申请免费邮箱的页面，如图 4－17 注册页面所示。

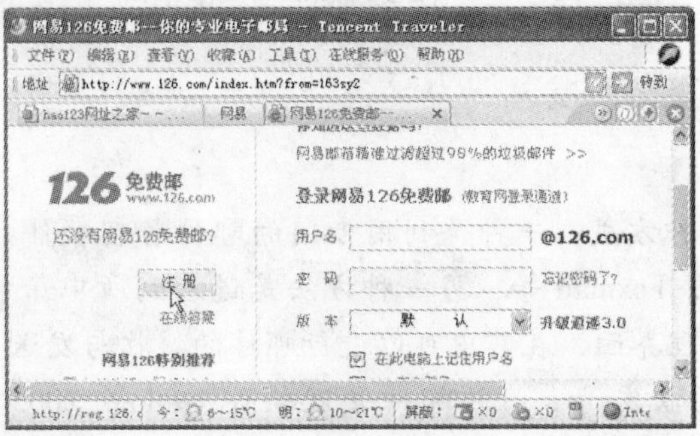

图 4－17　注册页面

（4）单击【注册】按钮，进入如图 4－18 用户资料录入所示页面。

（5）按要求输入信息，如果用户与前面建立邮箱的用户重复，则要重新输入用户名。接受后，便可以输入个人信息。

（6）注册成功后显示如图 4－19 电子邮箱注册成功页面。用户单击【立即登录邮箱】按钮，进入邮箱，邮箱内会收到一封网站发给用户的欢迎邮件。

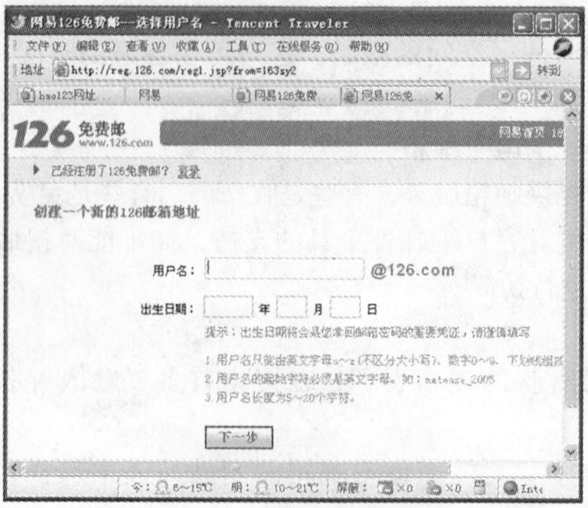

图 4 - 18　用户资料录入

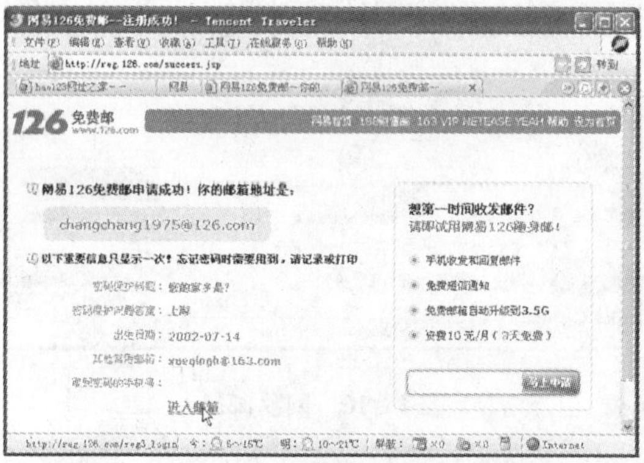

图 4 - 19　电子邮箱注册成功页面

4.9.2　电子邮件的接收与发送

预备知识

收发电子邮件有两种方式：一种是利用专门的邮件管理软件，如常用的微软的 Outlook、国产邮件管理软件 Foxmail 等；另一种方法是进入到所申请邮箱的网站，登录后可以进入到自己邮箱的管理界面，在其中可以进行邮件的接收与发送。这里主要讲解通过邮箱所在网站进行邮件的收发。专门的邮件管理软件 Outlook 2003 将在第九章进行详细讲解。

任务一　学会电子邮件接收

操作步骤

（1）登录邮箱所在网站，输入用户名和密码进入邮箱管理页面后，就可以进行邮箱的管理了，如图 4 - 20 进入电子信箱所示。

（2）单击【收件箱】，可以看到已接收到的所有邮件，在右侧会列出每个邮件的寄件人、日期和主题。双击可以打开邮件。

（3）如果想删除邮件，可以在邮件前面的复选框中单击加上对钩号的标志，然后单

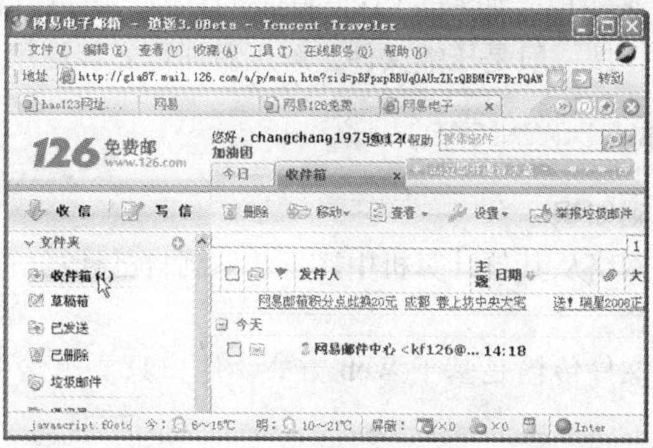

图 4-20　进入电子信箱

击下面的【删除】按钮，就可以删除邮件并将其放到【垃圾桶】文件夹；如果想彻底删除，可以单击【永久删除】按钮。

任务二　学会电子邮件发送

操作步骤

（1）单击【写信】按钮，可以进行邮件的撰写。

（2）在【收件人】文本框中输入收件人邮箱地址，在【主题】文本框中输入邮件的名字，在下面的正文区输入邮件的内容，并可以设置字体和字号等一些格式。

（3）如果有附件，如文档、图片等，则可以单击工具栏中的【附件】按钮，选择附件所在位置，进行添加。

（4）设置好后，单击工具栏中的【发送】按钮即可。

（5）如果写完的邮件暂时没有发送，则可以保存在草稿文件夹中。

4.10　技能十　文件的上传与下载

预备知识

文件的传输与软件下载是基于 FTP 协议的，即文件传输协议。它是 Internet 上提供的常用服务之一。它是为了用户能够在 Internet 上互相传送文件而制定的文件传送标准，规定了 Internet 上文件如何传送。FTP 实际上是一个程序，是 Internet 上的文件传递工具。网络上的用户可以通过 FTP 功能登录到远程计算机。从其他计算机系统中下载需要的，也可以将自己的文件上传到网络上。用 FTP 登录到服务器的方式有两种：一种是以该系统的正式用户登录，另一种是以匿名用户登录。后者不需要账号和密码就可以登录到远程计算机上获取大量免费信息。通过 FTP 协议，就可以跟 Internet 上的 FTP 服务器进行文件的上传（Upload）或下载（Download）等动作。

文件传输分为文件的下载和上传。

4.10.1　文件的上传（UPLOAD）

了解文件上传的基础知识

文件的上传是将自己计算机中的文件拷贝到网络中其他计算机的过程。文件的上传通常是通过 FTP 工具软件来实现。如 CuteFTP、FlashFTP 等。用户可到各大搜索引擎中搜索并下载这些软件。这些软件一般是压缩文件，解压后即可安装使用。

4.10.2 文件的下载（DOWNLOAD）

了解文件下载的基础知识

文件的下载是通过网络从其他计算机中拷贝软件到自己计算机的过程，是一种获取软件、图片等最便捷的途径。

目前，越来越多的文件传输是基于 Web 方式。用户只要单击关于下载的超链接，即可轻松实现文件传输。

本章小结

通过本章的学习，掌握了计算机网络基础、计算机网络的基本概念以及网络组成，具备了制作双绞线、选择网卡、配置与应用网络的能力；了解了 Internet 相关的知识、TCP/IP 协议和 IP 地址的应用以及因特网的拉入方式，具备了浏览 Internet、设置 IE、在 Internet 上查找信息、申请电子邮箱以及收发电子邮件的能力。

提高与练习

一、填空题

1. 计算机网络中共享的资源是指的是硬件、软件和________资源。
2. 计算机网络中，通信双方必须共同遵守的规则或约定，称为________。
3. 在计算机局域网中，将计算机连接到网络通信介质上的物理设备是________。
4. 在计算机网络中，人们通常用来描述数据传输速率的单位是________。
5. 在客户/服务器模式的局域网中，负责提供和管理共享资源的硬件设备是________。
6. Internet 使用的通信协议是________。
7. Internet 中，IP 地址表示形式是彼此之间用圆点分隔的 4 个十进制数，每个十进制数的取值范围为__________。
8. 个人计算机要拨号连入 Internet，除了计算机和电话线路以外，需要购买的硬件设备是________。
9. WWW 是利用____________技术组织和管理信息浏览的交互式信息检索系统。
10. “www”（简称 Web）中文名称为____________。
11. 在 Internet 中，“FTP” 代表的含义是__________。

二、选择题

1. 计算机网络技术包含的两个主要技术是计算机技术和（　　）。

   A. 微电子技术　　　　B. 通信技术

   C. 数据处理技术　　　D. 自动化技术

2. 按照网络分布和覆盖的地理范围，可将计算机网络分为两大类，它们是（　　）。

A. 局域网和互联网　　B. 广域网和局域网

C. 广域网和互联网　　D. Internet 和城域网

3. 计算机网络使用的通信介质包括（　　）。

A. 电缆、光纤和双绞线　　B. 有线介质和无线介质

C. 光纤和微波　　D. 卫星和电缆

4. 为了指导计算机网络的互联、互通和互操作，ISO 制定了 OSI 参考模型，其基本结构分为（　　）。

A. 6 层　　B. 5 层　　C. 7 层　　D. 4 层

5. 在 ISO 的 OSI 参考模型中，负责路由选择的层是（　　）。

A. 网络层　　B. 数据链路层　　C. 会话层　　D. 传送层

6. 在 ISO 的 OSI 参考模型中，负责通过机械的和电气的方式将各站点连接起来，组成数据传输的物理通路的层是（　　）。

A. 网络层　　B. 数据链路层　　C. 物理层　　D. 传送层

7. 在 ISO 的 OSI 参考模型中，负责将需要传送的二进制比特流形成一定格式的数据帧的层是（　　）。

A. 网络层　　B. 传送层　　C. 会话层　　D. 数据链路层

8. 按局域网的拓扑结构，以太网属于（　　）。

A. 总线型网　　B. 星型网　　C. 环型网　　D. 地面无线网

9. 网卡（网卡适配器）的主要功能不包括（　　）。

A. 将计算机连接到通信介质上　　B. 进行电信号匹配

C. 实现数据传输　　D. 网络互连

10. 选择网卡的主要依据是组网的拓扑结构、网络段的最大长度、节点之间的距离和（　　）。

A. 接入网络的计算机种类　　B. 使用传输介质的类型

C. 使用的网络操作系统的类型　　D. 互联网络的规模

11. Modem（调制解调器）的功能是实现（　　）。

A. 模拟信号与数字信号的转换　　B. 数字信号的编码

C. 模拟信号放大　　D. 数字信号的整形

12. Internet 使用的协议是（　　）。

A. CSMA/CD　　B. TCP/IP　　C. X25/X. 75　　D. Token Ring

13. 在 Internet 中，用字符串表示的 IP 地址称为（　　）。

A. 账户　　B. 域名　　C. 主机名　　D. 用户名

14. 个人计算机申请了账号并采用拨号方式接入 Internet 网后，该机（　　）。

A. 拥有与 Internet 服务商主机相同的 IP 地址

B. 拥有自己的惟一但不固定的 IP 地址

C. 拥有自己的固定且惟一的 IP 地址

D. 只作为 Internet 服务商主机的一个终端，因而没有自己的 IP 地址

15. 假设用户名为 xyz，Internet 邮件服务器的域名为 sina. com，则该用户的电子邮件地址为（　　）。

A. sina. tom. xyz　　B. xyz. xyz. tpt. tj. cn
C. sina. com@ xyz　　D. xyz@ sina. com

16. 用户的电子邮件信箱是（　　）。
A. 通过邮局申请的个人信箱
B. 邮件服务器内存中的一块区域
C. 邮件服务器硬盘上的一块区域
D. 用户计算机硬盘上的一块区域

17. 在 Internet 中，用户通过 FTP 可以（　　）。
A. 发送和接收电子邮件　　B. 上载和下传文件
C. 浏览远程计算机上的资源　D. 进行远程登录

18. 目前，Internet 为人们提供信息查询的最主要的服务方式是（　　）。
A. TELNEET 服务　　B. FTP 服务
C. WWW 服务　　D. WAIS 服务

19. 在 Internet 中，人们通过 WWW 浏览器观看到的有关企业或个人信息的网站第一个页面称为（　　）。
A. 网页　　B. 统一资源定位器
C. 网址　　D. 主页

20. 在 Internet 中，某 WWW 服务器提供的网页的地址为 http：//www. microsoft. com，其中的“http”指的是（　　）。
A. WWW 服务器主机名　　B. 访问类型为超文本传输协议
C. 访问类型为文件传输协议　D. WWW 服务器域名

三、判断题

1. ISP 是个人电脑连入 Internet 的内容服务商。（　　）
2. 主页就是 WWW 中最重要的页面。（　　）
3. 目前的电子邮件只能传送文本。（　　）
4. 一旦计算机关闭后，别人就不能给你发电子邮件了。（　　）
5. 没有主题的邮件不可以发送。（　　）
6. 电子邮件一次只能发送给一个人。（　　）
7. 连入 Internet 必须使用的网络协议是 TCP/IP。（　　）
8. 计算机网络是电子技术和通信技术结合的产物。（　　）
9. 电子邮件主要由接收方地址和邮件正文组成。（　　）
10. 在计算机网络中，WWW 是 World Wide Web 的英文缩写，它是 Internet 的另外一个名字。（　　）

四、简答题

1. 什么是计算机网络？计算机网络的主要作用是什么？
2. 计算机网络硬件主要包括什么？
3. 什么是 TCP/IP 协议？
4. 什么是电子邮件？简述电子邮件发送的方法？

五、实践题

1. 新建一个网络连接。
2. 使用 IE 浏览器浏览 WWW 信息。
3. 收发电子邮件。

实训 1

IE 浏览器的设置与使用

要求：

1. 学会 IE 的使用。
2. 对 IE 浏览器可以进行常规设置。

实训 2

搜索引擎的使用

要求：

1. 会使用搜索引擎进行信息搜索。
2. 会简练关键词对指定信息进行搜索。

实训 3

邮件的申请、发送与接收

要求：

1. 申请一个免费邮箱。
2. 发送邮件给好友，主题为“我有一个邮箱了！”。
3. 发送的邮件添加一个附件，附件可以是一幅图片或一个文档。

参考答案

一、填空题

1. （数据） 2. （协议） 3. （网卡）
4. （bps） 5. （服务器） 6. （TCP/IP）
7. （0-255） 8. （Modem（调制解调器）） 9. （超文本方式）
10. （万维网） 11. （文件传输协议）

二、选择题

1. B 2. B 3. B 4. C 5. A 6. C 7. D 8. A 9. D 10. B 11. A 12. B 13. B 14. B 15. D 16. C 17. B 18. C 19. D 20. B

三、判断题

1. √ 2. √ 3. × 4. × 5. × 6. × 7. √ 8. √ 9. √ 10. ×

四、简答题

1. 计算机网络是利用通信设备和通信介质，把分布在不同地理位置的计算机连接起来，再使用相应的网络软件，实现各计算机相互通信和资源共享的系统。网络的主要应用为企业网络应用（Intranet）与公众网络应用（Internet）。

2. 网络服务器、工作站、网卡、传输介质和网络互连设备。

3. TCP/IP 协议叫做传输控制/网际协议，它是 Internet 国际互联网络的基础。TCP/IP 是网络中使用的基本的通信协议。虽然从名字上看 TCP/IP 包括两个协议：传输控制协议（TCP）和网际协议（IP），但 TCP/IP 实际上是一组协议，它包括上百个各种功能的协议，如：远程登录、文件传输和电子邮件等，而 TCP 协议和 IP 协议是保证数据完整传输的两个基本的重要协议。通常说 TCP/IP 是 Internet 协议族，而不单单是 TCP 和 IP。

4. 电子邮件（E-mail，也被大家昵称为“伊妹儿”）是 Internet 应用最广的服务：通过网络的电子邮件系统，可以用非常低廉的价格（不管发送到哪里，都只需负担电话费和网费即可），以非常快速的方式（几秒钟之内可以发送到世界上任何你指定的目的地），与世界上任何一个角落的网络用户联络系，这些电子邮件可以是文字、图像、声音等各种方式。

单击“写邮件”按钮，可以进行邮件的撰写，在“收件人”文本框中输入收件人邮箱地址，在“主题”文本框中输入邮件的名字，在下面的正文区输入邮件的内容，并可以设置字体和字号等一些格式。如果有附件，如文档、图片等，则可以单击工具栏中的“附加”按钮，选择附件所在位置。设置好后，单击工具栏中的“发送”按钮即可。如果写完的邮件暂时没有发送，则可以保存在草稿文件夹中。以后随时可以发出。

五、实践题（略）

第五章　文字处理软件 Word 2003

【学习目标】

Word 2003 的功能和窗口组成

Word 2003 的启动和退出方法

Word 2003 文档的建立与保存

Word 2003 文档的格式化

Word 2003 表格的创建和编辑

Word 2003 图文混排

Word 2003 版面设计

5.1　技能一　Word 2003 概述

预备知识

Office 是微软公司推出的办公自动化系列套装软件。Office 2003 是在 2003 年推出的版本，它是在 Office 2002 的基础上升级的，具有更强大的功能，用户使用起来更加方便、灵活。它一面世就受到各行各业用户的喜爱，近年来得到了越来越广泛的应用。Office 2003 界面充满活力、富有个性化。

Office 2003 包括不同功能的应用程序，主要的应用程序有：

（1）Word 2003 是 Microsoft Office 的文字处理程序，是当今最流行也是功能最强大的文字处理软件，它适用于制作各种文档，如文件、信函、传真、报纸、简历等，也可以利用它快速制作网页和发送电子邮件。Word 为我们的办公和生活带来了很大方便。

（2）Excel 2003 是 Microsoft Office 的电子表格程序，利用它可制作各种复杂的电子表格，完成烦琐的数据计算，将枯燥的数据转换为彩色的图形，形象的显示出来，大大增强了数据的可视性，并且可以将各种统计报告和统计图打印出来，掌握了 Excel 可以成倍的提高工作效率。

（3）PowerPoint 2003 是 Microsoft Office 的演示图形程序，主要用于制作幻灯片，可用于单独或联机创建效果。使用 PowerPoint 可以创建内容丰富、形象生动、图文并茂、层次分明的幻灯片，而且可以将制作的幻灯片在计算机上演示或发布到网站浏览。作为一个表达观点、传递信息、展示成果的强大工具，它在社会上得到了广泛应用。

（4）Access 2003 是 Microsoft Office 的数据库管理程序，具有强大的交互性，用户不用编程就能够创建整个数据库，利用它可以将信息保存在数据库中，并可以对数据进行统计、查询及生成报告。

（5）Outlook 2003 是 Microsoft Office 的个人信息管理器和通信程序，可用于组织和共享桌面信息，并可以与他人进行通信。Outlook 2003 提供了一个统一的位置来管理电子邮件、日历、联系人和任务。作为一个高度集成化的个人信息管理软件，Outlook 给我们管理个人信息带来了极大的便利。

任务一　Word 2003 的主要功能和特点

1. Word 2003 的主要功能

（1）能够创建多种类型的文档文件，如书信、文章、计划、备忘录等。

（2）可以在文档中加入图片，图形，表格等。

（3）还具有自动排版、自动更正错误、自动套用格式和自动编写摘要等功能。

2. Word 2003 的新增功能

（1）增加了任务窗格。

（2）剪贴板：Word 2003 为大家带来了一个全新的剪贴板，它最多可以记忆 24 次复制的内容，比 Word 2000，扩充了一倍的容量。另外在 Office 其他应用程序中都可以共享这个剪贴板。

（3）增加了智能标记：Word 2003 提供了另一种快捷方式——智能选项卡。例如：当你在 Word 中进行复制操作时，粘贴后的那段文字边上会出现一个小图标，这就是智能标记。用户可以通过单击该图标来选择一些常用的操作选项，方便了用户，提高了效率。

（4）语音输入：Word 2003 还采用了语音识别技术，你只要配备麦克风或话筒，就可以用语音输入文字和执行操作。这个改进极大的方便了用户，用户不必再为敲键而烦恼了。

（5）图片功能：Word 2003 的图片功能比 Word 2000 版有了很大的提高，图片显示变得更加清晰了，并且不但可以随意的调整图片的颜色、亮度等，还可以随意的压缩图片。

（6）安全性：Word 2003 专门设计了“文档恢复”功能，防止因死机、停电等意外事件而丢失数据。并且用户可以设置 Word 宏的安全级别和为宏或者文件添加数字签名来确认文件是否被修改过，防止 Word 宏病毒。

（7）内置邮件功能：随着人们与网络的关系越来越密切，Word 2003 提供了电子邮件功能。可以直接启动 Outlook，将文档以邮件的形式发送出去。

3. 特点

真正实现了所见即所得的效果，使办公文档的处理得心应手，提高工作效率。

任务二　Word 2003 的窗口组成

Word 2003 窗口组成包括：标题栏、菜单栏、工具栏、文档编辑区、标尺、滚动条、任务窗格、状态栏（如图 5－1 Word 2003 工作窗口所示）。

（1）标题栏：标题栏位于窗口的最上方，显示该文档的名称。第一次打开窗口时显示的标题为“文档 1”。

（2）菜单栏：菜单栏位于标题栏的下方，在此可以根据不同的分类来选择相应的操作，例如：单击“文件”这个菜单选项，可以选择对文件进行新建、打开和保存等操作。菜单栏里罗列了 Word 2003 的所有操作功能。

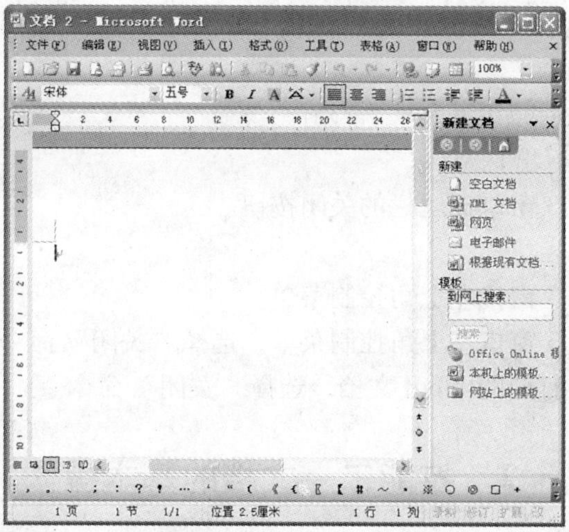

图 5－1　Word 2003 工作窗口

（3）工具栏：工具栏位于菜单栏的下方，用户可以自行决定工具栏上需要显示的功能图标。由于使用菜单栏选择功能所需的步骤很烦琐，因此，用户可以在工具栏上自行决定显示哪些常用的功能图标。工具栏中的每个图标和对应的菜单有完全相同的功能。当需要使用某个功能时，只需单击相应的图标按钮即可实现该功能。而不必先选择某个菜单，再找到想要执行的功能名。

（4）文档编辑区：中间空白的区域是文档编辑区。用户可以在这个区域内输入文字、插入图表和修改文档内容等。

（5）标尺：标尺分为水平标尺和垂直标尺两种：水平标尺被置于在文档编辑区的上端；垂直标尺在文档编辑区的左端。根据标尺上的刻度，用户可以准确地了解文档中的某些内容显示的位置。用户也可以移动标尺来改变对文档的布局设置。

（6）滚动条：与标尺一样，滚动条也分为水平滚动条和垂直滚动条两种，分别包围在文档编辑区的下端与右端。通过上拉、下拉垂直滚动条，左移或者右移水平滚动条来浏览文档的所有内容。当屏幕中能够显示整个页面时，滚动条会自动消失。一旦无法显示整个页面，滚动条会自动显现出来。

（7）任务窗格：垂直滚动条的右边显示的是任务窗格。它显示了 Word 2003 的一些常用的任务操作。在窗格上用户可以清楚的看到最近打开的文件名，通过单击该文件名即可打开相应的文件。并且也可以选择打开别的文件或者新建一个文件。

（8）状态栏：状态栏位于屏幕的最下方。显示该文档的有关信息。例如：当前页的页码、页数、根据标尺的刻度显示光标所在的位置，以及当前对文档的操作类型是改写还是插入等。

任务三　Word 2003 的启动和退出

1. 常用的启动方法有以下 4 种

（1）双击桌面快捷图标。

（2）【开始】—【程序】—Microsoft Office—Microsoft Word 2003。

（3）在桌面右键单击，弹出“快捷菜单”—“新建”—“Microsoft Word 文档”。

（4）通过“我的电脑”或“资源管理器”找到相应驱动器或文件夹，单击其中的Word文档。

2. 常用的退出方法有以下6种

（1）【文件】—【退出】。

（2）点击Word 2003窗口标题栏的关闭按钮。

（3）按【Alt + F4】。

（4）双击Word 2003窗口左上角控制菜单。

（5）单击Word 2003窗口左上角控制菜单，选择“关闭”命令。

（6）右击任务栏上打开的Word文档，选择“关闭”命令。

5.2 技能二 文档的基本操作

5.2.1 文档的创建与打开

任务一 新建文档

有以下3种常用方法

（1）常用工具栏—新建按钮。

（2）【文件】—【新建】，在任务窗格中选择“空白文档”或“本机上的模板”。

（3）快捷键【Ctrl + N】，可以新建一个空白文档。

相关知识链接

Word 2003为用户提供了60多种中、英文文档模版，通过这些模版用户可以快速的建立各种标准的文档。

利用“本机上的模版”创建文档的步骤方法如下。

（1）选择“本机上的模版”，将进入模版对话框，如图5－2模版窗口所示。

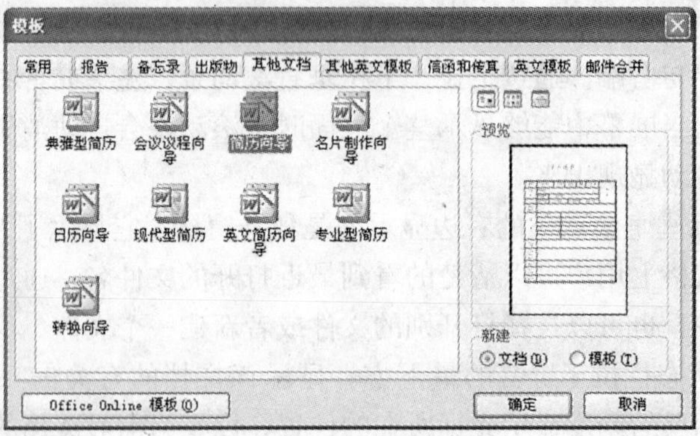

图5－2 模版对话框

（2）选择任意一种类型的模版，例如报告、备忘录等。

（3）在模版列表中选择一种需要的模版，例如“简历向导”。

（4）进入“简历向导”对话框，按照向导提示完成个人简历文档的创建。

任务二　打开最近使用文档

操作步骤

(1) 选择【文件】菜单。

(2) 在下拉菜单中选择一个最近使用的文件。

任务三　打开以前的文件

有以下 3 种常用方法。

(1) 常用工具栏—打开按钮。

(2)【文件】—【打开】。

(3) 快捷键【Ctrl + O】。

5.2.2　文字录入与编辑

预备知识

在 Word 文档中主要有以下 4 种视图。

1. 页面视图

页面视图，以页面的形式显示编辑的文档，所有的图形对象都可以在这里完整地显示出来，因此，也是最常用的一种视图。

2. 普通视图

在普通视图中，不像页面视图中那样一页一页看上去那么明显，因此，它的分页使用一条虚线来表示。而且在普通视图中无法看到图形对象、插入的页码、页眉和页脚等内容，也不能进行竖向的排版，所以这个视图通常用来进行文字的输入、编辑和查阅纯文字的文档。

3. Web 版式视图

Web 版式视图的最大优点是联机阅读方便，它不以实际打印的效果显示文字，而是将文字显示得大一些，并使段落自动换行以适应当前窗口的大小，而且只有它可以添加文档背景颜色和图案。

4. 大纲视图

大纲视图中在每一个段落的前面都有一个标记（如：加号、减号和小正方形），在大纲视图中单击任意段落前面的标记可以选中这个段落和它下面的所有从属于这个段的段落。并且在大纲视图中查看和重新组织文档的内容都非常方便，它跟文档结构图相似，也是根据段落的大纲级别有层次的设置，前面有小正方形的段落的级别是正文，前面有加号的段落则可以折叠和展开。

大纲视图的界面中有一个“大纲”工具栏如图 5 – 3 所示，可以很轻松的对段落设置大纲级别，调整各个级别的顺序等，选中一个段落，单击“大纲”工具栏上的“下移”按钮，这个段落就和下面段落互换了位置。

图 5 – 3　大纲工具栏

此外大纲视图还有很多其他的用途，比如：制作主控文档等，在这里就不一一介绍了。

任务一　使用键盘实现光标的定位

表 5-1　使用键盘实现光标定位

按键	作用
Ctrl + 上方向键或下方向键	将光标定位到上一段或下一段
Ctrl + Home	将光标定位到文档开始
Ctrl + End	将光标定位到文档末尾
Ctrl + 左方向键	光标向左移动一个词的距离
Ctrl + 右方向键	光标向右移动一个词的距离
Ctrl + Page Up	光标移动到前一页的首行首字前面
Ctrl + Page Down	光标移动到下一页的首行首字前面

任务二　选定文本

1. 使用鼠标选取区域

（1）小范围选定：鼠标直接拖动即可。

（2）大范围选定：鼠标在开始的位置处单击，按住【Shift】键，单击文本结尾处。

（3）选取矩形区域：按住【Alt】键，从矩形区域的左上角拖动到右下角。

2. 选定一行有以下两种常用方法

（1）将光标移动到要选定行的左侧，当光标变为向右倾斜的箭头时，单击。

（2）按住【Ctrl】键，在当前行任意位置处单击。

3. 选定一段有以下两种常用方法

（1）将光标移动到要选定段的左侧，当光标变为向右倾斜的箭头时，双击。

（2）在要选定的段落任意位置连击 3 次。

4. 选定整个文档有以下常用方法

（1）将光标移动到文档左侧，当光标变为向右倾斜的箭头时，连击 3 次。

（2）将光标移动到文档左侧，按住【Ctrl】键，单击。

5. 使用键盘选取的操作

（1）选取任意区域：光标定位在文本的开始处，按住【Shift】键，再使用上、下、左、右方向键。

（2）选定整个文档：【Ctrl + A】组合键。

任务三　文本的复制、移动和删除

1. 复制文本的快捷方式有以下两种

（1）使用组合键【Ctrl + C】，然后再使用【Ctrl + V】进行粘贴。

（2）选定要复制的文本，按住【Ctrl】键拖动到目标位置。

2. 移动文本的快捷方式

选中文本，直接拖动到目标位置。

3. 删除文本

选定文本，按【Del】键或剪切。

任务四　将改写模式设置为 Word 默认的输入方式

操作步骤

（1）打开【工具】菜单。

（2）单击【选项】命令，打开“选项”对话框。

（3）单击“编辑”选项卡，选中“改写模式”复选框，如图 5－4 选项对话框所示。

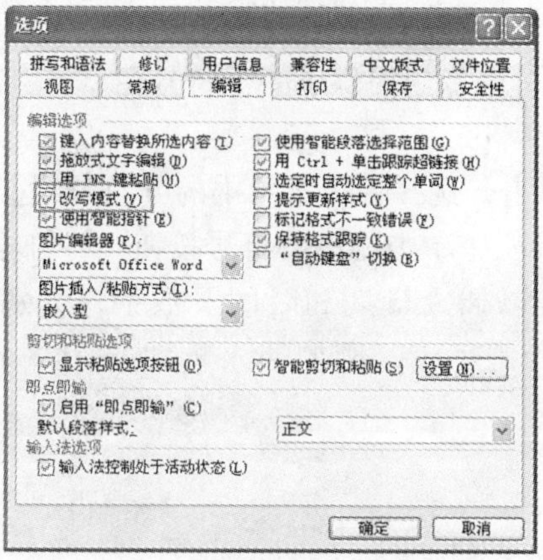

图 5－4　改写模式的设置

（4）单击“确定”按钮。

相关知识链接

1. Word 2003 的两种输入模式

（1）插入模式：该模式下将在当前光标处插入新的文本。

（2）改写模式：该模式下输入的文字将替代光标后面的文本。

2. 两种输入模式的切换

（1）键盘的【Insert】键。

（2）双击状态栏中的【改写】，当“改写”呈现黑色为改写模式，灰色为插入模式。

任务五　插入特殊符号

操作步骤

（1）选择【插入】菜单。

（2）在下拉菜单中选择【特殊符号】命令。

（3）打开“插入特殊符号”对话框，如图 5－5 插入特殊符号对话框所示。例如：“数学符号”，选择“对号”，单击“确定”，即可在当前光标处完成符号的插入。

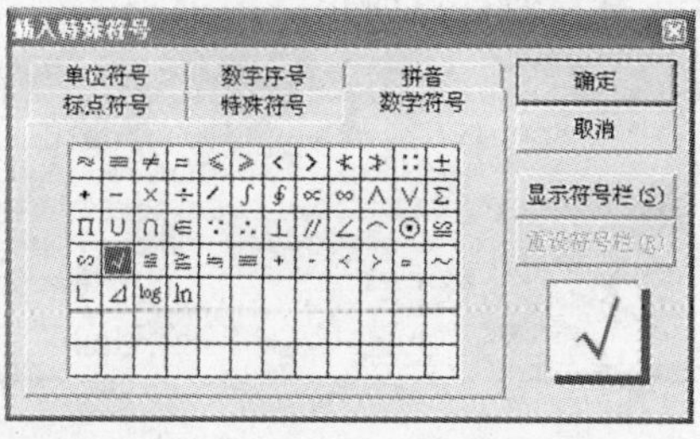

图 5－5　插入特殊符号对话框

任务六　插入符号

操作步骤

（1）选择【插入】菜单

（2）在下拉菜单中选择【符号】命令。进入“符号”对话框。

（3）选择一个符号，点击“插入”。

相关知识链接

1. 在 Word 中还为插入符号专门提供了一个符号栏

打开符号栏，操作步骤

（1）在工具栏上右键单击，选择快捷菜单中的【符号栏】命令。

（2）在【符号栏】工具栏中单击相应的符号按钮，将符号插入到文档中。

2. 在 Word 文档中还可以插入日期和时间及数字，分别通过【插入】菜单的【日期和时间】或【数字】命令来完成，例如插入日期“2008 年 8 月 9 日星期六”，插入数字①等。

任务七　简单查找

操作步骤

（1）选择【编辑】菜单下的【查找】命令。

（2）进入“查找和替换”对话框，在查找后面的文本框键入要查找的关键字，例如，在文档中查找“Word”一词，如图 5－6 查找对话框所示。

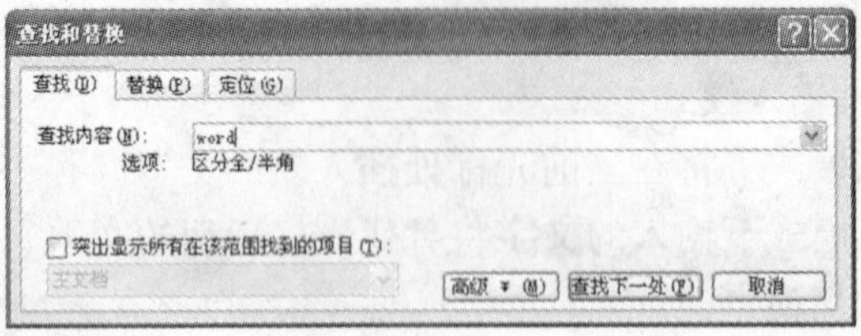

图 5－6　查找对话框

（3）点击“查找下一处”按钮，即可看到光标定位在文档中“Word”一词。

任务八　简单替换

操作步骤

（1）选择【编辑】菜单下的【查找】命令。

（2）进入“查找和替换”对话框，选择“替换”选项卡。

（3）在“查找内容”后面的文本框键入要查找的关键字，在“替换为”后的文本框键入替换后的文本，如图 5－7 替换对话框所示。

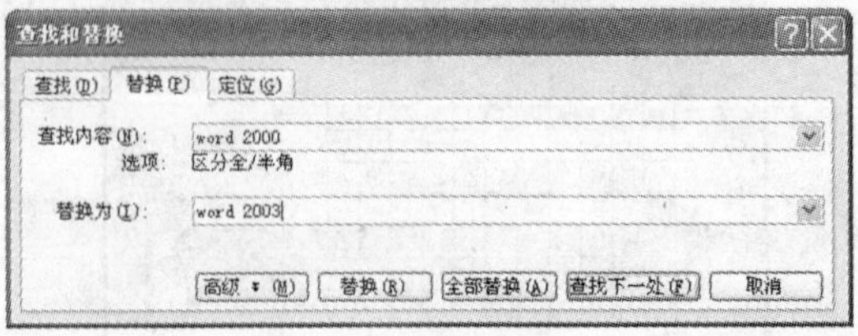

图 5－7　替换对话框

（4）点击“替换”或“全部替换”按钮，完成关键字的替换。

说明：使用【Ctrl + F】快速进入查找对话框，使用【Ctrl + H】快速进入替换对话框。

任务九　快速选定特定的内容

操作步骤

（1）单击菜单【编辑】，选择【查找】，弹出“查找”对话框。

（2）在“查找内容”文本框中输入查找的关键字，或者可以事先复制一下需要查找的文字，然后按“Ctrl + F”弹出查找对话框，该文字就已经自动填到“查找内容”对话框了。

（3）勾选“突出显示所有在该范围找到的项目”选项，如图 5 - 8 查找和替换对话框所示。

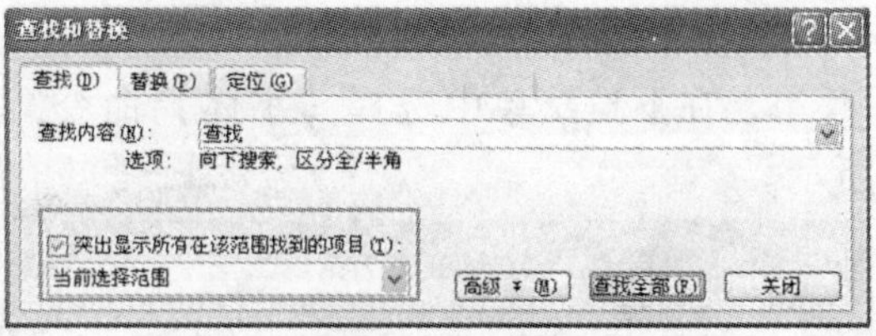

图 5 - 8　突出显示特定内容的设置

（4）点击“查找全部”按钮，所有文档中的出现的关键字都将被选中。

任务十　将关键字替换成特定的格式

操作步骤

（1）单击菜单【编辑】，选择【查找】，弹出“查找”对话框。

（2）在“查找内容”文本框中输入查找关键字。

（3）选择“替换”选项卡，在替换为文本框中输入替换后的文字。

（4）选择“高级”按钮，弹出“搜索选项”窗口区域，选择其中的“格式”按钮，在弹出的菜单中选择“字体”命令，进入“替换字体”对话框，在其中设置替换后的字体、字号、字型、颜色、下划线等格式，如图 5 - 9 查找和替换对话框的设置所示。

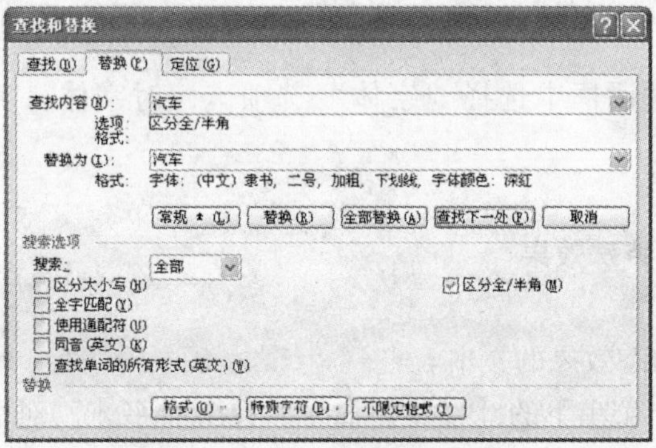

图 5 - 9　查找和替换对话框

（5）点击“替换”或“全部替换”按钮，完成特定格式的替换。

任务十一　撤销与恢复

方法一：使用菜单命令

【编辑】—【撤销】或【恢复】命令实现撤销和恢复操作。

方法二：快捷键

撤销：【Ctrl + Z】组合键；恢复：【Alt + Shift + Backspace】组合键。

5.2.3　文字的格式化

录入文本之后，要使整个文档看上去更生动、美观，可以对文本进行格式化操作。Word 2003 中文本的格式化主要包括字符格式化、段落格式化、页面格式化等。

任务一　设置文字格式

操作步骤

（1）选中要设置格式的文本。

（2）选择【格式】菜单，在下拉菜单中选择【字体】命令，弹出“字体”对话框，如图 5 - 10 字体对话框所示。

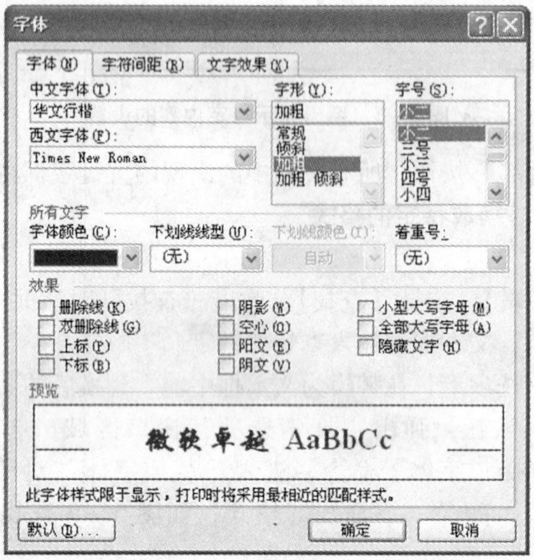

图 5 - 10　字体对话框

（3）在“字体”对话框中选择“字体”选项卡，对字体、字形、字号和颜色进行设置。

（4）单击“确定”。

任务二　设置文字特殊效果

操作步骤

（1）选定要设置动态效果的文本。

（2）选择【格式】菜单下的【字体】命令，弹出“字体”对话框。

（3）选择“文字效果”选项卡，选择一种动态效果，如图 5 - 11 所示。

任务三　首字下沉

在报纸或杂志的版面中，我们经常看到某段文字的第一个字符放大，并下沉几行的高

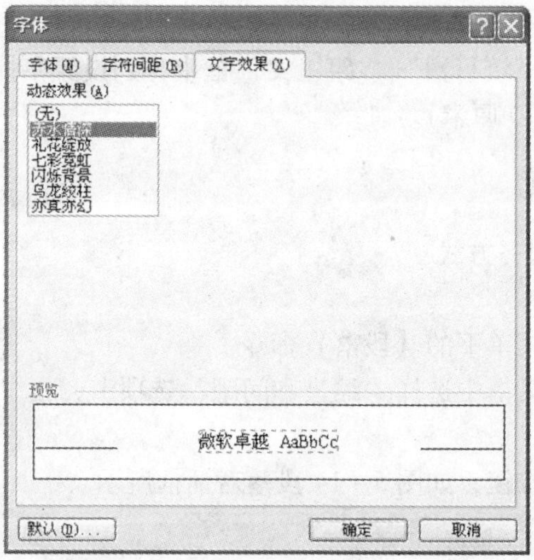

图 5－11　文字动态效果的设置

度，以达到内容醒目、强调段落的开头的目的，这就是“首字下沉”效果（如图 5－12 所示）。

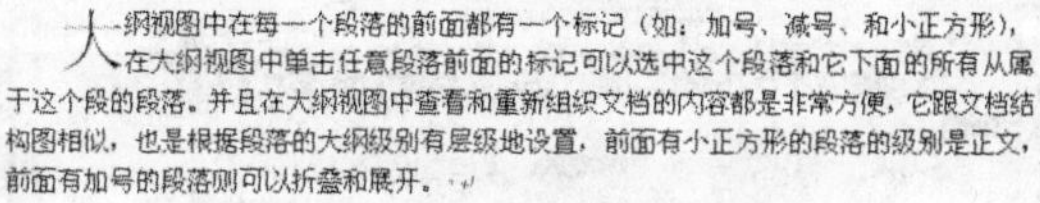

图 5－12　首字下沉效果

操作步骤

（1）将光标定位于要设置“首字下沉”的段落中，否则“首字下沉”命令不可用。

（2）选择【格式】菜单下的【首字下沉】命令，弹出“首字下沉”对话框，如图 5－13 首字下沉对话框所示。

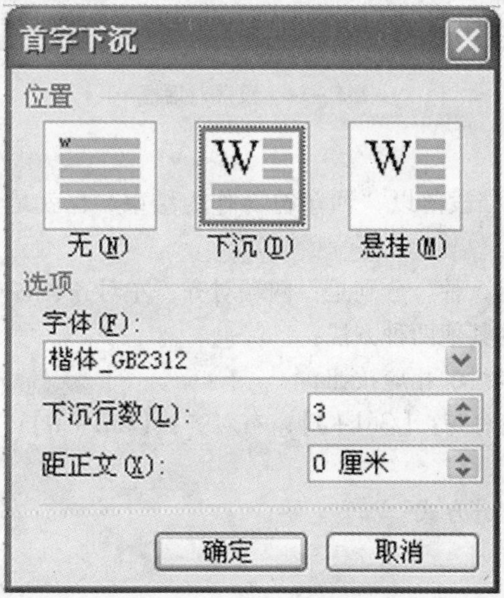

图 5－13　首字下沉对话框

（3）在“位置”框中选择“下沉”或“悬挂”。

（4）在“字体”、“下沉行数”、“距正文”框中分别设置字体，下沉的行数及距正文的距离（默认值为3行，0厘米）。

5.2.4 段落的格式化

任务一　设置段落对齐方式

操作步骤

（1）选择【格式】菜单下的【段落】命令。

（2）在“段落”对话框中选择“缩进和间距”选项卡，在“对齐方式”组合框中进行选择。

（3）单击“确定”按钮，如图5－14段落对话框所示。

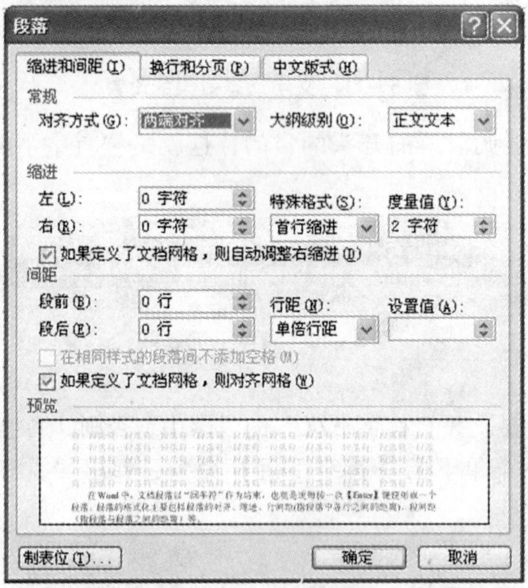

图5－14　段落对话框

相关知识链接

（1）在Word中，文档段落以“回车符”作为结束，也就是说每按一次【Enter】键便形成一个段落。

（2）段落对齐方式有5种，分别是：两端对齐、左对齐、右对齐、居中及分散对齐。

（3）设置段落对齐的其他两种方法：

①使用“格式”工具栏的相应按钮；

②使用快捷键，两端对齐：【Ctrl＋J】；右对齐：【Ctrl＋R】；左对齐：【Ctrl＋L】；居中对齐：【Ctrl＋E】。

任务二　设置段落缩进方式

方法一：菜单命令

操作步骤

（1）选择【格式】菜单下的【段落】命令。

（2）在“段落”对话框中选择“缩进和间距”选项卡。

（3）设置左右缩进值，在特殊格式中选择“首行缩进”或“悬挂缩进”，设置好度量值。

（4）单击“确定”。

方法二：拖动水平标尺上的缩进标记

当视图为普通视图或页面视图时，文档窗口显示标尺，在标尺上有 4 个标记：分别是左缩进、悬挂缩进、首行缩进及右缩进，如图 5－15 所示。

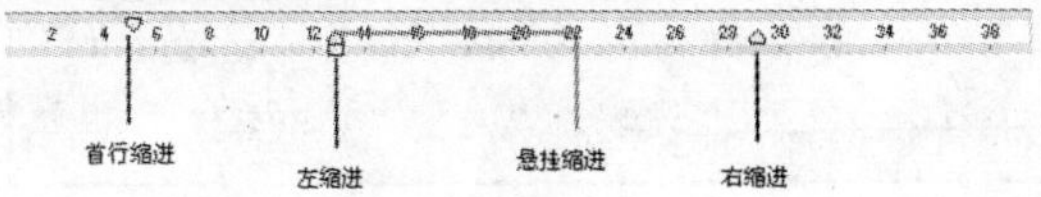

图 5－15　标尺上的缩进标记

相关知识链接

段落缩进分为以下两种：

（1）一般段落缩进：包括段落的左缩进和右缩进，是指整个段落与页面的左右边距。

（2）特殊格式缩进：包括首行缩进和悬挂缩进，其中首行缩进是指段落中的第一行相对于其他行向内缩进的距离；悬挂缩进则是指除了段落第一行以外各行缩进的距离。

任务三　设置段间距

操作步骤

（1）将光标定位到设置段间距的段落中。

（2）选择【格式】菜单下的【段落】命令（或者在当前段落任意位置右键单击，在弹出的快捷菜单中，选择【段落】命令），弹出“段落”对话框，如图 5－14 所示。

（3）选择“缩进和间距”选项卡，在“间距”栏设置“段前”和“段后”所需的间距值（可以直接在组合框中输入值或使用微调按钮来调整）。

（4）单击“确定”按钮，完成段间距的设置。

任务四　设置行间距

操作步骤

（1）将光标定位到设置段间距的段落中。

（2）选择【格式】菜单下的【段落】命令（或者在当前段落任意位置右键单击，在弹出的快捷菜单中，选择【段落】命令），弹出“段落”对话框，如图 5－14 所示。

（3）选择“缩进和间距”选项卡，在“行距”下面的组合框中选择一种行间距，或直接在“设置值”下输入一个相应的间距值。

（4）单击“确定”按钮，完成行间距的设置。

5.2.5　为文本添加底纹和边框

任务一　添加底纹

操作步骤

（1）选定要添加底纹的文字，或将光标定位到要添加底纹的段落。

（2）选择【格式】菜单下的【边框和底纹】命令，弹出“边框和底纹”对话框，如图 5－16 所示。

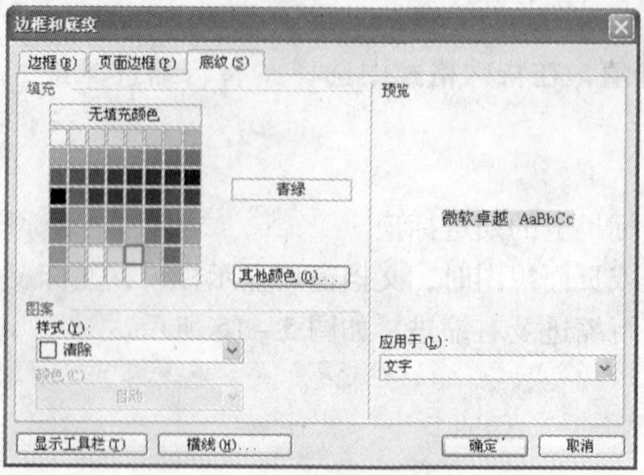

图 5－16　底纹的设置

(3) 选择“底纹”选项卡，在对话框中设置一种填充颜色，也可以设置一种填充的图案。

(4) 在“应用于”下面的组合框中选择“文字”或“段落”。

(5) 单击“确定”，完成底纹的设置。

任务二　添加边框

操作步骤

(1) 选定要添加边框的文字，或将光标定位到要添加边框的段落。

(2) 选择【格式】菜单下的【边框和底纹】命令，弹出“边框和底纹”对话框。

(3) 选择“边框”选项卡，在“设置”下选择一种边框样式；在“线型”列表框中选择一种线型；在“颜色”下的组合框中选择一种边框的颜色；在“宽度”下的组合框中选择一个宽度值，如图 5－17 边框的设置对话框所示。

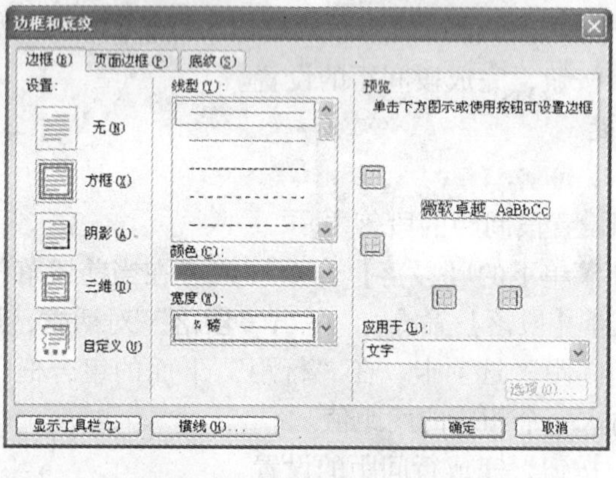

图 5－17　边框的设置

(4) 在“应用于”下面的组合框中选择“文字”或“段落”。

(5) 单击“确定”，完成边框的设置。

注意：在这里可以选择“页面边框”选项卡，设置整个文档的边框，可以设置边框的样式、线型、颜色、宽度或者选择艺术型列表中的一种艺术边框。

5.2.6 项目符号和编号

操作步骤

（1）选定要添加项目符号或编号的段落。

（2）选择【格式】菜单下的【项目符号和编号】命令，弹出“项目符号和编号”的对话框。

（3）选择“项目符号”选项卡，在其中选择合适的项目符号，如图 5－18 项目符号对话框所示；或选择“编号”选项卡，在其中选择合适的编号，如图 5－19 编号对话框所示。

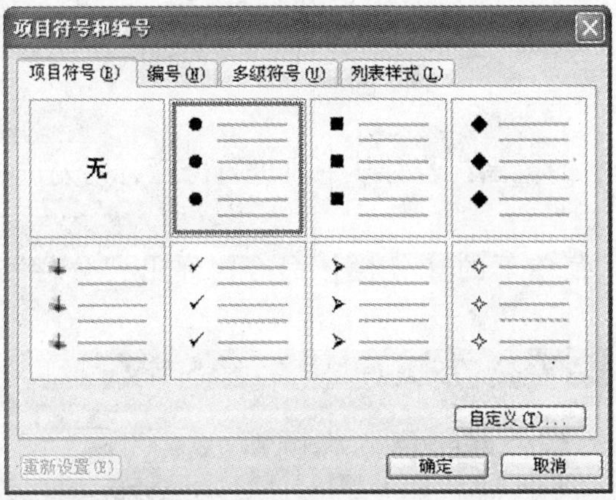

图 5－18 项目符号对话框

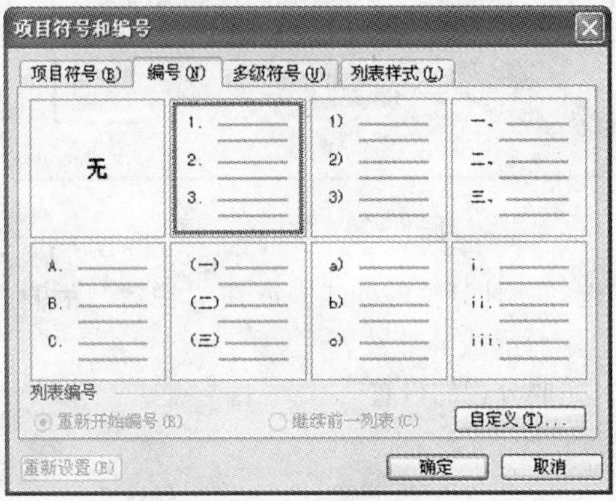

图 5－19 编号对话框

（4）单击“确定”，完成项目符号或编号的设置。

5.2.7 复制格式

操作步骤

（1）选定已经设置格式的文本或段落。

（2）单击常用工具栏的“格式刷”按钮，如果需要在多处应用该格式，则双击，可以看到光标变成刷子形状。

(3) 按住鼠标左键，从要应用所复制格式的文本起始位置拖动到结尾位置，释放左键即可完成复制格式的应用。

相关知识链接

1. 格式刷的功能：将某一格式快速的应用于其他的文本。格式包括字符格式、段落格式、边框和底纹及项目符号的设置等。

2. 单击“格式刷”，只应用一次复制的格式；双击“格式刷”，可以多次应用复制的格式。

5.2.8 分栏

任务一 创建分栏

操作步骤

(1) 选定要进行分栏的范围：若对某一段进行分栏，则先选中这一段落，在默认状态下分栏的范围是整篇文档。

(2) 选择【格式】菜单下的【分栏】命令，弹出“分栏”对话框，如图 5－20 所示。

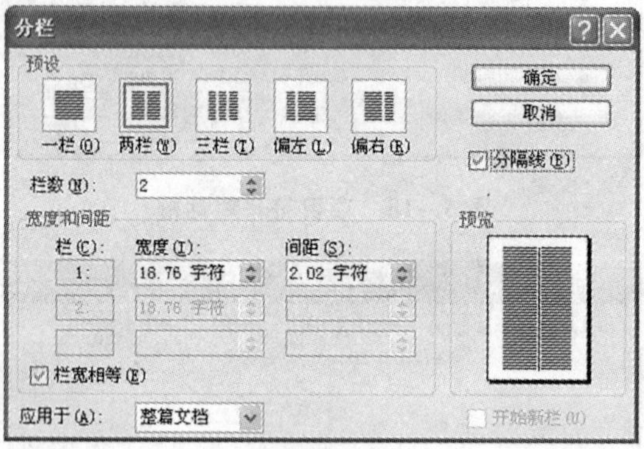

图 5－20 分栏对话框

(3) 在“预设”中选择一种分栏的样式，或在“栏数”后直接设置要分的栏数，以及是否栏宽相等，是否显示分隔线等参数。

(4) 单击“确定”，完成分栏的设置。

任务二 取消分栏

操作步骤

(1) 将光标定位在要取消分栏的段落。

(2) 打开“分栏”对话框。

(3) 在“预设”区域中选择“一栏”或在“栏数”中设置数值 1。

(4) 单击“确定”，即可取消分栏。

5.2.9 文档的保存与关闭

任务一 保存未命名文档

有以下常用的 3 种方法：

(1) 常用工具栏的【保存】按钮。

(2)【文件】菜单—【保存】命令。

(3) 快捷键【Ctrl + S】。

任务二　对已命名文档另存

选择【文件】菜单—【另存为】命令。

任务三　保存所有打开的文档

按住【Shift】键，点击【文件】菜单—【全部保存】命令。

任务四　设置自动保存

操作步骤

(1) 选择【工具】菜单下的【选项】命令。

(2) 进入选项对话框，选择“保存”选项卡，选中“自动保存时间间隔”，设置时间，例如：10 分钟，如图 5 – 21 选项对话框所示。

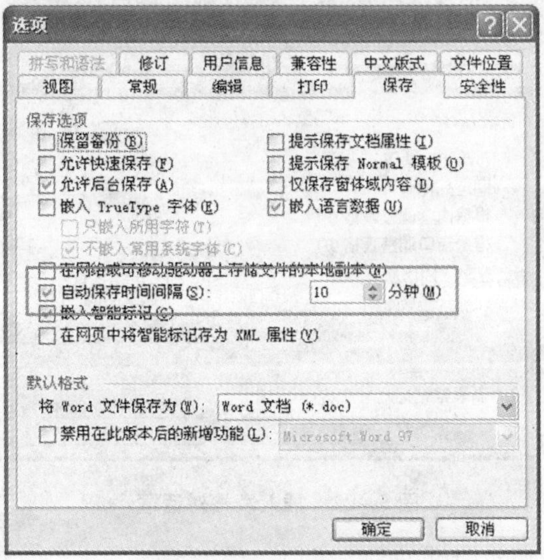

图 5 – 21　选项对话框

(3) 单击“确定”。

任务五　关闭当前文档

操作步骤

(1) 选择【文件】菜单的【关闭】命令。

(2) 系统会弹出“是否保存”对话框，根据需要进行相应选择即可。

任务六　关闭所有文件

操作步骤

(1) 按住【Shift】键。

(2) 单击【文件】菜单下的【全部关闭】命令。

5.3 技能三 表格的创建与编辑

5.3.1 表格的创建

表格的创建

方法一：菜单命令

操作步骤

（1）将光标定位到要插入表格的位置。

（2）选择【表格】菜单—【插入】命令—【表格】命令，弹出“插入表格”。

（3）在“插入表格”对话框中确定所需的行数、列数，如图 5－22 插入表格对话框所示。

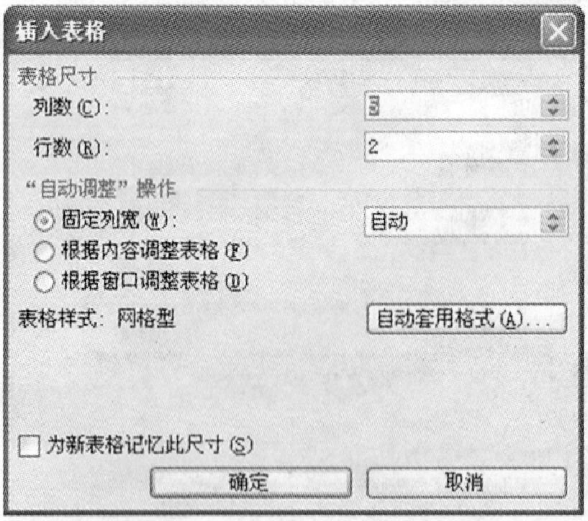

图 5－22 插入表格对话框

（4）单击“确定”按钮即可。

方法二：绘制表格工具按钮

操作步骤

（1）打开“表格和边框”工具栏。

（2）在“表格和边框”工具栏中选择“绘制表格”按钮，按住鼠标的左键拖动鼠标绘制出表格的外框虚线，放开鼠标左键即可看到表格外框。

（3）按住鼠标左键，继续在表格外框中拖动，绘制出水平和垂直的线，构成单元格，也可以在单元格对角处拖动鼠标左键，绘制出表头。

（4）在多余的线条上，可以使用“表格和边框”工具栏中的“擦除”按钮进行修改。

方法三：插入表格按钮

操作步骤

（1）将光标定位到插入表格的位置。

（2）单击常用工具栏中的“插入表格”按钮，出现表格模型，如图 5－23 所示。

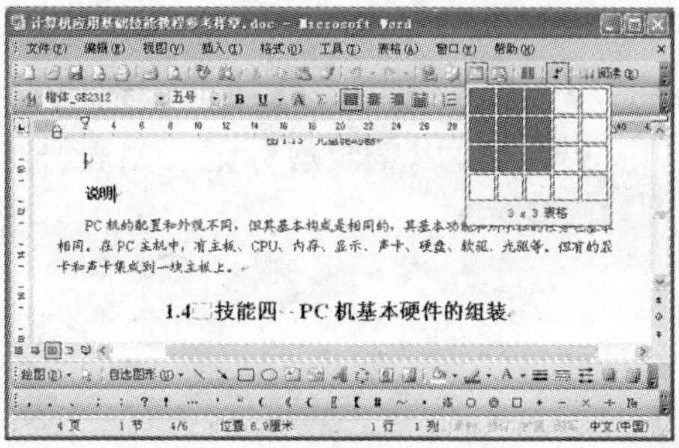

图 5-23 插入表格按钮

（3）在表格模型中拖动鼠标，选择所需的行数和列数，放开鼠标即可完成表格的插入。

方法四：将文本转换为表格

操作步骤

（1）选定已经设置分隔符的文本。

（2）选择【表格】菜单的【转换】命令，在级联菜单中选择【将文字转换成表格】命令，弹出“将文字转换成表格”对话框，如图 5-24 将文字转换成表格对话框所示。

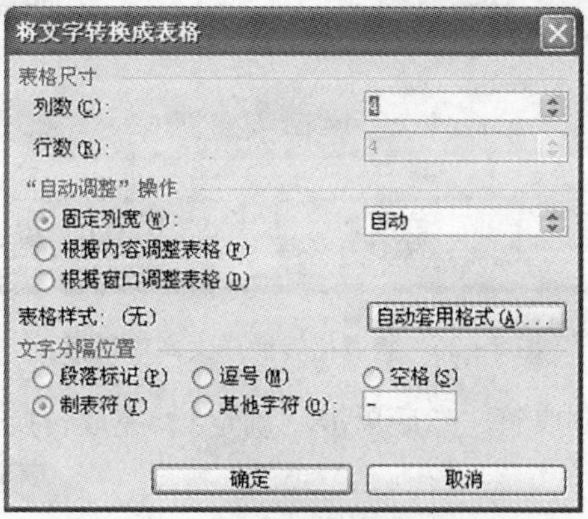

图 5-24 将文字转换成表格对话框

（3）在对话框中设置列数；在“分隔字符位置”选项中，选择一种分隔符，例如：“空格”。

（4）单击“确定”，完成转换，如图 5-25 窗口所示。

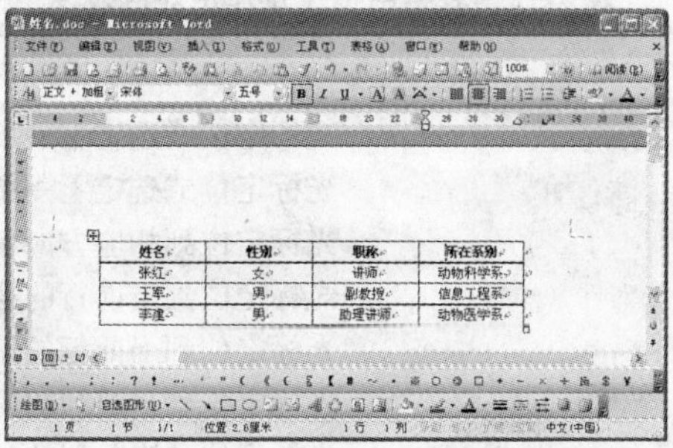

图 5-25 文字转换成表格

相关知识链接

1. 要转换为表格的文本，不能完全连续，转换前应适当设置分隔符，以便转换时将文本放入不同的单元格。其中分隔符可以是段落标记、制表符、空格或用户指定的其他符号，以指明文本的行、列。

2. 表格转换为文本

操作步骤

（1）选择要转换的表格。

（2）选择【表格】菜单的【转换】命令，在级联菜单中选择【将表格转换成文字】命令，弹出“将表格转换成文字”对话框，如图 5－26 所示。

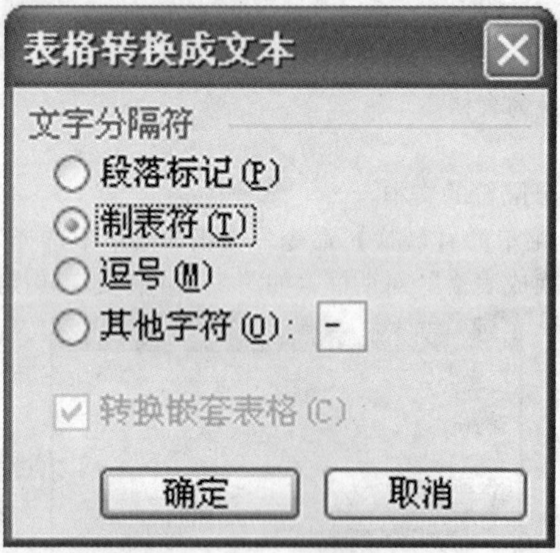

图 5－26　将表格转换成文本对话框

（3）在对话框中选择制表符，然后单击“确定”，完成转换。

5.3.2　表格的编辑

任务一　使用键盘实现光标的定位

光标在表格中的定位可以使用鼠标点击完成，也可以通过键盘相应键完成，详见表 5－2。

表 5－2　表格中按键及作用对应表

按键	作用
Tab	光标定位或选定下一单元格
Shift + Tab	光标定位或选定上一单元格
上、下、左、右方向健	光标定位到相应方向相邻的一个单元格
Alt + Home	光标定位到当前行的第一个单元格
Alt + End	光标定位到当前行的最后一个单元格
Alt + PgUp	光标定位到当前列的第一个单元格
Alt + PgDn	光标定位到当前列的最后一个单元格

任务二　绘制表头斜线

操作步骤

(1) 选定要绘制斜线表头的单元格。

(2) 选择【表格】菜单下的【绘制斜线表头】命令，进入“插入斜线表头”对话框，如图 5 – 27 插入斜线表头对话框。

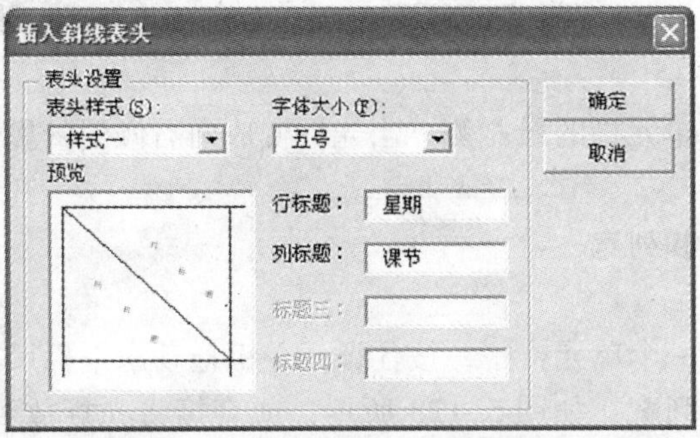

图 5 – 27　插入斜线表头对话框

(3) 在其中选择表头样式，也可以确定表头中的行标题和列标题及文字大小。

(4) 单击“确定”，完成斜线表头的插入。

任务三　选定表格

方法一：菜单命令

操作步骤

(1) 将光标定位到要选定的表格。

(2) 选择【表格】菜单下的【选择】命令，在级联菜单中选择【表格】，即可选定当前表格。

方法二：鼠标

操作步骤

(1) 将光标定位到要选定的表格或鼠标移动到要选定的表格上。

(2) 这时表格左上角会出现一个双向的十字花箭头，用鼠标单击该箭头即可。

任务四　选定行、列

方法一：菜单命令

操作步骤

(1) 将光标定位到要选定的行、列中的任意单元格。

(2) 选择【表格】菜单下的【选择】命令，在级联菜单中选择【行（或列）】，即可选定相应的行或列。

方法二：鼠标选定

操作步骤

选定行：将光标定位到要选定行的左侧选择区，当光标变成向右倾斜的箭头时，按下鼠标左键即可。若要选择多行可以按住鼠标左键，从第一行拖动到最后一行。与文本行的选择类似。

选定列：将光标放在要选定列的最上面，当光标变成向下的黑箭头时，按下鼠标左键即可。若要选择多列可以按住鼠标左键，从第一列拖动到最后一列。

任务五　选定单元格

方法一：菜单命令

操作步骤

（1）将光标定位到要选定的单元格。

（2）选择【表格】菜单下的【选择】命令，在级联菜单中选择【单元格】。

方法二：鼠标选定

将光标放在要选定单元格的最左侧，当光标变成向右倾斜的黑箭头时，单击鼠标左键即可选定。

任务六　调整行高和列宽

方法一：粗略调整

将光标定位在任意一个单元格中，按住鼠标左键拖动水平标尺或垂直标尺上的行间距标记，即可调整行高、列宽，如图 5－28 所示；或直接将光标放到任意单元格的网格线上，当光标变成双向箭头时，按住鼠标左键拖动。

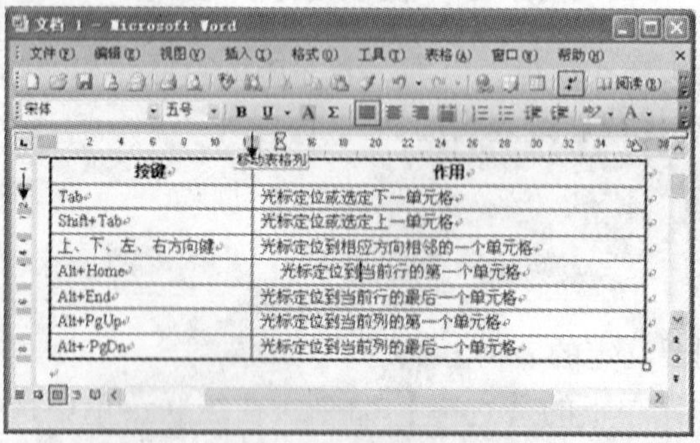

图 5－28　通过标尺行高和列宽

方法二：精确调整

操作步骤

（1）将光标定位到表格中。

（2）选择【表格】菜单下的【表格属性】，或右键单击，在快捷菜单中选择【表格属性】，弹出“表格属性”对话框。

（3）选择“行”或“列”选项卡，设置行高和列宽值。

（4）单击“确定”，完成行高和列宽的调整。

任务七　插入单元格

操作步骤

（1）选定某一单元格或选定多个单元格。

（2）单击“表格和边框”工具栏的“插入单元格”按钮，或选择【表格】菜单下的【插入】命令，在级联菜单中选择【单元格】命令，弹出“插入单元格”对话框，如图 5－29 插入单元格对话框所示。

（3）根据需要进行相应的选择。

（4）单击“确定”按钮。

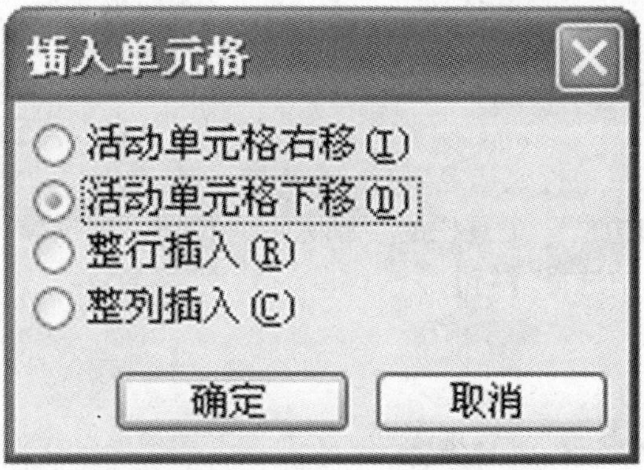

图 5－29　插入单元格对话框

任务八　插入行

操作步骤

（1）将光标定位在某一行或选定多行。

（2）单击“表格和边框”工具栏的“插入行”按钮，或选择【表格】菜单下的【插入】命令，在级联菜单中选择【行（在上方）】或【行（在下方）】命令。

任务九　插入列

操作步骤

（1）将光标定位在某一列或选定多列。

（2）单击“表格和边框”工具栏的“插入列”按钮，或选择【表格】菜单下的【插入】命令，在级联菜单中选择【列（在左侧）】或【列（在右侧）】命令。

任务十　删除单元格

操作步骤

（1）选定某一单元格或选定多个单元格。

（2）单击“表格和边框”工具栏的“删除单元格”按钮，或选择【表格】菜单下的【删除】命令，在级联菜单中选择【单元格】命令，弹出“删除单元格”对话框，如图 5－30 删除单元格对话框所示。

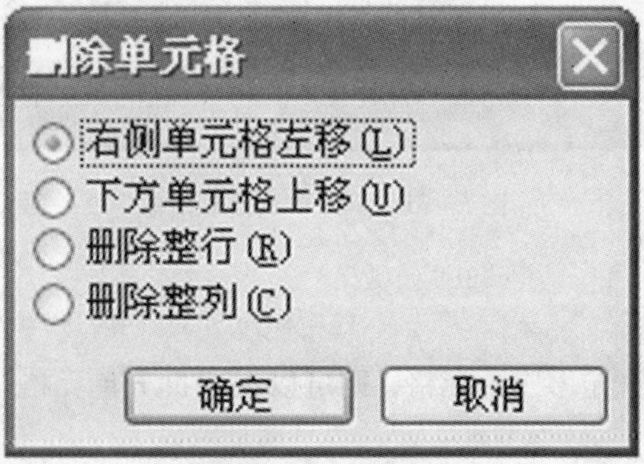

图 5－30　删除单元格对话框

（3）根据需要进行相应的选择。

（4）单击“确定”按钮。

任务十一　删除行

操作步骤

（1）将光标定位在某一行或选定多行。

（2）单击“表格和边框”工具栏的“删除行”按钮，或选择【表格】菜单下的【删除】命令，在级联菜单中选择【行】。

任务十二　删除列

操作步骤

（1）将光标定位在某一列或选定多列。

（2）单击“表格和边框”工具栏的“删除列”按钮，或选择【表格】菜单下的【删除】命令，在级联菜单中选择【列】。

任务十三　合并单元格

操作步骤

（1）选定要合并的多个单元格。

（2）选择【表格】菜单下的【合并单元格】命令，或单击“表格和边框”工具栏的“合并单元格”按钮。

任务十四　拆分单元格

操作步骤

（1）选定要拆分的单元格。

（2）选择【表格】菜单下的【拆分单元格】命令，或单击“表格和边框”工具栏的“拆分单元格”按钮，弹出“拆分单元格”对话框，如图5－31拆分单元格对话框所示。

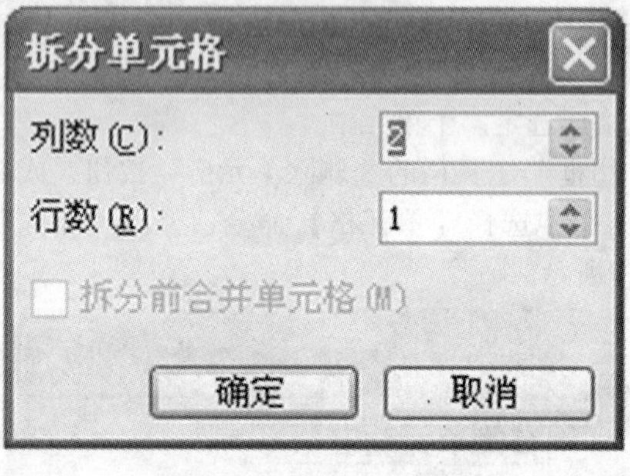

图5－31　拆分单元格对话框

（3）设置要拆分的“行数”和“列数”。

（4）单击“确定”。

注意：若拆分前，选定多个单元格，则可以在“拆分单元格”对话框中，选中“拆分前合并单元格”选项。

5.3.3　设置表格格式

表格格式化包括设置表格底纹和边框、设置对齐方式、表格内文本的格式化等。

任务一　设置表格的边框和底纹

操作步骤

（1）选定表格或表格中要设置边框和底纹的单元格。

（2）选择【格式】菜单下的【边框和底纹】命令，进入“边框和底纹”对话框。

（3）选择“边框”选项卡，设置表格或选定表格区域的边框的线型、粗细、颜色等，如图 5－32 设置表格边框对话框所示。

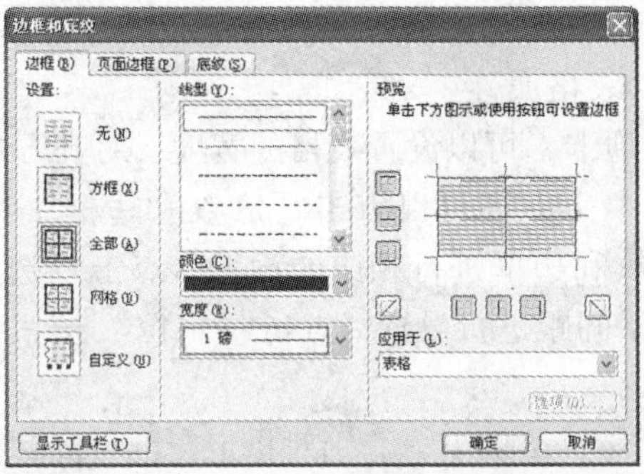

图 5－32　设置表格边框

（4）选择“底纹”选项卡，设置表格或选定表格区域的底纹的颜色、样式等。

（5）单击“确定”按钮，完成表格底纹和边框的设置。

任务二　自动套用表格格式

操作步骤

（1）单击已经创建好的表格。

（2）单击【表格】菜单下的【表格自动套用格式】命令，进入“表格样式”对话框，如图 5－33 表格自动套用格式对话框所示。

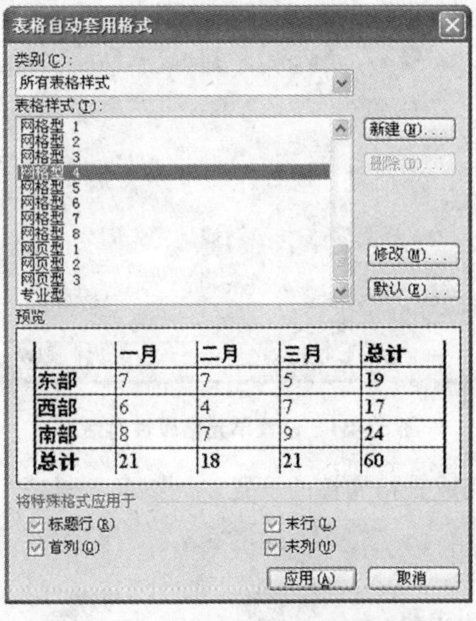

图 5－33　表格自动套用格式对话框

（3）在“表格样式”框中，选择所需的表格样式，在“特殊格式应用于”下选择应用的范围。

（4）选择“修改”按钮，进入“修改样式”对话框，可以设置表格样式基本的样式、表格文本的格式、对齐方式、表格边框的颜色、线型、粗细、表格填充色等属性。

（5）单击“应用”按钮，完成表格自动套用格式的设置。

任务三　设置表格属性

操作步骤

（1）将光标定位到要设置属性的表格中。

（2）选择【表格】菜单下的【表格属性】命令，或右键单击，在弹出的快捷菜单中选择“表格属性”，进入“表格属性”对话框。

（3）选择“表格”选项卡，可以设置表格的宽度、对齐方式、文字环绕方式等属性。

（4）在“表格”选项卡下，还可以点击“底纹和边框”按钮可以进入“底纹和边框”对话框，对表格的底纹和边框进行相应的设置；点击“选项”按钮，进入“表格选项”对话框，可以对单元格间距进行设置；点击“定位”按钮，进入“表格定位”对话框，设置表格定位方式。

（5）选择“行”和“列”选项卡，分别对指定行的行高和指定列的列宽进行设置。

（6）选择“单元格”选项卡，如图 5－34 所示，设置单元格宽度和单元格内容的对齐方式，或者选中相应单元格，右键单击，在快捷菜单中选择“单元格对齐方式”，在级联菜单中选择一种对齐方式。

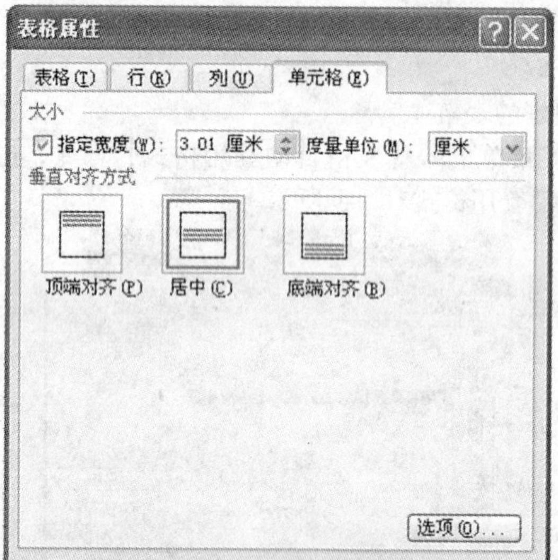

图 5－34　设置单元格属性对话框

（7）单击“确定”，完成表格属性的设置。

5.3.4　表格的计算功能

任务一　使用工具按钮求和

操作步骤

（1）将光标定位到要求和的单元格。

（2）点击表格和边框工具栏的自动求和按钮“∑”，完成一行或一列数据的求和。

任务二　快速排序

操作步骤

（1）将光标定位到要排序的单元格。

（2）点击表格和边框工具栏的排序按钮，快速实现表格数据的排序。

任务三　多重排序

操作步骤

（1）选定要排序的单元格。

（2）选择【表格】菜单下的【排序】命令，进入“排序”对话框，如图 5－35 所示。

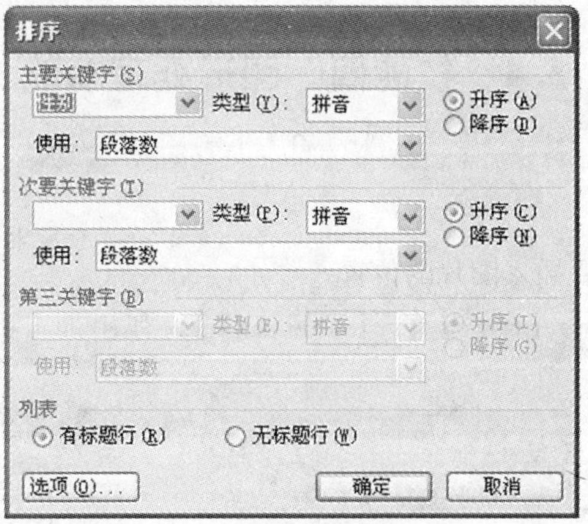

图 5－35　排序对话框

（3）设置主关键字、次关键字、升序或降序等。

（4）单击“确定”，完成排序。

任务四　使用公式进行其他计算

操作步骤

（1）单击要放置计算结果的单元格。

（2）选择【表格】菜单下的【公式】命令，进入“公式”对话框，如图 5－36 所示。

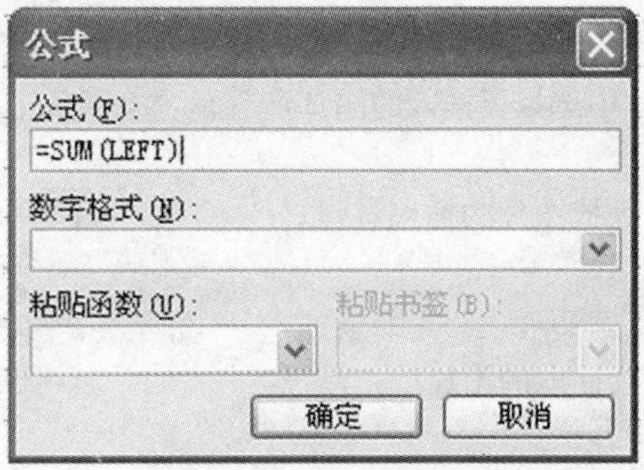

图 5－36　公式对话框

(3) 可以在公式下的文本框中直接输入相应的计算公式，如 AVERAGE 等，如果当前提供的公式不是所需要的，可以将其从“公式”框中删除。

注意：不要删除“等号”，如果删除了等号，请重新插入。

(4) 也可以在粘贴函数列表中选择函数，其中函数的参数表示计算的范围，例如：“LEFT”表示对当前单元格左侧单元格数据进行计算；也可以对不连续的单元格进行计算，例如：要计算单元格 B3 和 D3 中数值的和，可以输入这样的公式：=SUM（b3，d3）。

(5) 在“数字格式”框中选择数字的格式。例如：要将计算的结果保留 2 位小数，可以选择数字格式为：“0.00”。

(6) 单击“确定”，完成计算。

5.4 技能四 图形处理功能

任务一 插入图片

操作步骤

(1) 将光标定位到要插入图片的位置。

(2) 选择【插入】—【图片】—【来自文件】，弹出如下的“插入图片”对话框，如图 5-37 所示。

图 5-37 插入图片对话框

(3) 在“查找范围”中选择要插入的图片所在的文件夹，在文件夹列表中选择插入的图片文件。

(4) 单击“插入”，完成图片的插入过程。

任务二 编辑图片

操作步骤

(1) 选择 Word 中已经插入的图片。

(2) 打开“图片”工具栏。

(3) 使用“插入图片”按钮，重新确定要插入的图片。

(4) 单击“颜色”按钮，在下拉菜单中选择自动、灰度、冲蚀、黑白颜色效果。

（5）单击“增加/降低对比度”按钮和“增加/降低亮度”按钮，分别对图片的对比度和亮度进行设置。

（6）单击“图片”工具栏上的“文字环绕”按钮，从弹出的菜单中选择一种环绕方式，如图 5－38 所示。

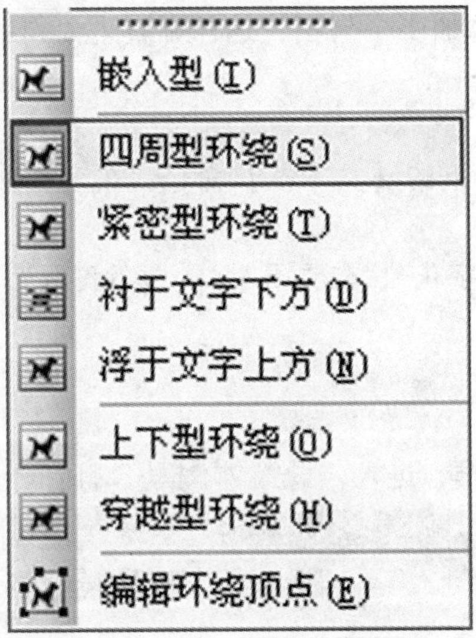

图 5－38 文字环绕下拉菜单

（7）点击“设置图片格式”按钮，弹出“设置图片格式”对话框，如图 5－39 设置图片格式对话框所示。

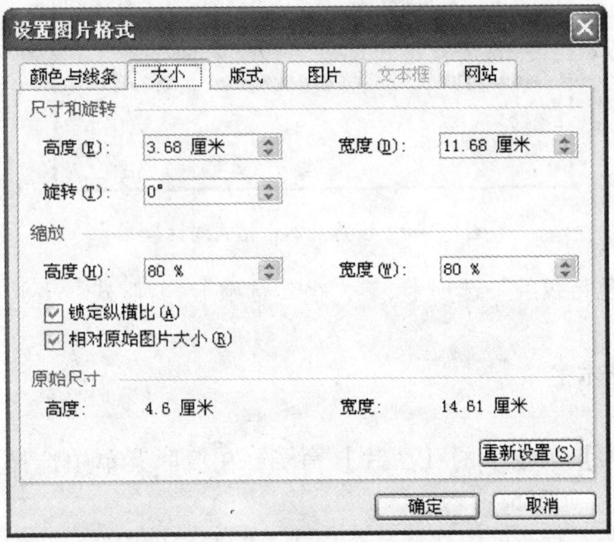

图 5－39 设置图片格式对话框

（8）设置好格式，单击“确定”。

相关知识链接

（1）文字环绕方式包括：嵌入型、四周型环绕、紧密型环绕、衬于文字下方、浮于文字上方、上下型环绕、穿越型环绕、编辑环绕顶点。

（2）如果插入的图片是不规则形状，让文字随图片的轮廓来排列会有更好的效果。此时可以设置文字环绕方式为："编辑环绕顶点"，在图片的周围会出现红色的虚线边框和4个句柄，这个虚线边框就是图片的文字环绕的依据；把鼠标移动到句柄上，按下左键拖动，可以改变句柄和框线的位置；在框线上按下左键并拖动，可以看到在鼠标所在的地方会添加1个句柄，这样调整边框到适当的位置。

任务三　插入文本框

操作步骤

（1）选择【插入】菜单下的【文本框】命令，在级联菜单中选择"横排"或"竖排"。

（2）此时光标变成"十字花"，在要插入文本框的位置处，按住鼠标左键，进行拖动即可。

任务四　编辑文本框

操作步骤

（1）双击要编辑的文本框，进入"设置文本框"对话框，如图5-40所示。

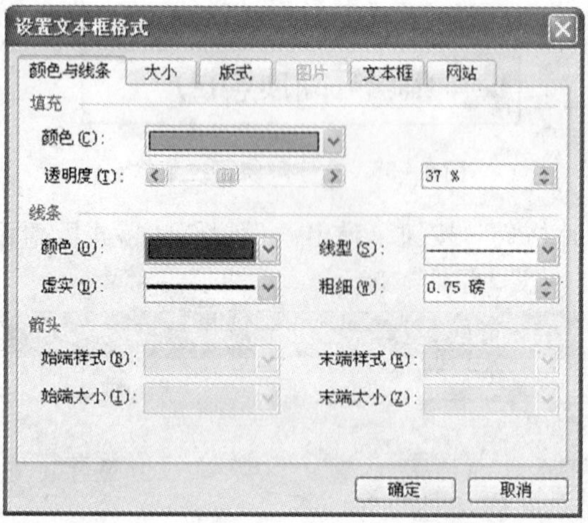

图5-40　设置文本框格式对话框

（2）选择"颜色与线条"选项卡、"大小"选项卡、"版式"等选项卡，分别完成对文本框的编辑。

任务五　插入艺术字

操作步骤

（1）选择【插入】菜单下的【图片】命令，在级联菜单中选择【艺术字】，进入"艺术字库"对话框（如图5-41）。

（2）"艺术字库"对话框中选择一个样式，单击"确定"，进入"编辑艺术字"对话框。

（3）在空栏中输入要设为艺术字的文本，例如：大学生职业生涯。设置字体、字号和字形，如图5-42编辑"艺术字"文字对话框所示。

（4）单击"确定"，完成艺术字的插入。

图 5－41　艺术字库对话框

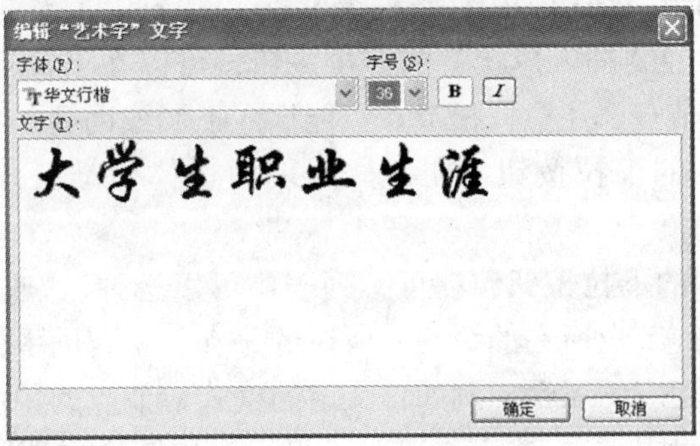

图 5－42　编辑"艺术字"对话框

任务六　编辑艺术字

操作步骤

(1) 选择要编辑的艺术字。

(2) 在窗口出现艺术字工具栏，或直接在已经打开工具栏的任意位置右键单击，在快捷菜单中选择"艺术字"，打开艺术字工具栏，如图 5－43 所示。

图 5－43　艺术字工具栏

(3) 选择"编辑文字"按钮，可以进入"编辑艺术字文本"对话框，重新设置文本内容、字体、字号、字形等。

(4) 选择"艺术字库"按钮，进入"艺术字库"对话框，重新确定一种艺术字样式。

(5) 选择"设置艺术字格式"按钮，可以进入"设置艺术字格式"对话框，对艺术字的填充颜色、线条颜色、粗细及虚实进行设置，也可以设置艺术字的大小和版式即文字环绕方式，当然也可以使用"文字环绕"按钮快速设置艺术字的文字环绕方式。

(6) 选择"艺术字形"可以改变艺术字文字的排列形状，例如选择"前近后远"。设置效果如图 5－44 所示。

图 5－44　艺术字编辑效果图

任务七　插入组织结构图

操作步骤

(1) 将光标定位到要插入组织结构图的位置。

(2) 选择【插入】菜单下的【图片】命令，在级联菜单中选择【组织结构图】，在窗口将出现一个组织结构图，并打开“组织结构图”工具栏。

任务八　编辑组织结构图

操作步骤

(1) 单击要编辑的组织结构图的任意一个节点。

(2) 选择工具栏中的“插入形状”的下拉按钮，可以在下拉列表中选择插入当前节点的下属、同事或助手节点，注意：根节点只能插入下属或助手。

(3) 单击“版式”的下拉按钮，在下拉列表中选择标准版式、左悬挂、右悬挂等版式。

(4) 单击“选择”的下拉按钮，在下拉列表中可以选择级别、分支、所有助手、所有连线，分别实现对当前节点所在的级别、所在的分支、所有助手的选定以及所有连线的选定，选定后可以更改相应的属性，例如：文字的格式、节点的颜色、连线的粗细等。

(5) 单击“自动套用格式”按钮，进入“组织结构图样式库”对话框，如图 5－45 所示，在选择图示样式列表中选择一种所需的样式。

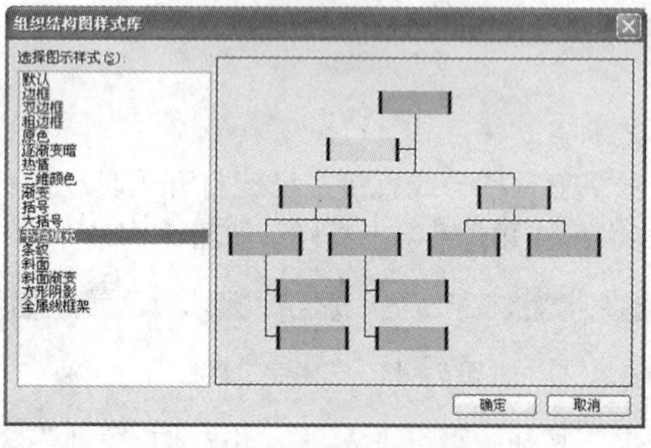

图 5－45　组织结构图样式库

(6) 点击“文字环绕”按钮，设置组织结构图的文字环绕方式。

在 Word 2003 中还可以插入“图示”，“自选图形”等，在这里就不一一介绍了。

任务九　插入图表

方法一：

操作步骤

(1) 选择【插入】菜单下的【图片】命令。

(2) 在级联菜单中选择【图表】命令，进入图表视图，如图 5－46 所示。

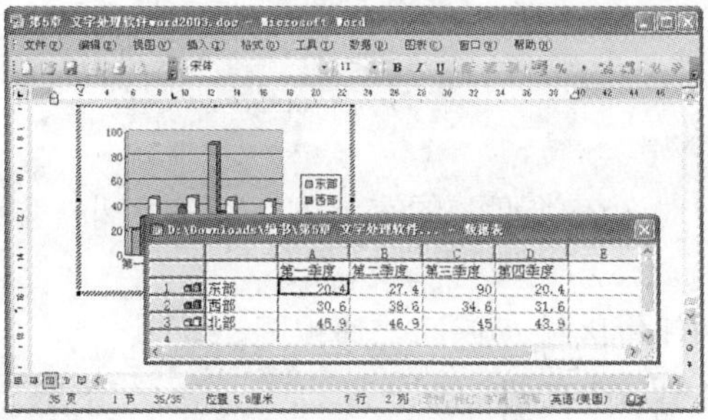

图 5－46　图表视图

(3) 在“数据表”中编辑和修改数据内容。

(4) 在图表区域外的任意处单击，返回到普通视图，完成图表的插入。

方法二：

操作步骤

(1) 选定现有的表格，例如成绩表。

(2) 选择【插入】菜单下的【图片】命令。

(3) 在级联菜单中选择【图表】命令，进入图表视图，如图 5－47 所示。

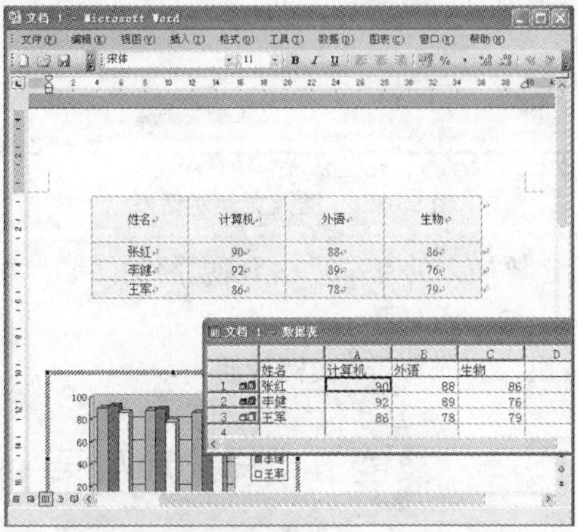

图 5－47　图表视图

(4) 在“数据表”中编辑和修改数据内容。

(5) 在图表区域外任意处单击，返回普通视图，完成图表的插入，如图 5－48 所示。

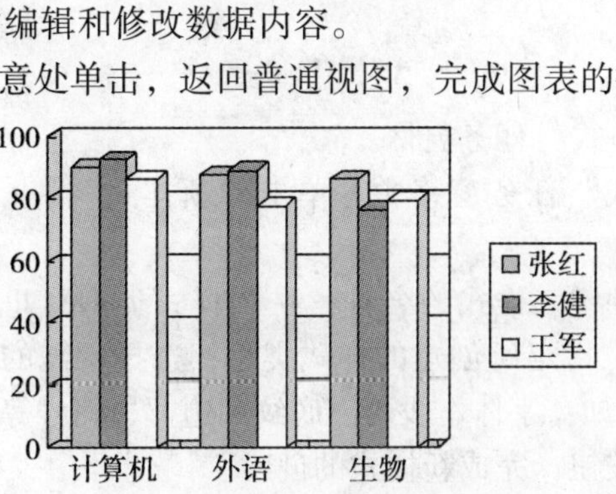

图 5－48　生成的柱形图表

任务十　编辑图表

操作步骤

(1) 双击图表。

(2) 进入图表视图，对图表类型、图表元素、图表大小、标题格式、图表数据等的设置和修改。

(3) 单击图表以外的任意区域，返回普通视图。

任务十一　插入其他 Word 文档

操作步骤

(1) 将光标定位到要插入文档的位置。

(2) 选择【插入】菜单下的【文件】命令，进入"插入文件"对话框，如图 5-49 所示。

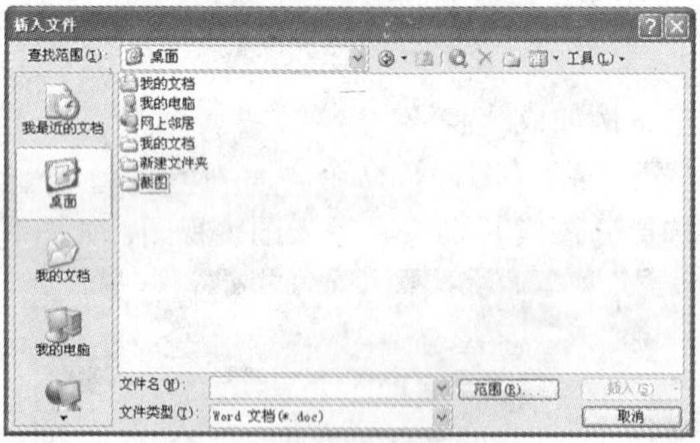

图 5-49　插入文件对话框

(3) 在查找范围中确定要插入的 Word 文档所在的文件夹，在文件列表中选中要插入的 Word 文档。

(4) 单击"插入"按钮，完成 Word 文档的插入。

5.5　技能五　样式和目录

5.5.1　样式

任务一　新建样式

操作步骤

(1) 打开"样式和格式"任务窗格。

(2) 在"样式和格式"任务窗格中，单击"新样式"，进入"新建样式"对话框，如图 5-50 所示。

(3) 在"名称"框中键入样式的名称；在"样式类型"框中，单击"段落"、"字符"、"表格"或"列表"指定所创建的样式类型；选择所需的选项，或者单击"格式"以便设置更多的属性，例如：字体、段落、底纹和边框、编号等。

(4) 单击"确定"按钮，完成新样式的创建。

任务二　修改样式

操作步骤

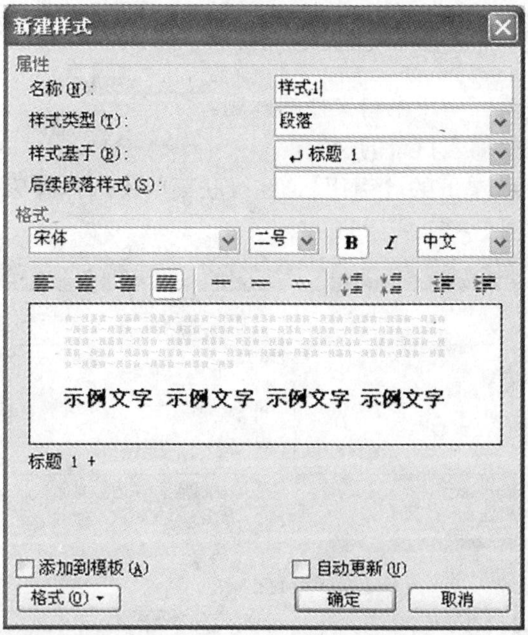

图 5－50　新建样式对话框

(1) 打开“样式和格式”任务窗格。

(2) 在样式列表中，用鼠标右键单击要修改的样式，然后单击“修改”，进入“修改样式”对话框，重新设置样式的相关属性。

(3) 单击“确定”按钮，完成属性修改。

任务三　应用样式

操作步骤

(1) 打开“样式和格式”任务窗格。

(2) 选定要应用样式的对象，可以是文本、表格或段落等。

(3) 在样式列表中单击某一样式，即可实现样式的应用。

任务四　删除样式

操作步骤

(1) 打开“样式和格式”任务窗格。

(2) 选定要删除的样式，右键单击，在弹出的快捷菜单中，选择“删除”。

(3) 弹出“是否确认删除”提示框，选择“是”，完成样式的删除。

5.5.2　目录

预备知识

为编辑好的 Word 文档添加目录，如果是手工添加是很麻烦而且容易出错的事情，在 Word 2003 中为用户提供了一种快速创建目录的方式，即自动识别各级标题，并根据标题的级别和所在的页码创建目录，需要注意的是，必须对各级标题使用 Word 2003 中的内置标题样式。

任务一　创建目录

操作步骤

（1）将内置标题样式应用于编辑文档的标题。

（2）将光标定位在要插入目录的位置。

（3）选择【插入】菜单下的【引用】，在级联菜单中选择【索引和目录】，进入“索引和目录”对话框，如图 5－51 所示。

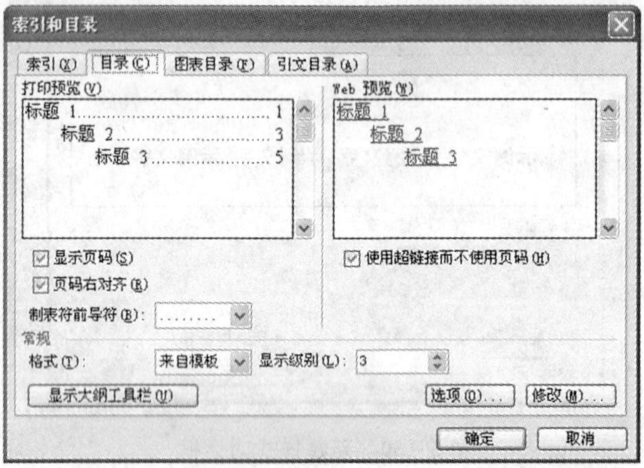

图 5－51　索引和目录对话框

（4）选择“目录”选项卡，设置是否显示页码、页码对齐方式；选择制表符前导符；选择目录格式；选择显示目录级别。

（5）单击“确定”，完成目录的创建，如图 5－52 所示。

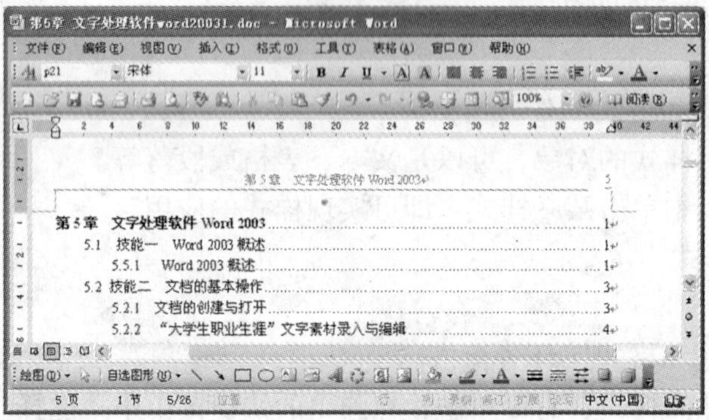

图 5－52　创建的目录

任务二　更新目录

操作步骤

（1）将光标定位到目录中。

（2）右键单击，在弹出的快捷菜单中选择“更新域”命令，进入“更新目录”对话框。

（3）选择“只更新页码”或“更新整个目录”。

（4）单击“确定”，完成目录更新。

5.6　技能六　页面设置与打印输出

5.6.1　页眉页脚

通常情况下，页眉和页脚分别出现在文档的顶部和底部，在其中可以插入页码、文件名或章节名称等内容。添加了页眉和页脚的文档，让人感觉版面更加清晰，版式更具美观。

任务一　插入页眉页脚

操作步骤

(1). 选择【视图】菜单下的【页眉和页脚】命令，弹出“页眉和页脚”工具栏，如图 5－53 所示，并进入页眉和页脚的编辑状态。

图 5－53　页眉页脚工具栏

(2) 默认的是编辑页眉，输入内容，单击“页眉和页脚”工具栏上的“在页眉和页脚间切换”按钮，切换到页脚的编辑状态，编辑完毕后，单击“页眉和页脚”工具栏上的“关闭”按钮回到文档的编辑状态。

(3) 单击“打印预览”按钮，可以看到设置的页眉和页脚将出现在文档的顶部和底部。

任务二　编辑页眉页脚

操作步骤

(1) 选择【视图】菜单下的【页眉和页脚】命令，或直接双击页眉页脚，弹出“页眉和页脚”工具栏。

(2) 单击“页眉和页脚”工具栏上的“页面设置”按钮，打开“页面设置”对话框，选择“版式”选项卡，如图 5－54 页面设置对话框所示。

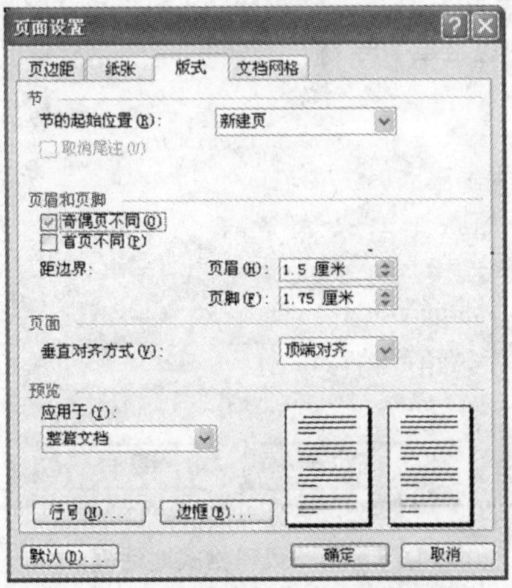

图 5－54　页面设置对话框

（3）选中对话框中的“奇偶页不同”前的复选框，同时也可以设置页眉页脚距边界的距离、页面垂直对齐方式等，单击“确定”按钮，注意现在页眉虚线框上的提示，现在的显示的是奇数页页眉，输入内容，单击“下一项”按钮，设置偶数页的页眉，输入内容后，完成页眉的设置；用同样的方法设置页脚。

5.6.2 页码

任务一 插入页码

操作步骤

（1）选择【插入】菜单下的【页码】命令，进入“页码”对话框，如图 5－55 所示。

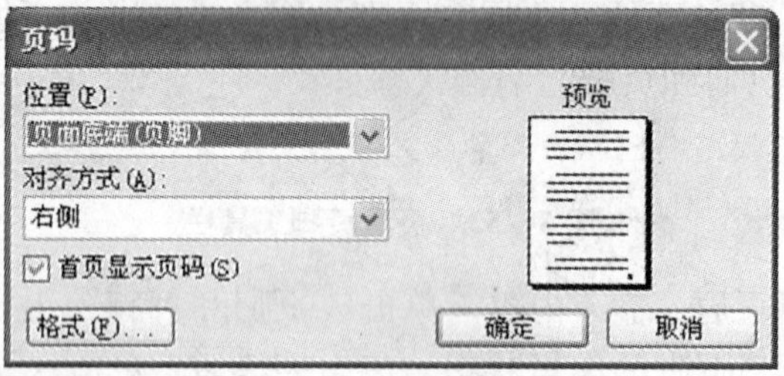

图 5－55 页码对话框

（2）设置页码位置，如“页面底端”；对齐方式，如“外侧”；首页是否显示页码等。

（3）单击“格式”按钮，进入“页码格式”对话框，如图 5－56 页码格式对话框所示，设置页码的数字格式、页码编排的起始页码等，单击“确定”返回“页码”对话框。

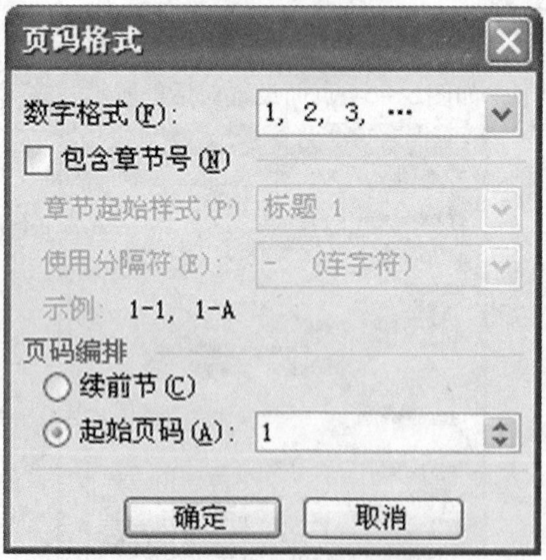

图 5－56 页码格式对话框

（4）单击“确定”，完成页码的插入。

任务二　编辑页码

操作步骤

（1）双击页码，弹出“页眉页脚”工具栏。

（2）在工具栏中选择“页码格式”按钮，进入“页码格式”对话框。

（3）重新设定页码的数字格式、页码编排的起始页码等属性。

（4）单击“确定”即可。

5.6.3　文档背景

设置文档背景

方法一：用单一的颜色填充背景

操作步骤

（1）选择【格式】菜单下的【背景】命令。

（2）在弹出的级联菜单中选择任意一种颜色进行填充背景。

方法二：使用渐变颜色、纹理、图案或图片填充背景

操作步骤

（1）选择【格式】菜单下的【背景】命令，在从弹出的级联菜单中选择【填充效果】命令，进入“填充效果“对话框，如图 5－57 所示。

图 5－57　填充效果对话框

（2）选择“渐变”选项卡，用颜色渐变填充背景；选择“纹理”选项卡，用纹理填充背景；选择“图案”选项卡，用图案填充背景；选择“图片”选项卡，用图片填充背景。例如：选择“渐变”选项卡，选择“预设”在预设颜色列表中选择“雨后初晴”；设置透明度；选择底纹样式；设置变形方式。

（3）单击“确定”，完成背景的填充。

注意：以上两种文档背景的填充，并不能打印出来，如果希望设置的背景被打印出

来，可以使用下面介绍的方法三。

方法三：制作水印背景

操作步骤

（1）选择【格式】菜单下的【背景】命令，在从弹出的级联菜单中选择【水印】命令，进入“水印”对话框，如图 5－58 所示。

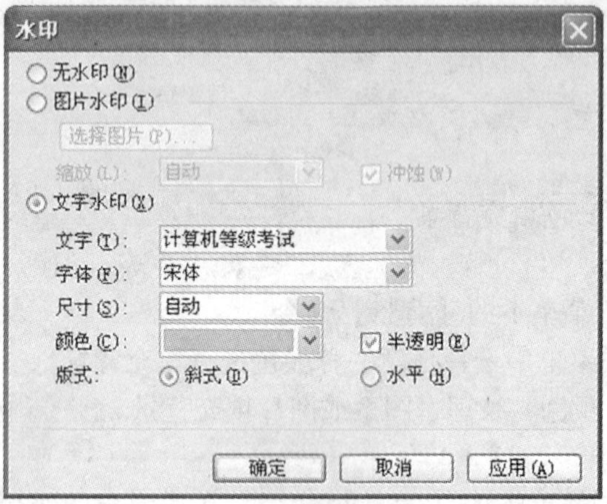

图 5－58　水印对话框

（2）可以选择图片水印，单击“选择图片”按钮，进入“插入图片”对话框，选择要设为水印的图片，单击“插入”按钮，返回“水印”对话框；或者选择文字水印，在“文字”组合框中选择一种文本，或直接输入文本，设置文本的字体、尺寸、颜色和版式等（图 5－59）。

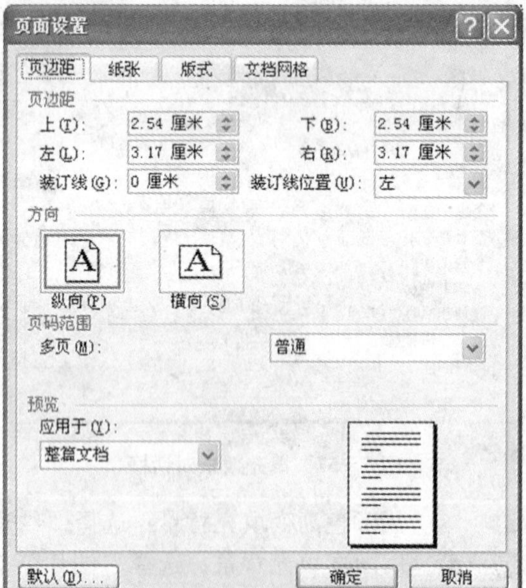

图 5－59　页面设置对话框

（3）单击“确定”，完成水印背景的设置。

注意：该水印背景在打印预览下可以看到，即可以打印出来。

5.6.4　页面设置

页面设置

操作步骤

（1）选择【文件】菜单中的【页面设置】命令，打开“页面设置”对话框，如图 5－59 页面设置对话框所示。

（2）单击“页边距”选项卡，输入上、下、左、右 4 个方向的页边距；设置排版方向等，如图 5－59 所示。

（3）单击“纸张”选项卡，设置纸张大小，纸张来源等，如图 5－60 所示。

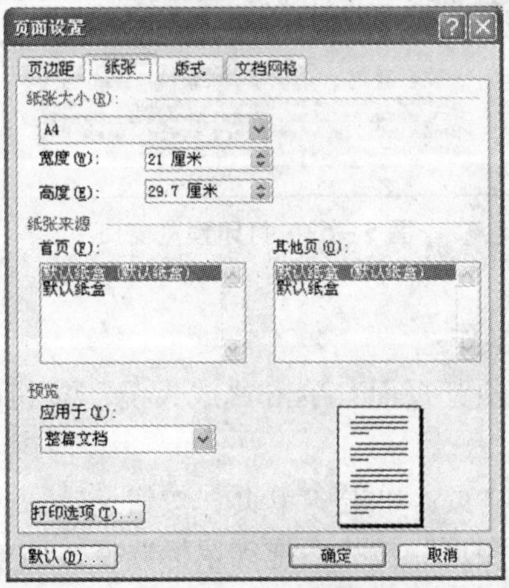

图 5－60　设置纸张对话框

（4）单击“版式”选项卡，设置奇偶页是否相同，设置页眉页脚距边界的距离、页面垂直对齐方式等，如图 5－61 所示。

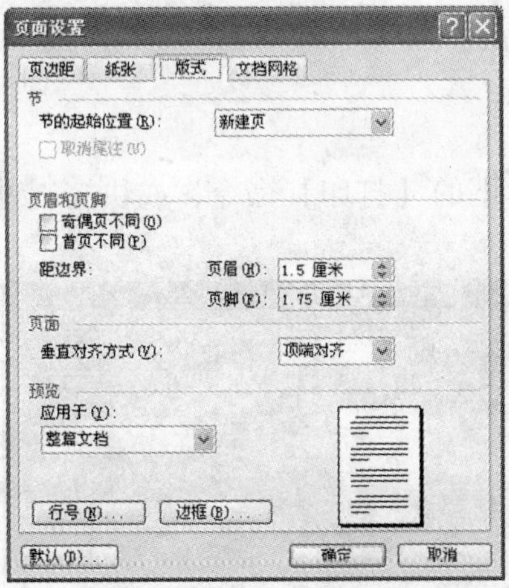

图 5－61　设置版式对话框

（5）单击“确定”按钮，完成页面设置。

5.6.5 打印预览和打印

任务一 进入打印预览窗口

方法一：工具按钮

使用常用工具栏的“打印预览”按钮，进入打印预览窗口。

方法二：菜单命令

选择【文件】菜单下的【打印预览】命令，进入打印预览窗口，如图 5 - 62 所示，这里所看到的文档就是打印后的效果。

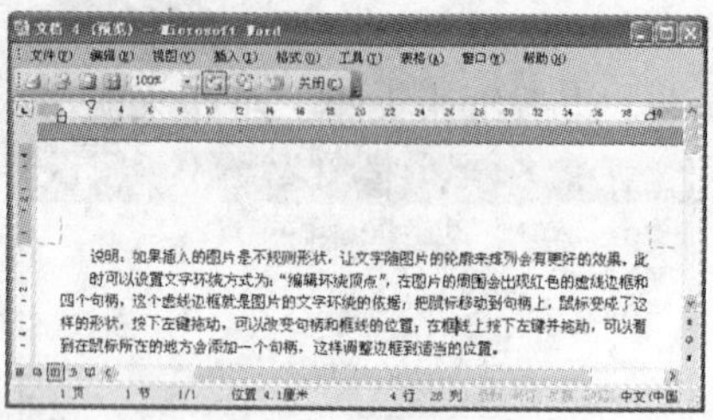

图 5 - 62 打印预览窗口

相关知识链接

在本窗口可以进行以下操作：

（1）以放大的尺寸显示预览页面：单击“放大镜”按钮即可；再次单击，将以原来的尺寸显示预览页面。

（2）在预览窗口只显示一页：单击“单页”按钮。

（3）多页预览：单击“多页”按钮，拖动鼠标选择，预览的样式，例如：2 ×4 页。

（4）以不同的比例显示预览页面：在“显示比例”按钮的下拉列表中选择所需比例即可。

（5）全屏显示预览窗口：单击“全屏显示”按钮，要退出全屏显示状态，单击“关闭全屏显示”按钮即可。

（6）退出预览窗口：单击“关闭”按钮。

任务二 打印

操作步骤

（1）选择【文件】菜单下的【打印】命令，或快捷键【Ctrl + P】，进入打印窗口，如图 5 - 63 打印对话框所示。

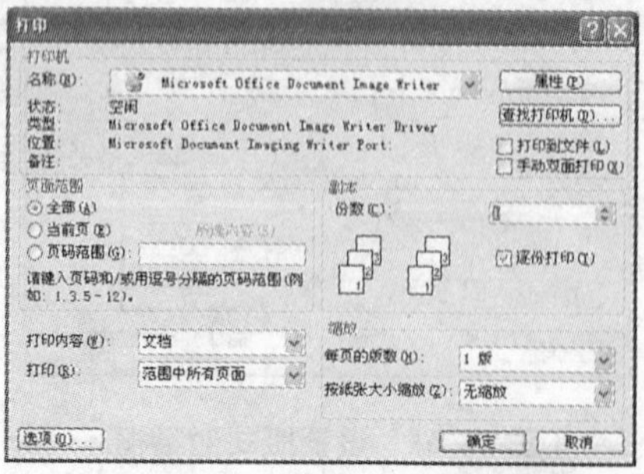

图 5 - 63 打印对话框

（2）设置打印的页面范围：全部、当前页或确定打印页码范围。

（3）设置打印的份数，以及打印的方式：是否逐份打印。

（4）单击“确定”开始打印。

本章小结

本章主要讲述了 Word 2003 的启动与退出、文字录入与编辑、表格创建与编辑、图文混排、使用 Word 2003 中的模板、设置中文版式、页面设置等。掌握这些功能和技巧后，有助于我们使用 Word 2003 来处理和编辑文件，提高工作效率，为今后进一步学习其他办公自动化软件奠定基础。

练习与提高

一、填空题

1. Word 文档的扩展名是______。

2. 如果希望在 Word 的主窗口中显示或隐藏常用工具栏，应当选择视图菜单下的______级联菜单中的【常用】菜单项。

3. 可以使用常用工具栏上的______按钮复制格式。

4. 将光标定位整个文档开始处，应当使用组合键______。

5. 当鼠标指针指向文档左侧的空白处时，三击鼠标可以______。

6. 要使编辑在插入和改写状态间切换，可以用鼠标双击______栏中的【改写】按钮或者使用键盘中的【Ins】键。

7. Word 文档窗口左下方的 5 个按钮分别是普通、web 版式、______、大纲视图和阅读版式视图。

8. 当光标定位在表格的任一单元格内时，要删除全部表格，应当选择______菜单中的【删除】命令，再选择级联菜单中的【表格】命令即可删除整个表格。

9. 图形编辑时，当鼠标为______形状时，可以改变图形的大小。

10. 在 Word 2003 中，做页眉页脚的奇偶页不同，应在页面设置对话框的______选项卡里设置。

二、单选题

1. 在编辑文档时，如果无意中进行了不需要的操作，可按（　　）撤销该操作。

A. CTRL + Z　　B. CTRL + L

C. CTRL + V　　D. CTRL + C

2. 在 Word 程序窗口中打开若干个文档，这些文档的文件名可以在（　　）菜单下看到。

A. 编辑　　B. 视图

C. 格式　　D. 窗口

3. Word 窗口的格式工具栏中的“B”按钮的作用是（　　）。

A. 加粗　　B. 倾斜

C. 下划线　　D. 加边框

4. word 只有在（ ）视图下才会显示页眉和页脚。

A. 普通　　B. 图形

C. 页面　　D. 全屏

5. 在 Word 2003 文档中，要把多处同样的文字错误一次更正，正确的方法是（ ）。

A. 用插入光标逐字查找，先删除错误文字，再输入正确文字

B. 使用“编辑”菜单中的“替换”命令

C. 使用“撤销”与“恢复”命令

D. 使用“定位”命令

三、多选题

1. 下列软件属于办公自动化套件 Office 的是（ ）。

A. Word　　B. Visual FoxPro　　C. Excel

D. WPS　　E. PoerPoint　　F. Access

2. 在“段落”对话框中可对以下哪些项目进行设置（ ）。

A. 悬挂及首行缩进　　B. 对齐方式

C. 边框和底纹　　D. 字符间距

E. 行间距　　F. 首字下沉

3. 下列功能与其对应的快捷键正确的是（ ）。

A. 全选　CTRL + A　　B. 复制　CTRL + B

C. 剪切　CTRL + X　　D. 粘贴　CTRL + C

E. 保存　CTRL + S　　F. 打开　CTRL + O

4. 下列下拉菜单名与其中的菜单项相对应的是（ ）。

A. 文件　查找　　B. 文件　页面设置

C. 插入　插入表格　　D. 格式　分栏

E. 编辑　页眉与页脚　　F. 工具　工具栏

5. 如果将光标移到表格的单元格内右击鼠标，则弹出的快捷菜单中会有下列哪些菜单项（ ）。

A. 插入行　　B. 插入列

C. 合并单元格　　D. 删除单元格

E. 拆分单元格　　F. 插入表格

四、实践题

1. 在 word 中输入以下内容，保存在桌面，命名为“文档编辑 1”。

目前，世界上对操作系统（OS-Operating System）还没有一个统一的定义。下面仅就操作系统的作用和功能做出说明。操作系统是最基本的系统软件，是硬件的第一级扩充，是计算机系统的核心控制软件，它是对计算机全部资源进行控制与管理的大型程序，它由许多具有控制和管理功能的子程序组成。主要作用是管理系统资源，这些资源包括中央处理机、主存储器、输入输出设备、数据文件和网络等；使用用户能共享系统资源，并对资源的使用进行合理调度；提供输入输出的便利，简化用户的输入输出工作；规定用户的接口，以及发现并处理各种错误的发生。

操作要求

(1) 为文档加标题《操作系统定义》，用黑体 3 号字居中对齐。

(2) 给标题文字加边框和底纹（自选）。

(3) 将正文设置成“宋体 5 号字，每段段首空两个汉字”。

(4) 将正文分两栏均匀排版（每栏长度相同）。

(5) 给正文添加水印背景，文字为“操作系统定义”。

(6) 将正文中的“输入输出”（除第一个外）都替换成 I/O。

2. 建立成绩单表格如下表，并完成下列操作：

课程 姓名	物理	化学	数学
李　平	76	82	93
张　锋	65	72	85
陈　浩	81	91	72

(1) 将表中第一行内容用黑体 3 号字水平垂直居中排放，第一列内容水平居中，其他部分用 5 号字右对齐排放。

(2) 给第一行添加绿色底纹。

(3) 在表格最左列插入一列，计算每名学生的总分。

3. 综合题

(1) 先插入一个横版文本框，然后在文本框中录入下列文字。

刘禹锡

陋室铭

山不在高，有仙则名；水不在深，有龙则灵。斯是陋室，惟吾德馨。苔痕上阶绿，草色入帘青；谈笑有鸿儒，往来无白丁。可以调素琴，阅金经；无丝竹之乱耳，无案牍之劳形。南阳诸葛庐，西蜀子云亭。孔子云：“何陋之有？”

——摘自《唐代名作精选》

(2) 设置文本字体为楷体五号；文本框高 6cm，宽 7cm；填充色为淡蓝色；边框为深蓝色双线、粗细 5 磅。

(3) 将文本框复制，放在右侧。文字方向设为竖排版。

(4) 将两个文本框“组合”在一起。

(5) 插入页眉“Word 综合练习”，字体为“隶书”、五号、加粗，位置居中。页脚为当前系统日期，字体为“宋体”、五号，位置在左侧。右侧插入页码。

(6) 设置背景水印文字，文本为“综合练习题”，版式为“斜式”。

(7) 插入剪贴画（提示：搜索文字“树”可快速找到所需图片），调整其大小到合适，设置“文字环绕”方式为“四周型”。

实训 1

Word 2003 的启动和退出

要求：

1. 熟练掌握 Word 2003 启动和退出的方法。
2. 熟练掌握 Word 2003 的窗口组成。

实训 2

文本格式化

要求：

1. 熟练掌握 Word 2003 文本格式化。
2. 熟练掌握 Word 2003 段落格式化。

实训 3

图文混排

要求：

1. 熟练掌握 Word 2003 图片的插入与编辑。
2. 熟练掌握 Word 2003 的图文混排。

实训 4

表格

要求：

1. 熟练掌握 Word 2003 表格的创建。
2. 熟练掌握 Word 2003 表格的编辑。

实训 5

页面设置

要求：

1. 熟练掌握 Word 2003 页眉页脚的插入与编辑。
2. 熟练掌握 Word 2003 页码的插入与编辑。
3. 熟练掌握 Word 2003 的打印设置。

参考答案

一、填空题

1. （. doc）	2. （视图）	3. （格式刷）
4. （【Ctrl + Home】）	5. （选中整个文档）	6. （状态栏）
7. （页面视图）	8. （表格）	9. （十字花）
10. （版式）		

二、单选题

1. A	2. D	3. A
4. C	5. B	

三、多选题

1. ACEF	2. ABE	3. ACEF
4. BD	5. DEF	

四、实践题（略）

第六章　电子表格软件 Excel 2003

【学习目标】

Excel 2003 电子表格的创建、编辑与修饰

Excel 2003 电子表格中的公式和函数

Excel 2003 电子表格报表的输出

Excel 2003 电子表格的图表制作与编辑

Excel 2003 电子表格的数据管理和分析

预备知识

Excel 2003 是由美国微软公司开发的电子表格软件，是 Office 2003 的一个重要组件。该软件功能强大，可以进行复杂的数据计算和数据分析，还可以方便的制作报表和图表，是办公自动化的有力工具。

6.1　技能一　Excel 2003 电子表格的创建与修饰

6.1.1　Excel 2003 窗口的组成

认识 Excel 2003 窗口

单击【开始】—【程序】—【Microsoft Excel 2003】，当出现如图 6 – 1 Excel 2003 屏幕的组成所示的界面时，启动 Excel 2003 完成。此时即建立了一个空的 Excel 工作簿，一个工作簿由若干个工作表组成，一个工作表又由若干个单元格组成。其主要包括以下部分。

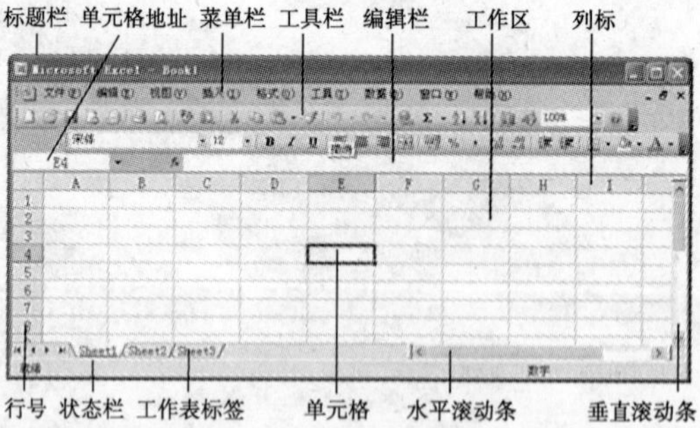

图 6 – 1　Excel 2003 屏幕的组成

（1）标题栏：标题栏上显示正在使用的 Microsoft Excel 以及当前工作簿名字，默认的

工作簿名字为 Book1，当存盘命名后就显示新名字。

（2）单元格地址：显示当前选定的单元格、图表项或绘图对象的名称，若在此框中直接输入单元格名称回车后，可快速移动光标到指定的单元格。

（3）菜单栏：菜单栏上有“文件”、“编辑”、“数据”等 9 个菜单。当单击某菜单时，就会出现一个下拉菜单。菜单内包括对工作簿、工作表以及单元格的相关操作。例如文件菜单中的【保存】就是保存工作簿。

（4）工具栏：Excel 2003 根据用户需要，把一些最常用的命令提炼出来，以图标按钮的形式显示在屏幕上，以便用户快速选用。工具栏一般包括“常用”工具栏和“格式”工具栏。例如：可以按工具栏上的“”按钮来保存工作簿。除了在屏幕上显示“常用”和“格式”工具栏外，还可以在屏幕上显示其他工具栏，具体操作是：单击【视图】—【工具栏】菜单命令。

（5）编辑栏：用于显示在当前单元格中输入或编辑的内容，并可在此对显示的内容进行编辑。若屏幕上未显示编辑栏，则单击【视图】—【编辑栏】菜单命令。

（6）工作区：是窗口中最大的区域，是用户输入数据的地方，由单元格组成。

（7）列标、行号：Excel 2003 工作表由很多列和行组成，最大可达到 256 列、65 536 行。Excel 使用列标和行号来表示工作表中的一个单元格。列标用 A、B、C、D 等表示，行号用 1、2、3、4 等表示，把列号放前，行号放后连起来，就可以表示一个单元格的名称。如图 6－1 Excel 2003 屏幕的组成中所指的单元格名称为 E4。

（8）工作表标签：一个 Excel 2003 工作簿可包含 255 个工作表，默认的工作表标签为 3 个（Sheet1、Sheet2、Sheet3），单击这些标签就可以在工作表之间切换。

（9）水平滚动条和垂直滚动条：Excel 2003 窗口有一个水平滚动条和一个垂直滚动条。利用水平滚动条可以左右移动工作表中的内容，利用垂直滚动条可以上下移动工作表中的内容。

6.1.2　创建“图书销售统计表”

预备知识

创建一个新的 Excel 2003 工作簿文件，最基本的步骤应包括：建立新表、输入数据、自动计算和保存文件。下面介绍如何创建一个新的“图书销售统计表”工作簿文件。

任务一　建立新表

根据表 6－1 给出的数据，建立一个工作表。

表 6－1　图书销售统计表　　单位：万元

序号	图书类别	图书名称	一季度	二季度	三季度	四季度	合计
1	电子	网络技术	3	3.5	3.25	2.7	
2	农业	植物保护	1.6	0.9	2	1.5	
3	教育	教育学	2.3	1.5	3.1	2	
4	科普	百科全书	10	7.56	8	9.1	
5	农业	土壤学	2	1.6	3.01	1	
合计							

单击【开始】—【程序】—【Microsoft Excel 2003】，出现如图 6 - 1 Excel 2003 屏幕的组成所示的工作界面，此时可在窗口的工作表格区直接输入数据，开始建立工作表。工作表标签默认的名字为“Sheet1”，工作簿默认名字为“Book1. xls”，显示在“标题栏”上。

任务二　输入数据

操作步骤

（1）继续任务一，单击 D1 单元格，输入“图书销售统计表”，单击 H2 单元格，输入“单位：万元”。

（2）单击 A3 单元格，输入“序号”，然后依次单击 B3、C3、D3、E3、F3、G3 和 H3 单元格，分别输入“图书类别”、“图书名称”等相应的内容。

（3）单击 A4 单元格，输入“1”，把鼠标移动到 A4 单元格的右下角，当鼠标变成黑色“+”时，按下 Ctrl 键，拖动鼠标向下至 A8 单元格，放开鼠标，这样序号“2 ~ 5”自动填充到相应的单元格中。

（4）在 B4 至 G8 单元格中分别输入表 6 - 1 给出的数据（可用“→、←、↑、↓”键选择单元格）。

完成以上操作后，窗口显示如图 6 - 2 输入数据所示。

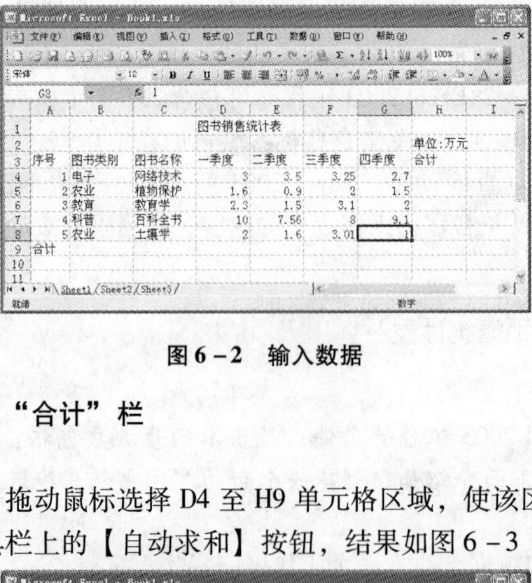

图 6 - 2　输入数据

任务三　自动计算“合计”栏

操作步骤

（1）继续任务二，拖动鼠标选择 D4 至 H9 单元格区域，使该区域反白显示。

（2）单击常用工具栏上的【自动求和】按钮，结果如图 6 - 3 自动求和所示。

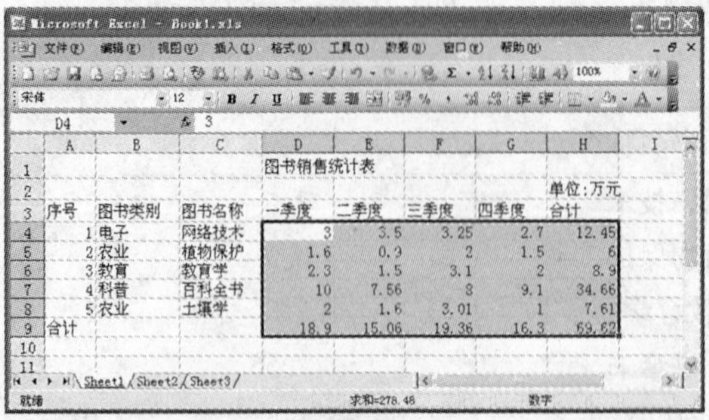

图 6 - 3　自动求和

任务四　保存文件

操作步骤

（1）继续任务三，单击常用工具栏上的【保存】按钮，出现图 6－4“另存为”对话框。

（2）单击“保存位置”框右侧的“ˇ”，选择 D 盘下的“图书销售”文件夹，在“文件名”框中输入“图书销售统计表”。

（3）单击【保存】按钮，完成保存文件操作。

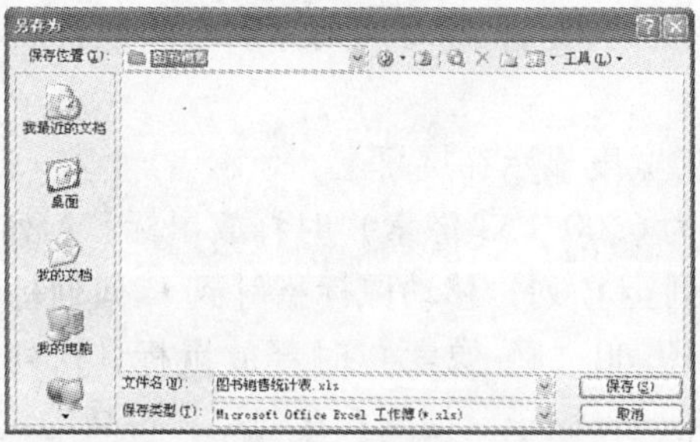

图 6－4　“另存为”对话框

这时标题栏上的文件名已由原来的“Book1. xls”变成了“图书销售统计表 . xls”，xls 是 Excel 报表文件的扩展名。

相关知识链接

（1）可以使用【文件】—【新建】和【文件】—【另存】菜单命令建立和保存工作簿。

（2）在 Excel 2003 中，可以在活动单元格中输入数字、文本、日期、时间和公式等。

6.1.3　修饰“图书销售统计表”

预备知识

修饰工作表就是根据需要对工作表的行高、列宽、数据格式、数据的字体、字号和字型、数据的对齐方式、表格线和底纹等进行设置，使报表更规范更美观。

任务一　打开“图书销售统计表”

操作步骤

（1）启动 Excel 2003，单击常用工具栏上的【打开】按钮，出现图 6－5“打开”对话框。

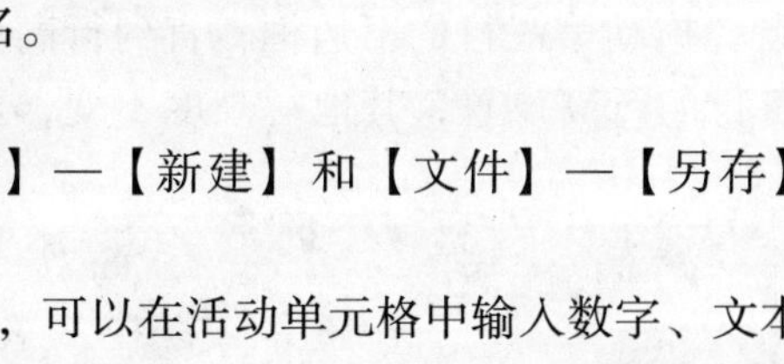

图 6－5　“打开”对话框

（2）单击“查找范围”框右侧的“ˇ”，选择 D 盘下的“图书销售”文件夹。

(3) 单击文件“图书销售统计表”(6.1.2 保存的文件)。

(4) 单击对话框中的【打开】按钮。“图书销售统计表”内容出现在工作窗口中。

相关知识链接

(1) 用鼠标双击想要打开的文件，来打开工作簿。

(2) 用【文件】—【打开】菜单命令打开工作簿。

任务二　设置 A、B、C 各列的列宽和 1、2、3 各行的行高

操作步骤

(1) 继续任务一，移动鼠标指针到 A 列列标的右边框，鼠标指针的形状变成左右双向箭头。

(2) 拖动鼠标，A 列的宽度显示在屏幕上。

(3) 当 A 列的宽度值为 6.00 (53 像素) 时释放鼠标，A 列的列宽设置完成。

(4) 拖动鼠标选择 B 列至 C 列，移动鼠标指针到 C 列列标的右边框，然后，拖动鼠标，直到显示的列宽值为 10.00 (85 像素) 时释放鼠标，B 列至 C 列的列宽设置完成，其他列宽度不变，至此列宽设置完毕。如图 6.6 列宽和行高的设置所示。

(5) 移动鼠标指针到行号 1 的下边框，向下拖动鼠标，当显示的行高为 33.00 (44 像素) 时释放鼠标，第一行的行高设置完成。

(6) 选中第二、第三行，拖动第三行的下边框，直到行高为 25.50 (34 像素) 时释放鼠标，完成第二行、第三行的行高设置，其他行高度不变，至此行高设置完毕。如图 6-6 列宽和行高的设置所示。

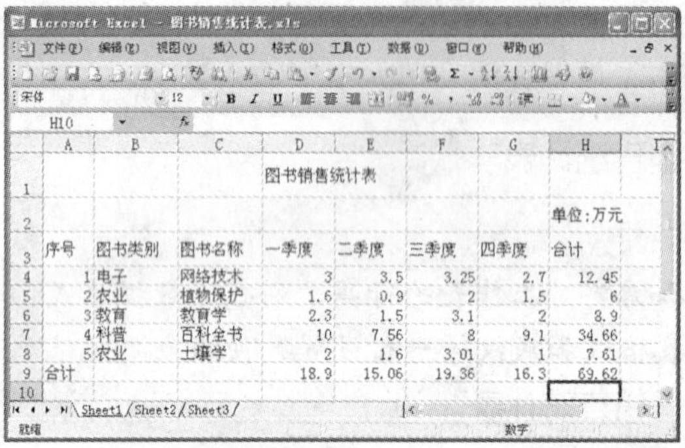

图 6-6　列宽和行高的设置

相关知识链接

设置列宽和行高也可以使用【格式】—【列】和【格式】—【行】菜单命令。

任务三　将数值型数据小数位设为 2 位

操作步骤

(1) 继续任务二，拖动鼠标选中 D 列至 H 列，即一季度至四季度以及合计列，使之反白显示。

(2) 鼠标右键单击选中的单元格区域，选择“设置单元格格式”，打开“单元格格式”对话框，单击“数字”选项卡。

(3) 在“分类”列表框中选择“数值”，设置小数位数为“2”，此时，“单元格格式”对话框如图 6-7 单元格格式“数值”对话框所示。

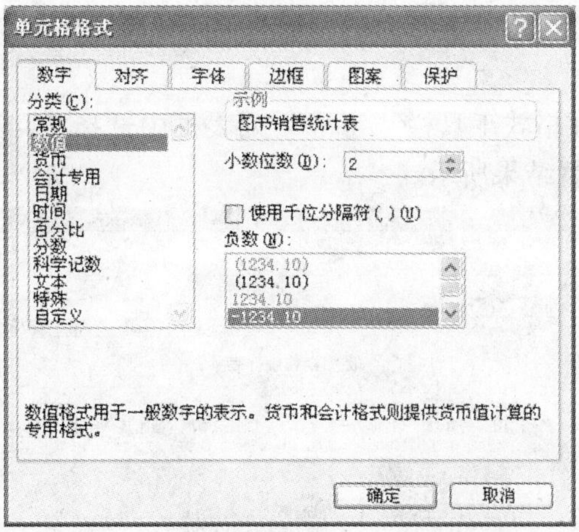

图 6－7　单元格格式“数值”对话框

（4）单击对话框中的【确定】按钮，完成设置。报表中的销售额均以两位小数的形式显示，如图 6－8 数据格式设置结果所示。

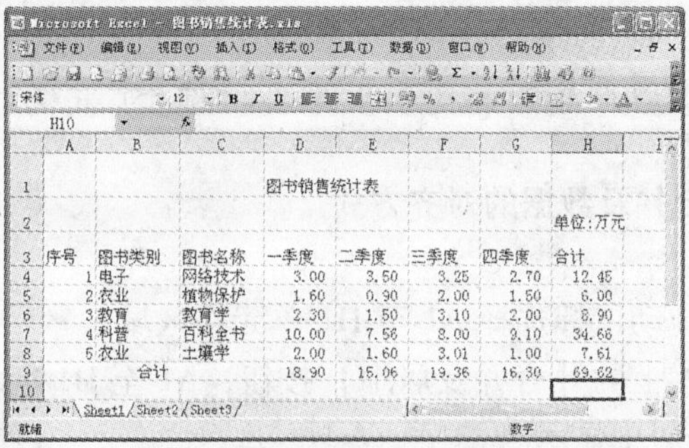

图 6－8　数据格式设置结果

任务四　设置文本数据的字体、字号和字形

操作步骤

（1）继续任务三，单击 D1 单元格，然后选择【格式】—【单元格】菜单命令，打开“单元格格式”对话框，单击“字体”选项卡，如图 6－9 单元格格式“字体”对话框所示。

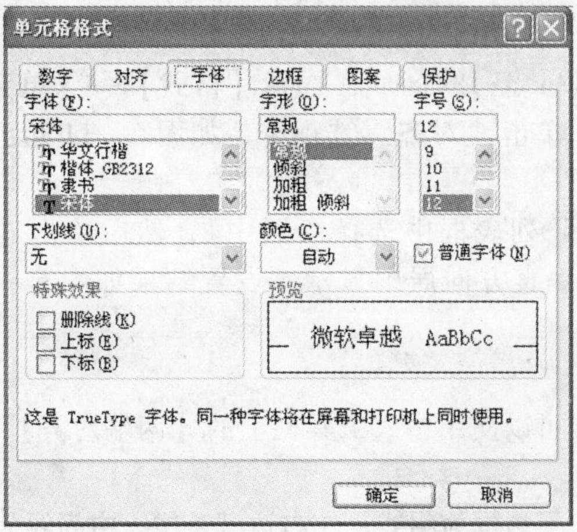

图 6－9　单元格格式“字体”对话框

（2）选择字体为“黑体”，字形为“常规”，字号为“16”，然后，单击【确定】按钮，完成报表标题的设置。

（3）单击行号3，在格式工具栏“字号”列表框中选择“14”，完成设置，如图6－10字体、字号和字形设置结果所示。

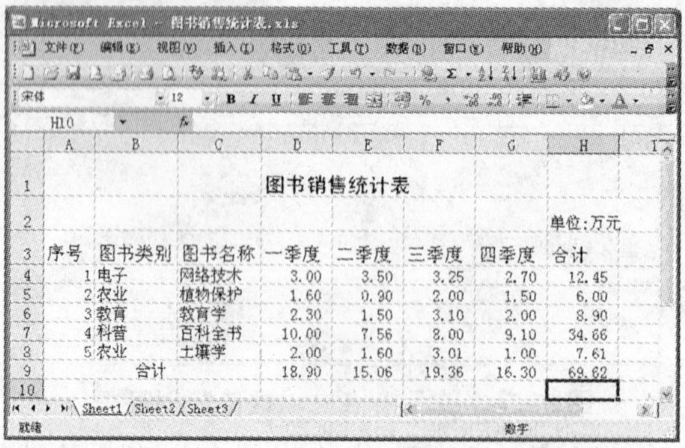

图6－10　字体、字号和字形设置结果

相关知识链接

字体、字号和字形均可使用格式工具栏上“字体”、“字号”和“字形”分别来设置。

任务五　单元格的合并及数据的对齐方式

操作步骤

（1）继续任务四，拖动鼠标选择A1至H1单元格区域。

（2）单击格式工具栏上的【合并及居中】按钮，A1至H1区域已合并成一个单元格，“图书销售统计表”水平居中显示。

（3）拖动鼠标选择A9至C9单元格区域，单击格式工具栏上的【合并及居中】按钮，完成设置，“合计”水平方向居中显示。

（4）单击第三行行号，单击格式工具栏上的【居中】按钮，第三行文本水平方向居中显示。

（5）拖动鼠标选择A4至C9区域，单击格式工具栏上的【居中】按钮，A4至C9单元格区域中的文本水平方向居中显示。

（6）拖动鼠标选择A1至H9区域，选择【格式】—【单元格】菜单命令，打开“单元格格式”对话框，单击“对齐”选项卡，如图6－11单元格格式“对齐”对话框所示。

（7）在“垂直对齐”列表框中选择“居中”，然后单击【确定】按钮，完成操作，所有区域的单元格垂直方向居中显示。设置结果如图6－12对齐方式设置结果所示。

相关知识链接

数据的水平对齐方式可以使用格式工具栏上的【两端对齐】【居中】【右对齐】和【分散对齐】按钮来设置。

任务六　设置报表上下边框为粗线，左右边框无线，中间线为细线

操作步骤

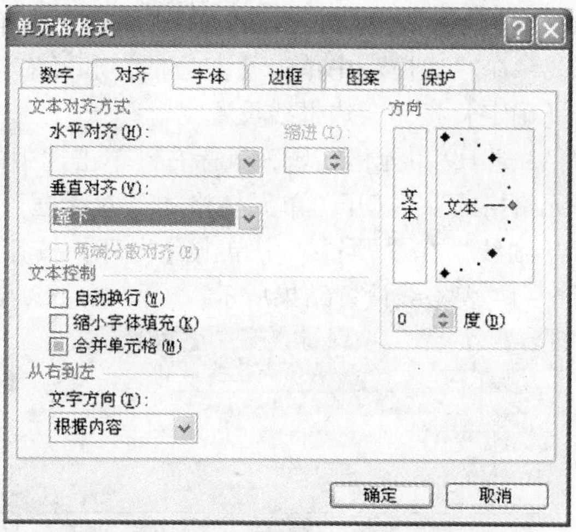

图 6-11　单元格格式"对齐"对话框

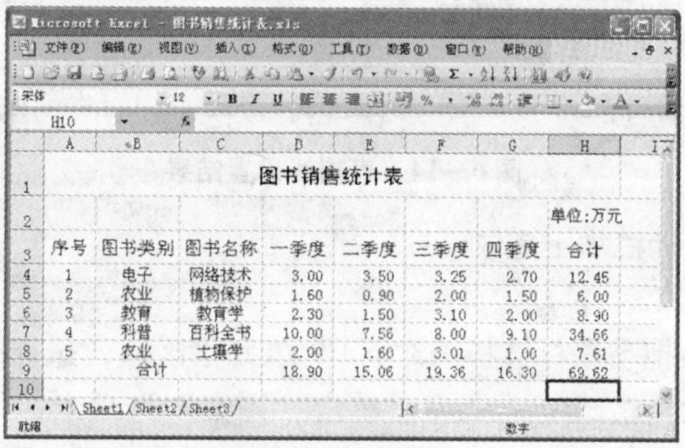

图 6-12　对齐方式设置结果

（1）继续任务五，拖动鼠标选择 A3 至 H9 区域，选择【格式】—【单元格】菜单命令，打开"单元格格式"对话框，单击"边框"选项卡，如图 6-13 单元格格式"边框"对话框所示。

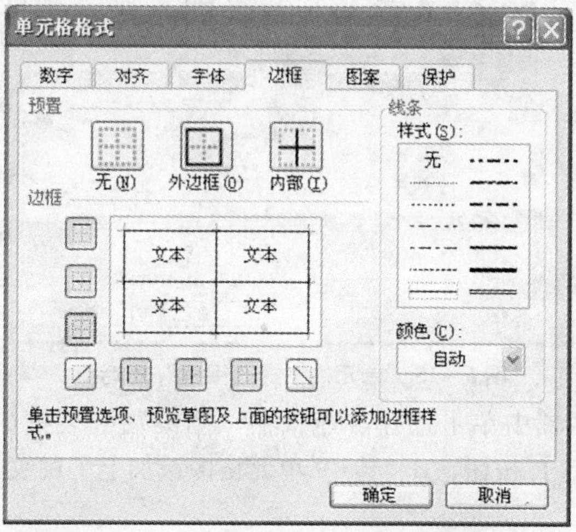

图 6-13　单元格格式"边框"对话框

（2）在“线条样式”中单击选择一种粗线，在“预置”中单击选择【外边框】按钮，这时，外边框为粗线，在“边框”中单击【左边框】和【右边框】按钮，使左右边框线为无线，然后单击【确定】按钮，边框线设置完毕。

（3）拖动鼠标选择 A3 至 H9 单元格区域，鼠标右键单击选中的单元格区域，调出快捷菜单，单击“设置单元格格式”，打开“单元格格式”对话框，单击“边框”选项卡，在“线条样式”中选择单细线，在“预置”中单击【内部】按钮，然后，单击【确定】按钮，完成操作，如图 6－14 表格线设置结果所示。

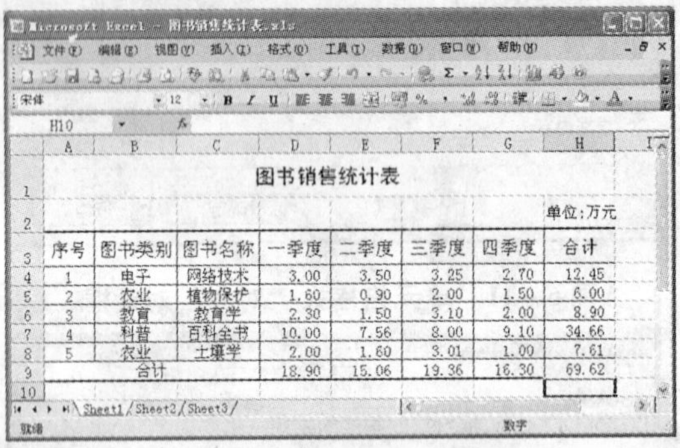

序号	图书类别	图书名称	一季度	二季度	三季度	四季度	合计
1	电子	网络技术	3.00	3.50	3.25	2.70	12.45
2	农业	植物保护	1.60	0.90	2.00	1.50	6.00
3	教育	教育学	2.30	1.50	3.10	2.00	8.90
4	科普	百科全书	10.00	7.56	8.00	9.10	34.66
5	农业	土壤学	2.00	1.60	3.01	1.00	7.61
	合计		18.90	15.06	19.36	16.30	69.62

图 6－14　表格线设置结果

任务七　给竖向合计栏加上底纹

操作步骤

（1）继续任务六，拖动鼠标选择 H3 至 H9 单元格区域，选择【格式】—【单元格】菜单命令，打开“单元格格式”对话框，单击“图案”选项卡，如图 6－15 单元格格式“图案”对话框所示。

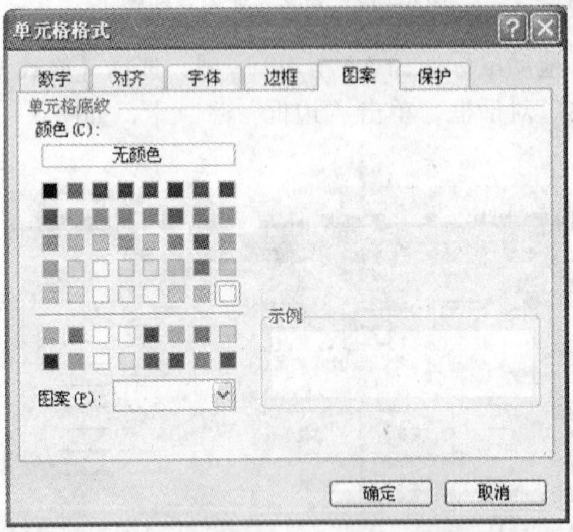

图 6－15　单元格格式“图案”对话框

（2）在“颜色”区域中单击选择红色，在“图案”列表框中单击选择“12.5% 灰色”，然后，单击【确定】按钮，H3 至 H9 单元格区域加上了底纹，如图 6－16 底纹设置结果所示。

（3）单击【保存】按钮，保存工作簿。

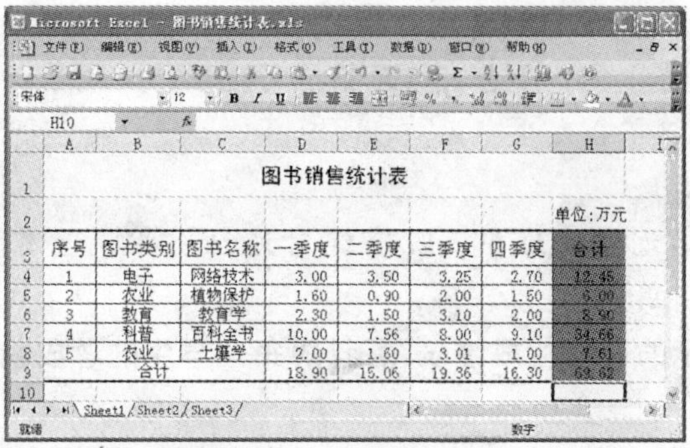

图 6－16 底纹设置结果

6.2 技能二 单元格的引用

预备知识

单元格的引用是指在公式中使用单元格的地址作为运算项，单元格地址代表了该单元格中的数据。在公式中引用单元格地址，系统将在公式与所引用的单元格之间建立起联系，公式的计算结果将依赖于所引用的单元格中的数据。

6.2.1 引用运算符

认识引用运算符

当公式中引用的是单元格区域时，要使用引用运算符连接单元格地址。引用运算符有以下两种。

"："（冒号）表示一个连续的矩形单元格区域。例如："D4：G4"表示 D4 至 G4 连续的单元格区域（包括 D4、E4、F4、G4），SUM（D4：G4）表示这些连续单元格的求和。

"，"（逗号）表示一系列不连续的单元格或单元格区域。例如："D4，G4"表示由这两个不连续的单元格组成的区域，SUM（D4，G4）表示 D4 与 G4 求和；"D4：G4，H9"表示由 D4 和 G4 矩形区域与 H9 单元格所组成的不连续的单元格区域，SUM（D4：G4，H9）表示 D4 至 G4 连续的单元格区域和 H9 单元格求和。

6.2.2 单元格的引用类型

预备知识

1. 相对引用

使用单元格的列标和行号表示单元格地址的方法，称为相对引用。例如：A1、B2 等。

相对引用的特点是：当把一个含有单元格相对地址的公式移动或复制到一个新的位置时，公式中的单元格地址会随之发生变化。

2. 绝对引用

绝对地址的表示方法是在单元格的行号、列标前面各加上一个"＄"符号。例如：

单元格 A1 的绝对地址为：A1。

绝对引用的特点是：当把一个含有单元格绝对地址的公式移动或复制到一个新的位置时，公式中的单元格地址不会发生变化。

3. 混合引用

混合引用是指在单元格地址中，既有绝对地址引用，也有相对地址引用。例如：$A1、B$2 都是混合引用。

建立如图 6.17 所示的“学生成绩表”，计算每个学生的总成绩

操作步骤

（1）单击 E3 单元格，输入公式“=C3*C9+D3”回车，即计算 001 号学生的总成绩。

（2）单击 E3 单元格，拖动 E3 单元格的填充柄至 E6，公式复制完成，计算结果随之显示出来，如图 6-17 学生成绩表所示。

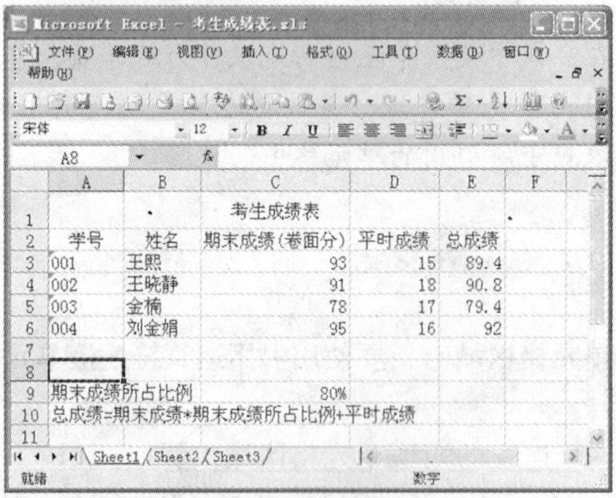

图 6-17　学生成绩表

（3）按【Ctrl+`】键，显示工作表中的公式，如图 6-18 单元格引用的公式情况所示。

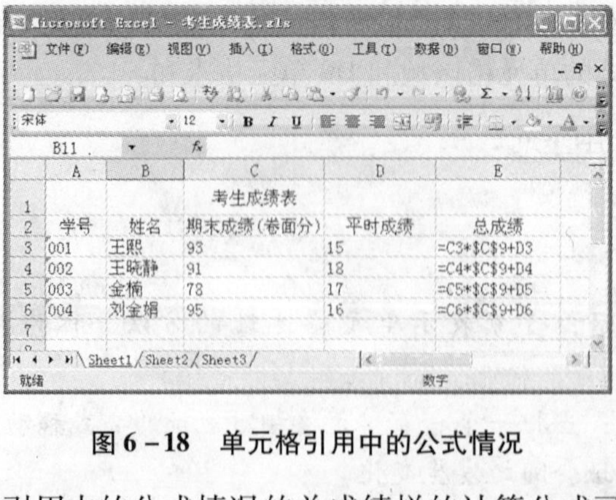

图 6-18　单元格引用中的公式情况

从图 6-18 单元格引用中的公式情况的总成绩栏的计算公式可以看到，E4 单元格中的公式为“=C4*C9+D4”，E5、E6 单元格中的公式依此类推，比较以上单元格中的公式可以看出，C3 和 D3 单元格为相对引用，在公式复制的过程中单元格地址发生变化，C9 单元格为绝对引用，在公式复制的过程中单元格地址不变。

6.3　技能三　计算“图书销售统计表”

预备知识

在 Excel 2003 中，可以在单元格中输入公式和函数进行计算，如统计函数、财务函数、数学函数等。利用这些函数可以提高数据处理的能力，实现其强大的自动计算功能。

6.3.1　公式的使用

任务一　计算“图书销售统计表”上半年合计和上半年季平均

操作步骤

（1）打开图 6－16 所示的“图书销售统计表”，鼠标右键单击合计列的列号 H，调出快捷菜单，单击【插入】命令，插入一列，重复该操作，再插入一列。

（2）在 H3 单元格中输入“上半年合计”，在 I3 单元格中输入“上半年季平均”。

（3）单击 H4 单元格，输入“＝D4＋E4”，编辑栏中显示此公式，按回车键。

（4）单击 I4 单元格，输入“＝H4/2”，编辑栏中显示此公式，按回车键，操作完成，如图 6－19 使用公式计算所示。

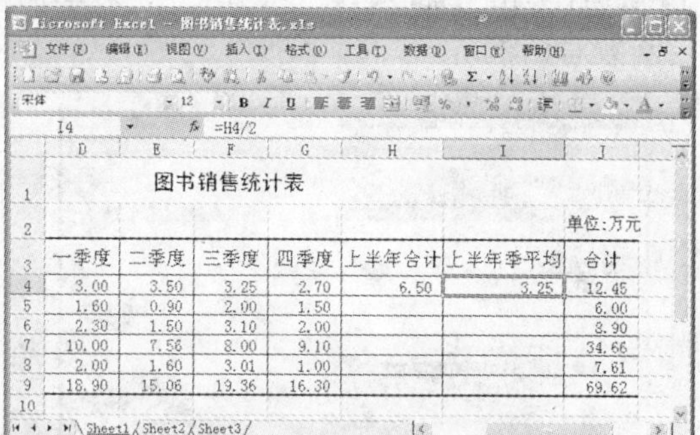

一季度	二季度	三季度	四季度	上半年合计	上半年季平均	合计
3.00	3.50	3.25	2.70	6.50	3.25	12.45
1.60	0.90	2.00	1.50			6.00
2.30	1.50	3.10	2.00			8.90
10.00	7.56	8.00	9.10			34.66
2.00	1.60	3.01	1.00			7.61
18.90	15.06	19.36	16.30			69.62

图 6－19　使用公式计算

当在第一季度与第二季度之间插入一列单元格时，上半年合计“＝D4＋E4”会自动变成“＝D4＋F4”，上半年季平均“＝H4/2”会自动变成“＝I4/2”，计算结果不会改变。

任务二　自动计算其他图书的上半年合计和上半年季平均（复制公式）

操作步骤

（1）继续任务一，拖动鼠标选择 H4 至 I4 单元格区域。

（2）拖动该区域的填充柄至 H8 至 I8 单元格区域，公式复制完成，计算结果也随之显示出来，如图 6－20 复制公式自动计算所示。

比较 H4 至 H8 和 I4 至 I8 各单元格中的公式可以看出，在复制公式的过程中，随着放置计算结果的单元格的变化，公式中引用的单元格也自动发生变化。

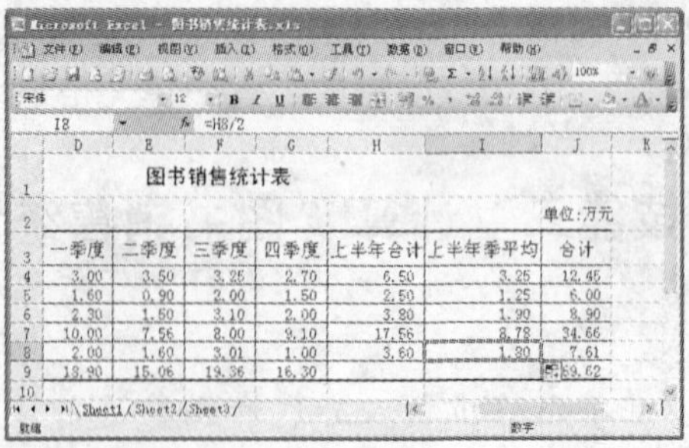

图 6-20　复制公式自动计算

6.3.2　函数的使用

用 SUM 和 AVERAGE 函数计算下半年合计和下半年季平均

操作步骤

（1）继续操作图 6-20，鼠标右键单击合计列的列号 J，调出快捷菜单，单击【插入】命令，插入一列，重复该操作，再插入一列。

（2）拖动鼠标选择 H3 至 I3 单元格区域，单击工具栏上的【复制】按钮，然后，单击 J3 单元格，再单击工具栏上的【粘贴】按钮，复制完成。J3、K3 单元格中的内容分别为“上半年合计”和“上半年季平均”。将其分别改为“下半年合计”和“下半年季平均”。

（3）单击 J4 单元格，然后单击【插入】—【函数】菜单命令，打开“插入函数”对话框，如图 6-21 插入函数对话框所示。

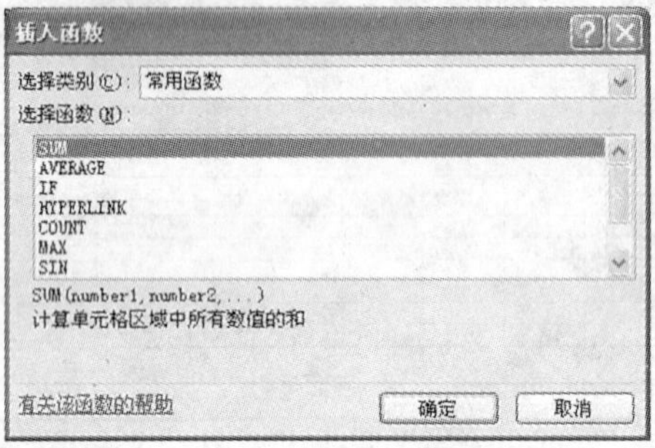

图 6-21　插入函数对话框

（4）在“选择类别”中选择“常用函数”，在“选择函数”中选择“SUM”，单击【确定】按钮，打开“SUM”对话框，如图 6-22 SUM 函数对话框所示。

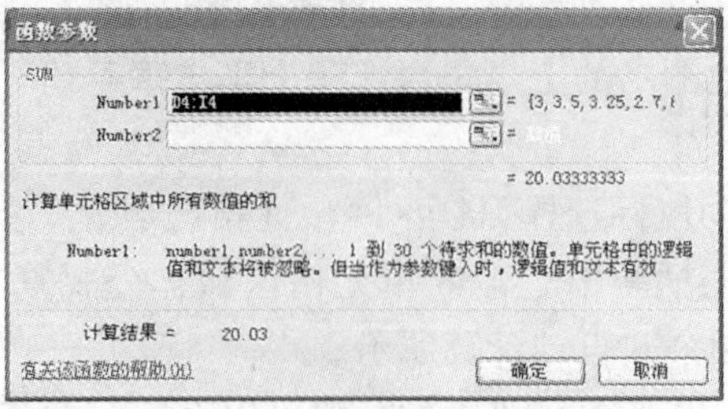

图 6-22　SUM 函数对话框

（5）在工作表中拖动选择 F4 至 G4 单元格区域，然后，单击“SUM”对话框中的

【确定】按钮，完成第一种图书下半年合计销售额的计算，J4 单元格中的公式为“=SUM（F4：G4）”。

（6）单击 K4 单元格，然后单击【插入】—【函数】菜单命令，打开“插入函数”对话框，如图 6－21 插入函数对话框所示。

（7）在“选择类别”中选择“常用函数”，在“选择函数”中选择“AVERAGE”，单击【确定】按钮，打开“AVERAGE”对话框，如图 6－23 AVERAGE 函数对话框所示。

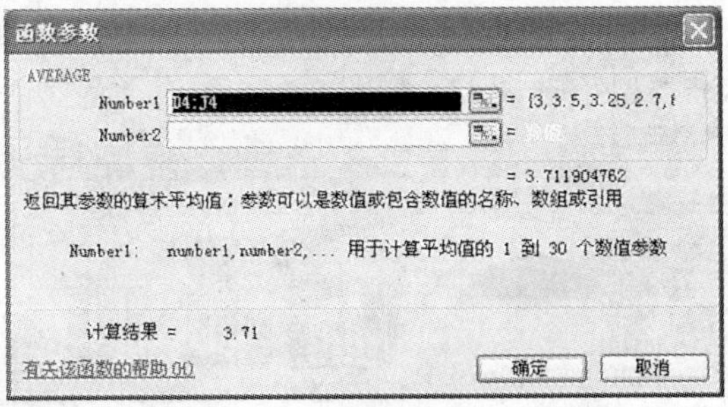

图 6－23　AVERAGE 函数对话框

（8）在工作表中拖动选择 F4 至 G4 区域，然后，单击“AVERAGE”对话框中的【确定】按钮，完成第一种图书下半年季平均计算，K4 单元格中的公式为“=AVERAGE（F4：G4）”。

（9）选择 J4 至 K4 单元格区域，拖动该区域的填充柄至 J8 至 K8，完成所有图书下半年合计和下半年季平均的计算，结果如图 6－24 使用函数自动计算所示。

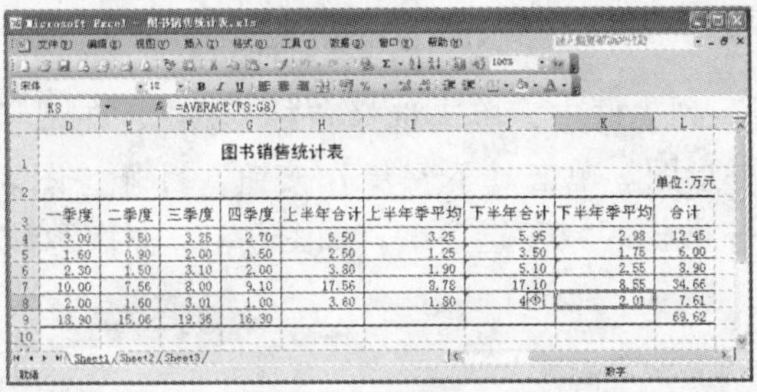

图 6－24　使用函数自动计算

（10）单击【保存】按钮，保存工作簿。

当在第三季度与第四季度之间插入一列单元格时，下半年合计“=SUM（F4：G4）”会自动变成“=SUM（F4：H4）”，求和区域加入了新插入的单元格。同理，下半年季平均“=AVERAGE（F4：G4）”中的单元格区域也会发生变化。

6.4　技能四　使用图表

预备知识

图表是以图的形式来表示工作表中的数据、数据间的关系和数据变化的趋势。使用图表可以更加清楚、直观地表现数据。图表和工作表中的数据是互相链接的，当工作表中的数据发生变化时，图表会自动随之改变。

6.4.1 创建“图书销售统计表”图表

创建“图书销售统计表”图表

操作步骤

(1) 打开图6－24所示的“图书销售统计表”，拖动鼠标选择数据源C3至G8单元格区域。

(2) 单击常用工具栏上的【图表向导】按钮，打开“图表向导-4步骤之1-图表类型”对话框，选择“标准类型”选项卡，如图6－25图表类型对话框所示。

图6－25 图表类型对话框

(3) 在“图表类型”列表框中，单击选择“柱形图”，在“子图表类型”选项中单击选择第一种，即簇状柱形图。单击【下一步】按钮，打开“图表向导-4步骤之2-图表源数据”对话框，选择“数据区域”选项卡，如图6－26图表源数据对话框所示。

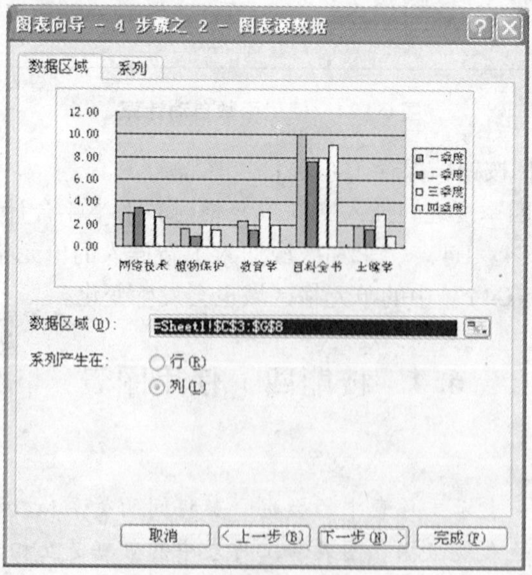

图6－26 图表源数据对话框

（4）“数据区域”编辑框中的数据是“Sheet1！＄C＄3：＄G＄8”，是第（1）步选择的数据区域，不需要改变（若需要改变数据区域，则在数据表中拖动所需要的数据区域，然后就会在“数据区域”编辑框中显示出来）。选择系列产生在“列”。单击【下一步】按钮，打开“图表向导-4 步骤之 3-图表选项”对话框，选择“标题”选项卡，如图 6－27所示。

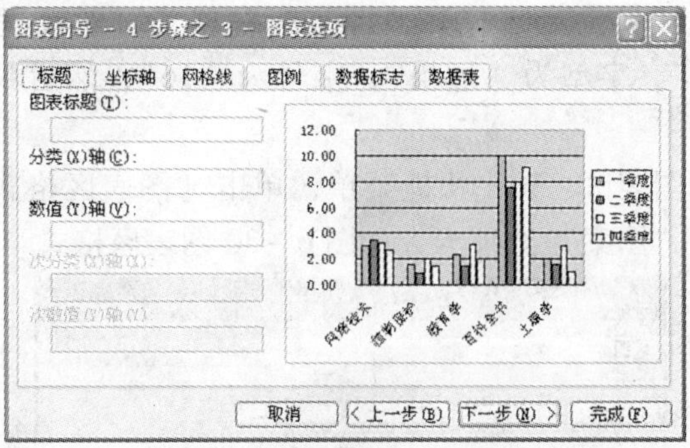

图 6－27　图表标题对话框

（5）在“图表标题”编辑框中输入图表标题“图书销售统计表”。单击【下一步】按钮，打开“图表向导-4 步骤之 4-图表位置”对话框，如图 6－28 图表位置对话框所示。

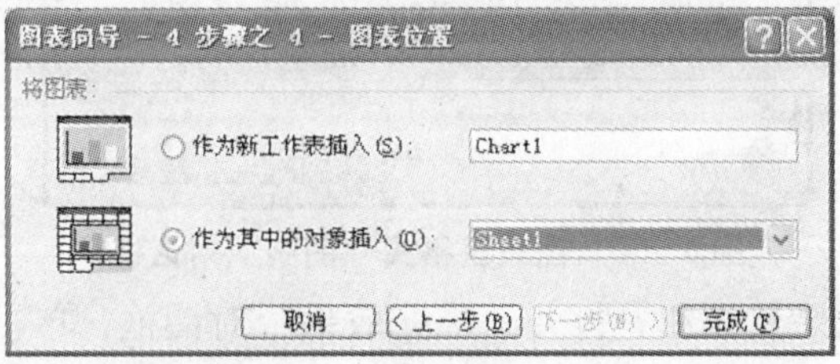

图 6－28　图表位置对话框

（6）单击“作为其中的对象插入”选项，单击【完成】按钮，结果如图 6－29“图书销售统计表”图表所示。

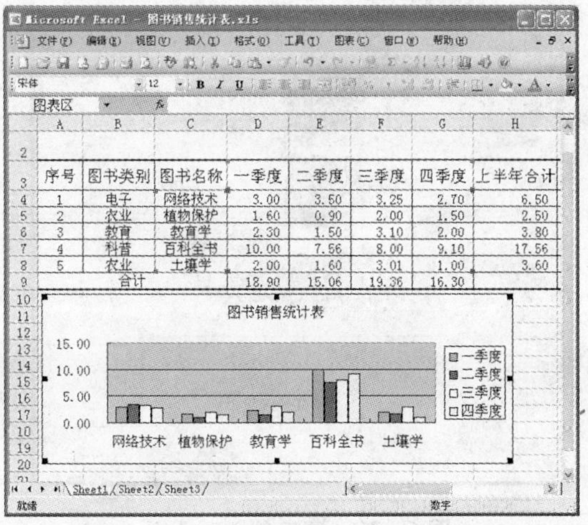

图 6－29　“图书销售统计表”图表

6.4.2 编辑“图书销售统计表”图表

任务一 设置图表标题和图表底纹

操作步骤

（1）继续操作图 6－29，鼠标右键单击图表标题“图书销售统计表”，调出快捷菜单，单击【图表标题格式】命令，打开“图表标题格式”对话框，单击“字体”选项卡，选择字体为“楷体”，字型为“加粗”，字号为“16”，然后单击【确定】按钮，完成对图表标题的修改。

（2）鼠标右键单击图表区，调出快捷菜单，单击【图表区格式】命令，打开“图表区格式”对话框，单击“图案”选项卡，如图 6－30 图表区格式“图案”对话框所示。

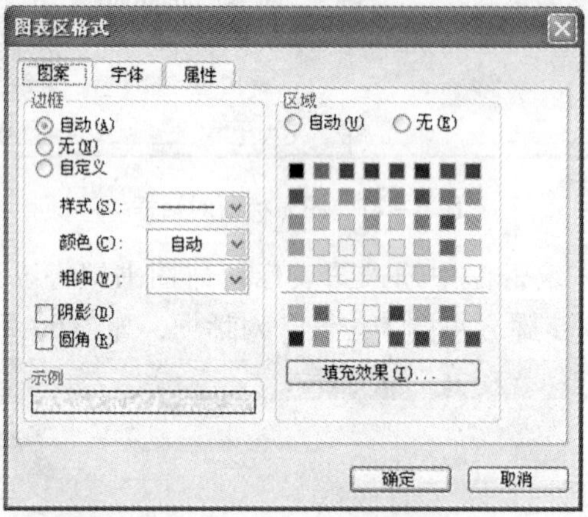

图 6－30 图表区格式“图案”对话框

（3）单击【填充效果】按钮，打开“填充效果”对话框，单击“纹理”选项卡，如图 6－31 填充效果对话框所示。

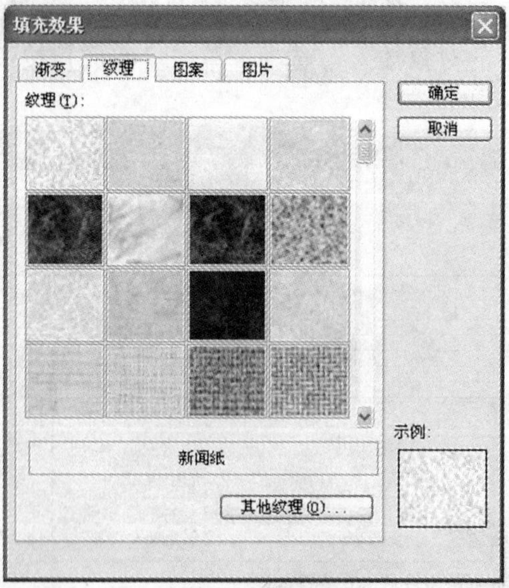

图 6－31 填充效果对话框

(4) 在“纹理”选项卡中，单击选择第一种纹理，然后单击【确定】按钮，返回“图表区格式”对话框，再单击【确定】按钮，完成操作，结果如图 6－32 图表标题和图表底纹的设置结果所示。

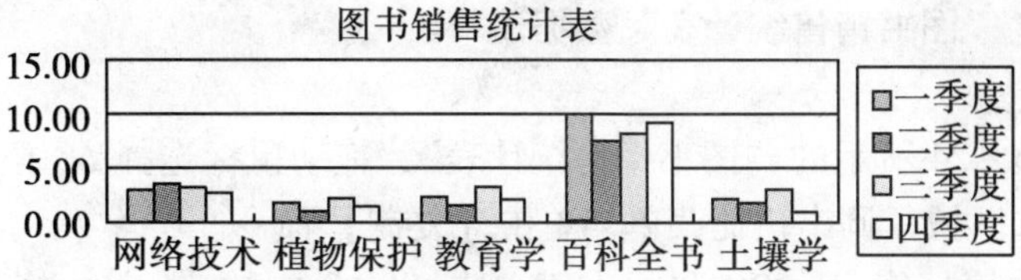

图 6－32 图表标题和图表底纹的设置结果

任务二 修改图表源数据和图表系列

操作步骤

(1) 继续任务一，在图表区鼠标右键单击，调出快捷菜单，选择【源数据】命令，打开“源数据”对话框，单击“数据区域”选项卡，如图 6－26 所示。

(2) 在工作表中拖动鼠标选择 C3 至 G4 单元格区域，然后，在按住 Ctrl 键的同时，拖动鼠标选择 C6 至 G6 单元格区域，此时，在“数据区域”编辑框中的内容为“=Sheet1！＄C＄3：＄G＄4，＄C＄6：＄G＄6”。

(3) 单击“源数据”对话框中的【确定】按钮，完成操作，结果如图 6－33 改变图表源数据的结果所示。

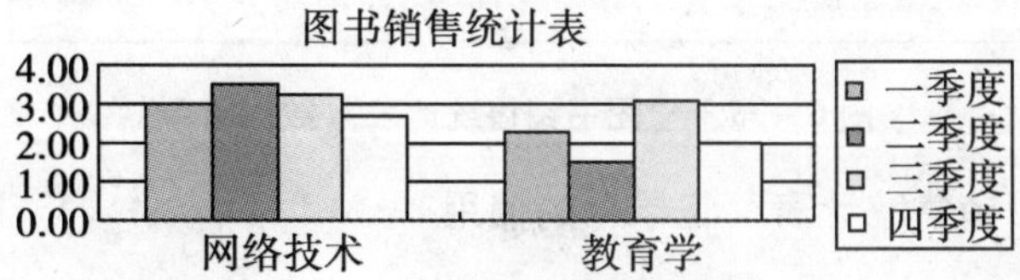

图 6－33 改变图表源数据的结果

(4) 如果在第 (2) 步中，在“系列产生在”框中选择“行”，单击【确定】按钮，结果如图 6－34 所示。

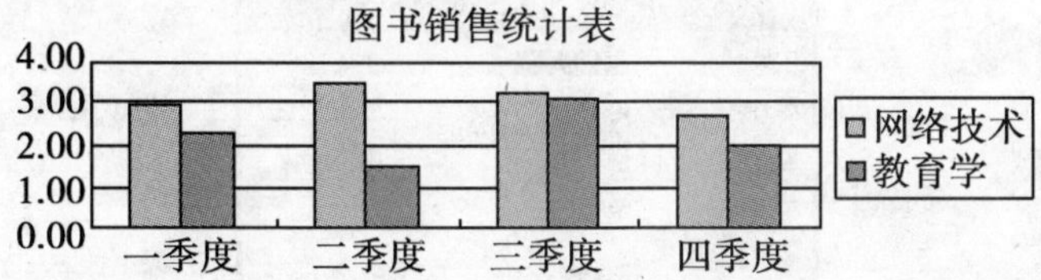

图 6－34 改变图表系列的结果

6.5 技能五 数据清单的管理与分析

6.5.1 “图书销售统计表”数据清单

预备知识

由“图书销售统计表”中的“序号”、“图书类别”、“图书名称”等列标题和其具体数据组成的数据表就是“图书销售统计”的数据清单。为了便于数据的排序、筛选和自动分类汇总等，我们需要建立规范的数据清单，即将列标题放在工作表的第一行，以下各行是具体数据，并且同一列格式要统一。

任务一　创建“图书销售统计表”数据清单

操作步骤

（1）打开图 6－24 所示的“图书销售统计表”，拖动鼠标选择 A3 至 M8 单元格区域，鼠标右键单击所选区域，调出快捷菜单，单击【复制】命令。

（2）单击工作表标签 Sheet2，鼠标右键单击 Sheet2 中的 A1 单元格，调出快捷菜单，单击【粘贴】命令，数据清单创建完毕。

（3）鼠标右键单击 D 列列标 D，调出快捷菜单，单击【插入】命令，插入一列。

（4）单击 D1 单元格，输入“销售书店”，在 D2 至 D6 单元格中输入相应的书店名称。

（5）鼠标右键单击 Sheet2，选择【重命名】命令，输入“图书销售统计表数据清单”，然后回车，结果如图 6－35“图书销售统计表”数据清单所示。

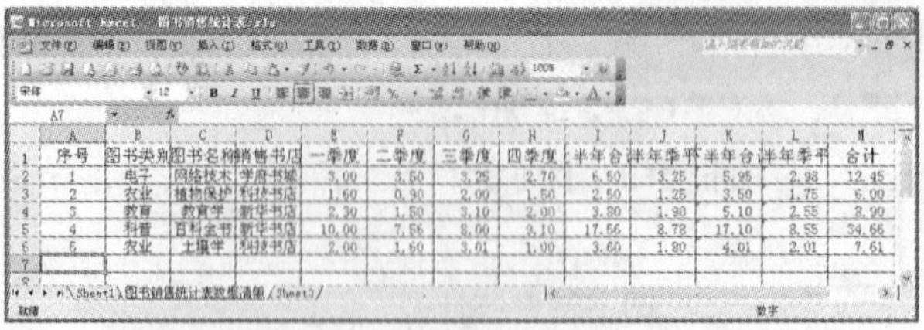

图 6－35　“图书销售统计表”数据清单

任务二　“图书销售统计表”记录单的使用

操作步骤

（1）继续任务一，单击数据清单内任一单元格。

（2）单击【数据】—【记录单】菜单命令，打开“记录单”对话框，如图 6－36 记录单对话框所示。

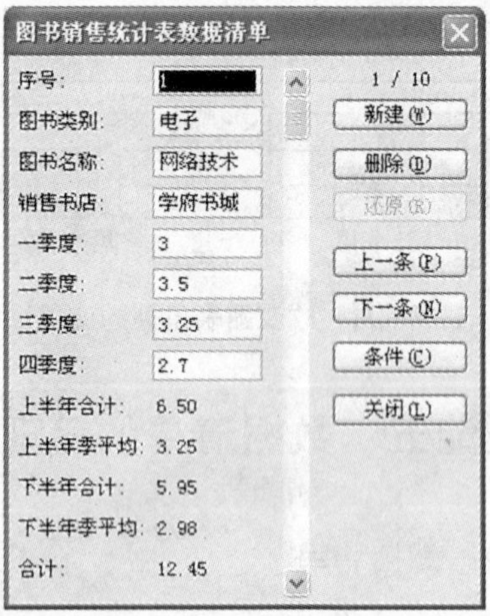

图 6－36　记录单对话框

（3）单击【新建】按钮，在不同字段中输入表 6－2 所示的数据。用 Tab 键或鼠标选择不同的字段，用回车键结束每一条记录。

表 6－2　追加到“图书销售统计表”中的数据

6	教育	心理学	新华书店	2.50	2.00	3.00	4.00
7	电子	计算机应用	学府书城	5.00	4.50	5.20	3.10
8	电子	VB 程序设计	学府书城	3.50	2.90	5.10	4.30
9	农业	植物保护	新华书店	1.00	0.50	1.50	2.10
10	电子	网络技术	科技书店	2.00	3.00	3.20	4.00

（4）输入完毕后，单击【关闭】按钮，结果如图 6－37 用记录单输入的数据清单所示。

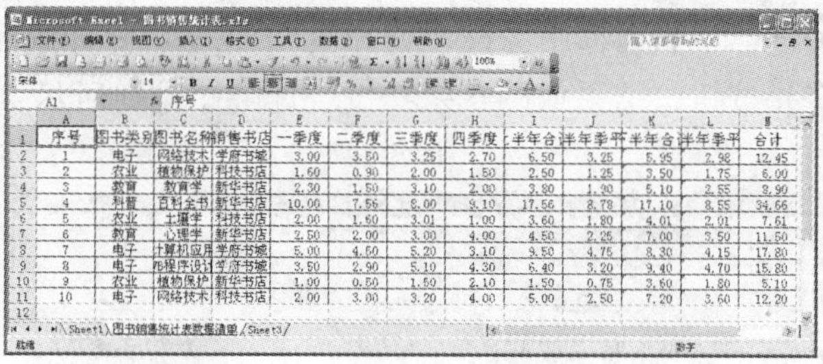

图 6－37　用记录单输入的数据清单

（5）单击【保存】按钮，保存工作簿。

相关知识链接

在图 6－36 记录单对话框中，单击【删除】按钮，可以删除正在显示的记录。在相应的字段输入要查询的条件，再单击【上一条】【下一条】按钮，可以查看满足条件的记录，单击【关闭】按钮，退出记录单操作。

6.5.2　排序和分类汇总“图书销售统计表”

预备知识

排序是对数据表中的数据按某个关键字或几个关键字升序或降序有规律的排列。分类汇总是对数据清单中的某一项数据进行分类，并对每类数据进行统计计算。在分类汇总之前，必须先对所需分类的数据项进行排序。

任务一　按“合计”排序

操作步骤

（1）打开图 6－37 所示的“图书销售统计表”，单击“图书销售统计表数据清单”标签，单击清单中的任一单元格。

（2）拖动鼠标选择 E 至 H 列，鼠标右键单击，调出快捷菜单，单击【隐藏】命令。

（3）单击【数据】—【排序】菜单命令，打开“排序”对话框，如图 6－38 排序对话框所示。

图 6－38　排序对话框

（4）在“主要关键字”列表框中选择“合计”，单击选择排序顺序为“降序”。

（5）单击【确定】按钮，结果如图 6－39 按合计降序排列所示，排序结果为合计列由大到小排列。

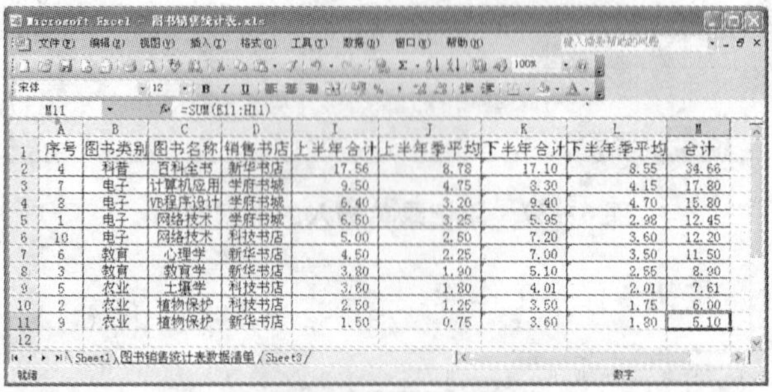

序号	图书类别	图书名称	销售书店	上半年合计	上半年季平均	下半年合计	下半年季平均	合计
4	科普	百科全书	新华书店	17.56	8.78	17.10	8.55	34.66
7	电子	计算机应用	学府书城	9.50	4.75	8.30	4.15	17.80
8	电子	VB程序设计	学府书城	6.40	3.20	9.40	4.70	15.80
1	电子	网络技术	学府书城	6.50	3.25	5.95	2.98	12.45
10	电子	网络技术	科技书店	5.00	2.50	7.20	3.60	12.20
6	教育	心理学	新华书店	4.50	2.25	7.00	3.50	11.50
3	教育	教育学	新华书店	3.80	1.90	5.10	2.55	8.90
5	农业	土壤学	科技书店	3.60	1.80	4.01	2.01	7.61
2	农业	植物保护	科技书店	2.50	1.25	3.50	1.75	6.00
9	农业	植物保护	新华书店	1.50	0.75	3.60	1.80	5.10

图 6－39　按合计降序排列

任务二　按“销售书店”分类汇总

操作步骤

（1）打开图 6－37 所示的“图书销售统计表”，单击“图书销售统计表数据清单”标签，单击清单中的任一单元格。

（2）单击【数据】—【排序】菜单命令，打开“排序”对话框，如图 6－38 所示。

（3）在“主要关键字”列表框中选择“销售书店”，单击选择排序顺序为“降序”，然后，单击【确定】按钮，完成对“销售书店”的排序操作。

（4）单击【数据】—【分类汇总】菜单命令，打开分类汇总对话框，如图 6－40 分类汇总对话框所示。

（5）在“分类字段”列表框中选择“销售书店”，在“汇总方式”列表框中选择“求和”，在“选定汇总项”列表框中选择“上半年合计”、“下半年合计”和“合计”。

（6）单击选中“替换当前分类汇总”和“汇总结果显示在数据下方”两个选项。

（7）单击【确定】按钮，完成按“销售书店”分类汇总的操作，结果如图 6－41 按销售书店分类汇总结果所示。

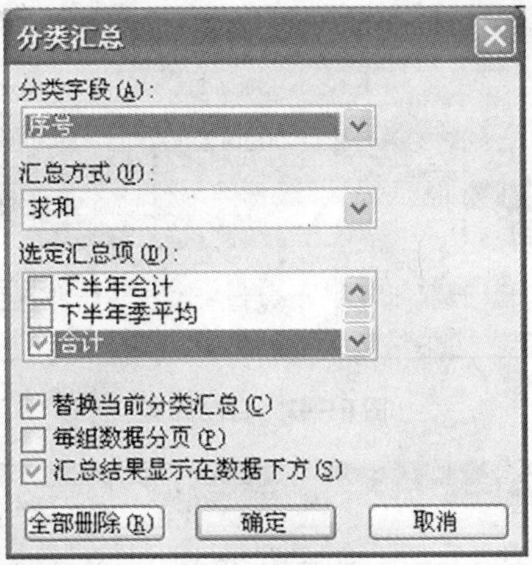

图 6－40　分类汇总对话框

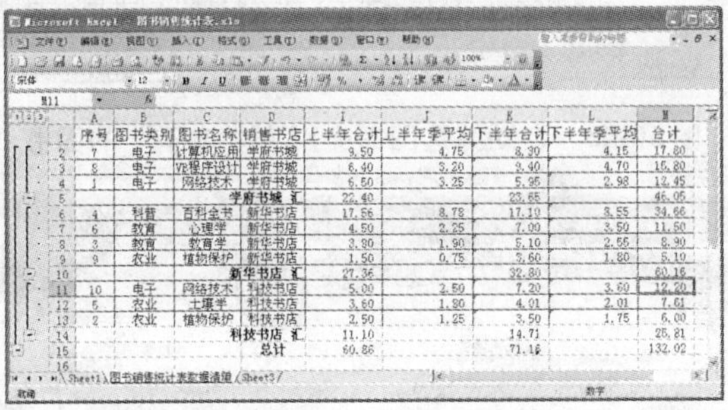

图 6－41　按销售书店分类汇总结果

要删除分类汇总，在分类汇总对话框中单击【全部删除】按钮。

6.5.3　筛选“图书销售统计表”数据

预备知识

筛选数据是指根据给定的条件，在数据清单中筛选出符合条件的数据，这样可以有重点地对一些记录进行编辑、排序和复制等操作。

任务一　分别自动筛选电子类图书和合计小于 10 万元的图书

操作步骤

（1）打开图 6－37 所示的“图书销售统计表”，单击“图书销售统计表数据清单”标签，单击清单中的任一单元格。

（2）单击【数据】—【筛选】—【自动筛选】菜单命令。

（3）单击打开“图书类别”列的“筛选条件”列表框，如图 6－42 自动筛选所示。

（4）在列表框中选择“电子”选项，筛选结果如图 6－43 自动筛选图书类别为“电子”的图书所示。

（5）在列表框中选择“全部”选项，显示全部图书。

（6）单击“合计”列的“筛选条件”列表框，单击“自定义”选项，打开“自定义筛选方式”对话框，如图 6－44 自定义筛选方式对话框所示。

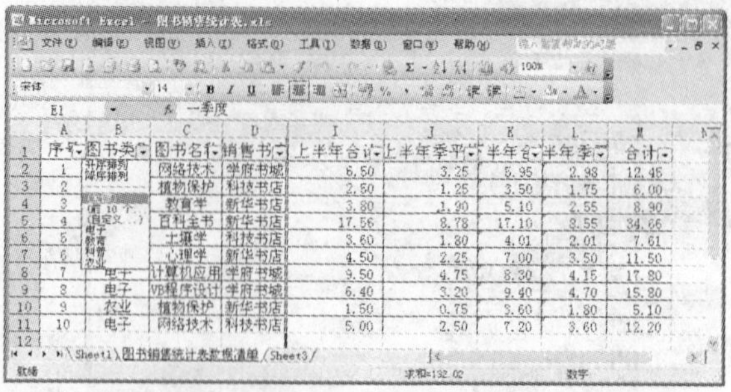

图 6－42 自动筛选

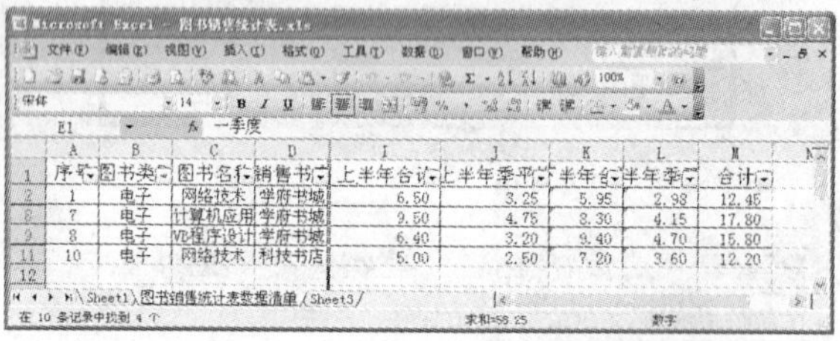

图 6－43 自动筛选图书类别为“电子”的图书

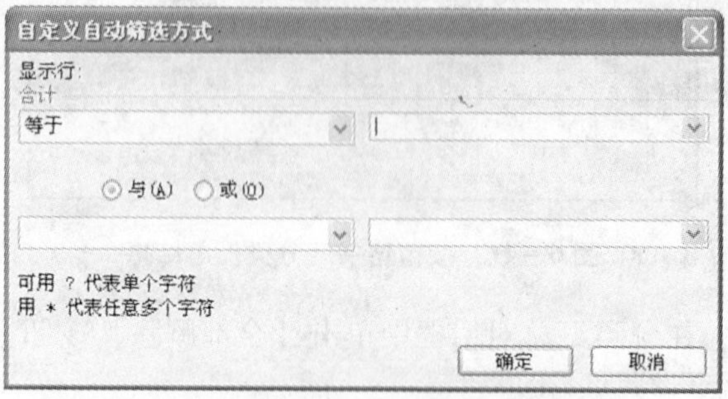

图 6－44 自定义筛选方式对话框

（7）在“合计”栏左边框中选择“小于”，在右边框中输入 10。

（8）单击【确定】按钮，结果如图 6－45 自定义筛选“合计”小于 10 万元的图书所示。

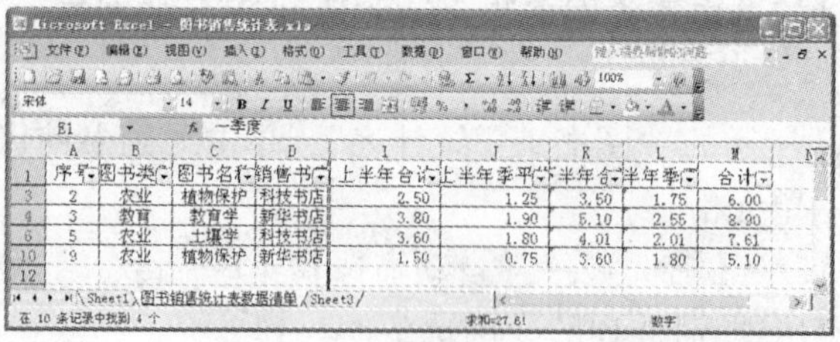

图 6－45 自定义筛选“合计”小于 10 万元的图书

任务二 高级筛选（筛选电子类并且合计大于 15 万元的图书）

操作步骤

（1）继续任务一，单击【数据】—【筛选】—【自动筛选】菜单命令，取消筛选。

（2）在数据清单之外的区域建立条件数据表，即在 I13 单元格中输入“图书类别”，I14 单元格中输入“电子”，J13 单元格中输入“合计”，J14 单元格中输入“ >15”。

（3）单击数据清单中的任一单元格，单击【数据】—【筛选】—【高级筛选】菜单命令，打开“高级筛选”对话框，如图 6－46 高级筛选对话框所示。

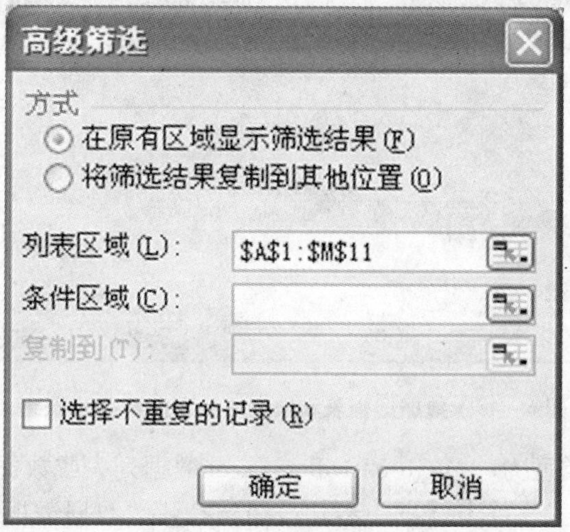

图 6－46　高级筛选对话框

（4）在“方式”栏中选择“在原有区域显示筛选结果”。

（5）在“列表区域”编辑框中输入“＄A＄1：＄M＄11”。

（6）单击【确定】按钮，结果如图 6－47 高级筛选电子类并且“合计”大于 15 万元的图书所示。

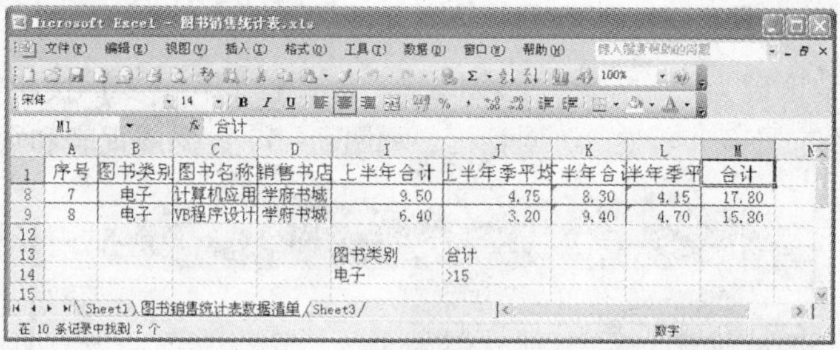

图 6－47　高级筛选电子类并且“合计”大于 15 万元的图书

（7）单击【数据】—【筛选】—【全部显示】菜单命令，退出高级筛选。

6.5.4　“图书销售统计表”数据透视表

预备知识

数据透视表就是通过设置数据项，对现有的数据表中的数据重新组织，并进行计算，可以进一步对工作表中的数据进行分析。

任务一　建立数据透视表

操作步骤

（1）打开图 6－37 所示的“图书销售统计表”，单击“图书销售统计表数据清单”标签。

（2）选择【数据】—【数据透视表和数据透视图】命令，打开“数据透视表和数据透视图向导-3 步骤之 1”对话框，如图 6－48 数据透视表和数据透视图向导-3 步骤之 1 所示。

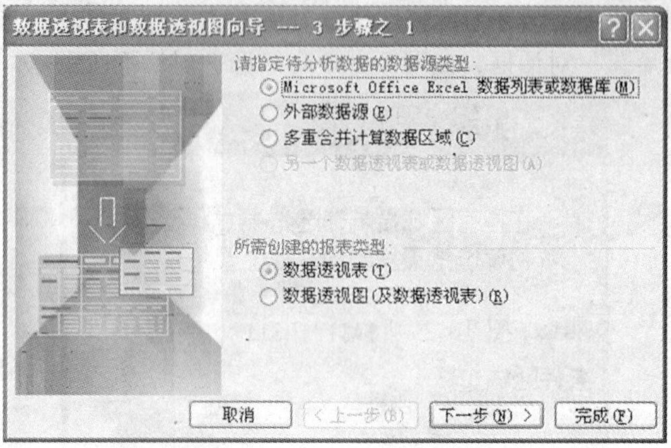

图 6－48　数据透视表和数据透视图向导-3 步骤之 1

（3）选择数据源类型为“Microsoft Office Excel 数据列表或数据库”，选择需创建的报表类型为“数据透视表”。单击【下一步】按钮，打开“数据透视表和数据透视图向导-3 步骤之 2”对话框，如图 6－49 数据透视表和数据透视图向导-3 步骤之 2 所示。

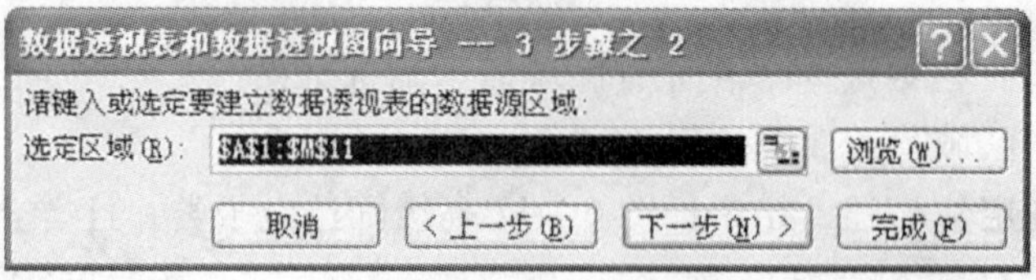

图 6－49　数据透视表和数据透视图向导-3 步骤之 2

（4）设置选定区域为“＄A＄1：＄M＄11”，单击【下一步】按钮，打开“数据透视表和数据透视图向导-3 步骤之 3”对话框，如图 6－50 数据透视表和数据透视图向导-3 步骤之 3 所示。

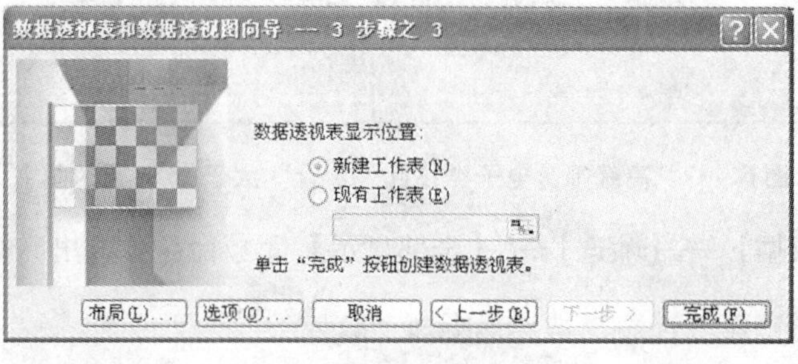

图 6－50　数据透视表和数据透视图向导-3 步骤之 3

（5）选择数据透视表的显示位置为“新建工作表”，单击【完成】按钮，窗口如图 6－51 新建数据透视表所示，从图中可以看到数据透视表的工作表标签为“Sheet4”。

（6）拖动“数据透视表字段列表”中的“图书类别”到页字段处，“图书名称”到行字段处，“销售书店”到列字段处，把“一季度”作为数据项拖动到数据区，操作完成，结果如图 6－52 所示。

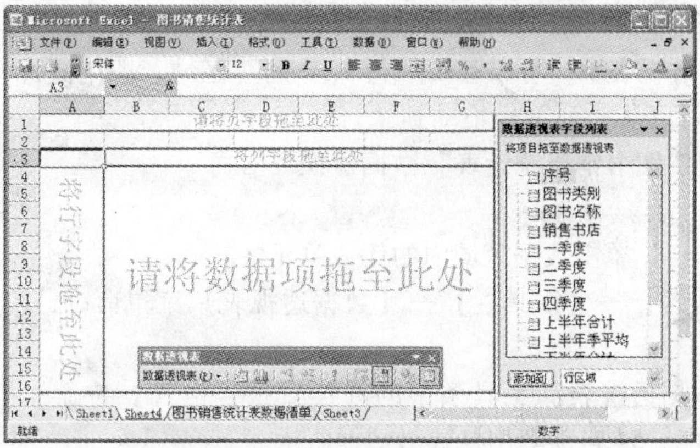

图 6－51　新建数据透视表

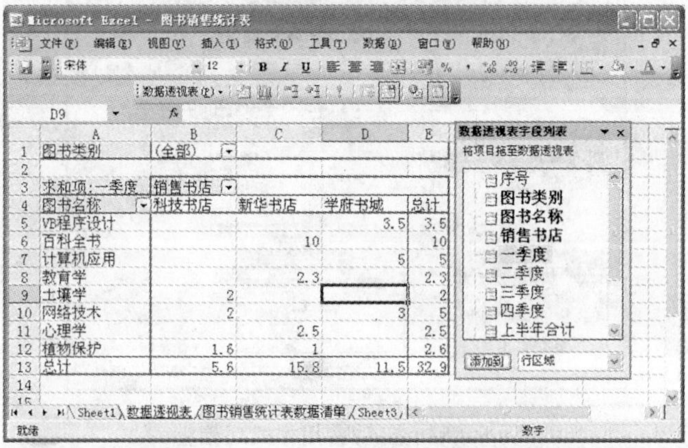

图 6－52　一季度各书店全部图书销售情况数据透视表

（7）鼠标右键单击 Sheet4，调出快捷菜单，单击【重命名】命令，输入“数据透视表”。

（8）拖动 A3 单元格中的“求和项：一季度”到数据区外，此时数据项区域为空白，把“上半年合计”作为数据项拖动到数据区，结果如图 6－53 上半年各书店全部图书销售情况数据透视表所示。

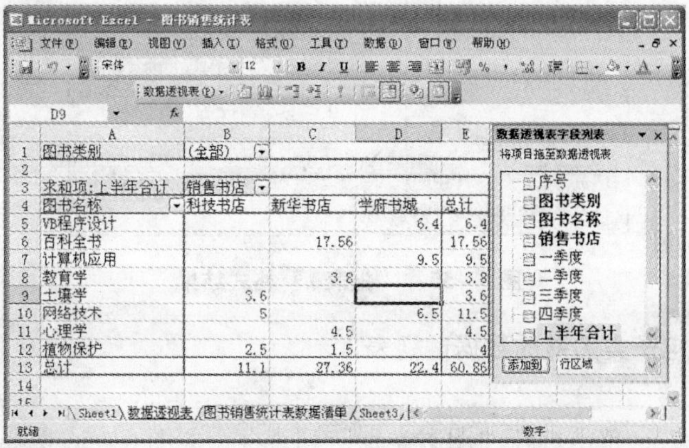

图 6－53　上半年各书店全部图书销售情况数据透视表

相关知识链接

在生成的数据透视表中，可以互换“行”、“列”区域，即用鼠标将“行”区拖动到“列”区，同样，可以从“列”区拖动到“行”区。

任务二　设置“图书销售统计表”数据透视表格式

操作步骤

(1) 继续任务一，单击数据区域内的任一单元格。

(2) 单击【视图】—【工具栏】—【数据透视表】菜单命令，打开“数据透视表”工具条。

(3) 单击“数据透视表”工具条中的【设置报告格式】按钮，打开“自动套用格式”对话框，如图6－54自动套用格式对话框所示。

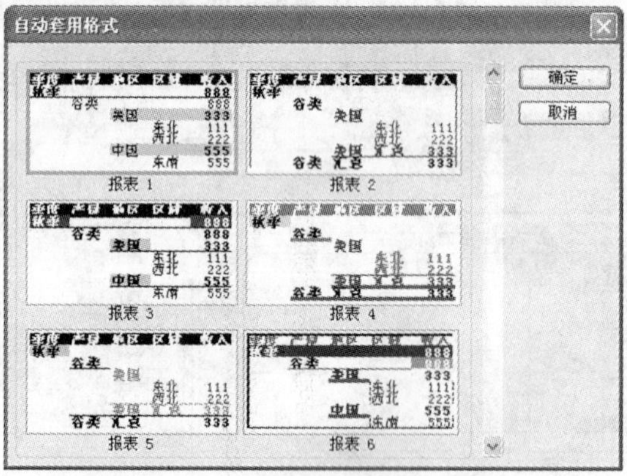

图6－54　自动套用格式对话框

(4) 选择“报表1”格式，单击【确定】按钮，结果如图6－55“报表1”格式结果所示。

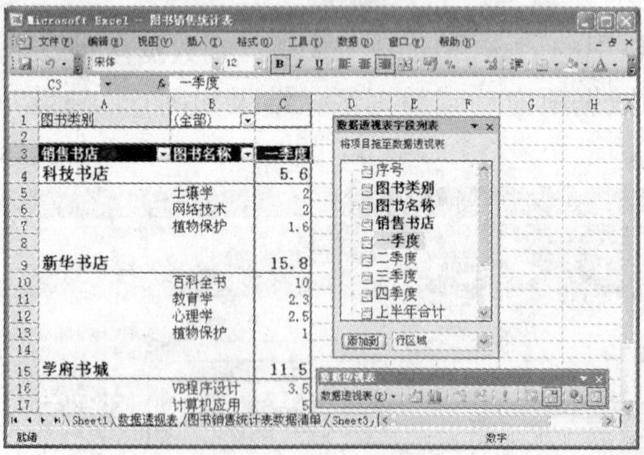

图6－55　“报表1”格式结果

任务三　查看电子类图书的数据透视表

操作步骤

(1) 继续任务二，单击打开“图书类别”列表框，如图6－56选择图书类别所示。

(2) 在列表框中选择“电子”，然后，单击【确定】按钮，结果如图6－57图书类别为“电子”的数据透视表所示。

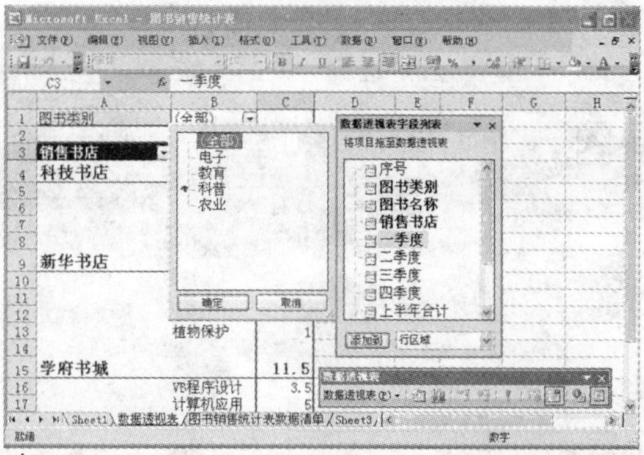

图 6－56　选择图书类别

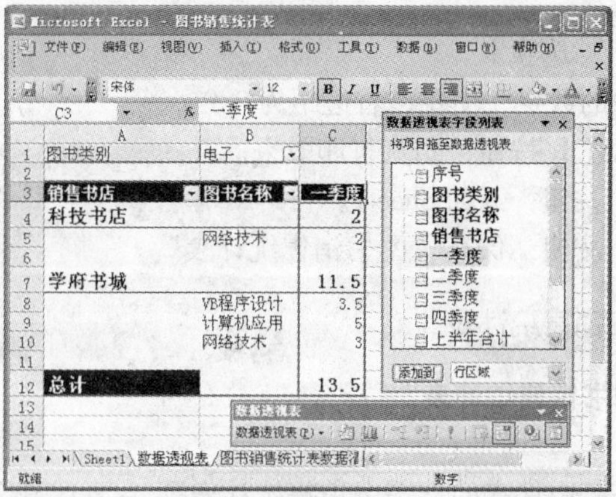

图 6－57　图书类别为“电子”的数据透视表

相关知识链接

（1）可以在“销售书店”列表框中选择不同的书店，在“图书名称”列表框中选择不同的图书，或者将三者结合起来选择你所需要的数据。

（2）在数据透视表中，可以通过“数据透视表”工具条中的【字段设置】按钮选择不同的汇总方式。

6.6　技能六　打印工作表

6.6.1　设置“图书销售统计表”页面

任务一　设置纸型和页边距

操作步骤

（1）打开图 6－37 所示的“图书销售统计表”，单击 Sheet1 工作表标签。

（2）选择【文件】—【页面设置】菜单命令，打开“页面设置”对话框，单击“页面”选项卡，如图 6－58“页面”选项卡所示。

（3）单击打开“纸张大小”对话框，选择 A4 型号打印纸。

（4）由于“图书销售统计表”较宽，所以在“方向”选项中，单击“横向”。

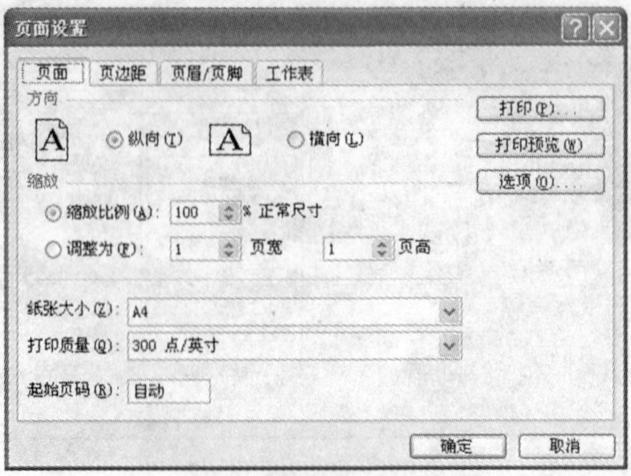

图 6-58 “页面”选项卡

（5）单击“页边距”选项卡。

（6）调整数字框中的数字，使左、右边距为 0.9。

（7）单击【打印预览】按钮，预览打印效果。

（8）单击【确定】按钮，返回 Sheet1。

（9）单击【保存】按钮，保存“图书销售统计表”。

6.6.2 打印“图书销售统计表”

任务一 打印“图书销售统计表”

操作步骤

（1）打开本节任务一中保存的“图书销售统计表”。

（2）选择【文件】—【打印】菜单命令，打开“打印”对话框，如图 6-59 打印内容对话框所示。

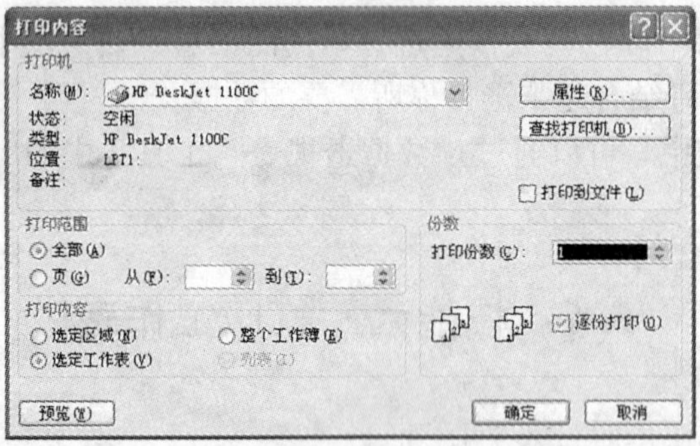

图 6-59 打印内容对话框

（3）在“打印机”框中选择当前打印机型号。

（4）在“范围”框中单击“全部”。

（5）在“打印”框中单击“选定工作表”。

（6）在“打印份数”框中输入“1”。

（7）单击【确定】按钮，开始打印。

本章小结

本章通过 6 个技能的实例讲解，将 Excel 2003 的常用功能和使用方法贯通于其中。主要包括：数据表的创建、编辑和修饰，工作表标签的相关操作，单元格的引用方法，公式和函数的使用，工作表的自动计算，图表的使用，数据清单的管理与分析，工作表的打印输出等。通过本章的学习，学生可以使用 Excel 2003 制作并输出精美的报表，对常用的报表数据进行有效的分析和管理。

练习与提高

一、选择题

1. Excel 2003 正常启动后，会自动建立一个名为（　　）的文档。

A. Book1. doc　　B. Book1. xls　　C. 工作表 1. xls　　D. 工作表 1. txt

2. “填充柄”位于单元格的（　　）。

A. 右下角　　B. 左下角　　C. 四个角　　D. 四个边框

3. 当用鼠标单击常用工具栏中的【保存】按钮时，将对当前文件的（　　）进行保存。

A. 当前工作表　　B. 选定内容　　C. 全部内容　　D. 选定工作表

4. 要修改某个单元格中的部分数据，需要（　　）。

A. 单击单元格　　B. 双击单元格　　C. 右击单元格　　D. 以上都不对

5. 要将单元格指针定位到 AC900 单元，最简单、快捷的方法是（　　）。

A. 使用滚动条　　B. 在“编辑”栏的“名称框”中输入 AC900

C. 使用翻页键　　D. 使用【编辑】菜单中的【定位】命令。

6. 在单元格中输入文本数据，系统默认的对齐方式是（　　）。

A. 左对齐　　B. 右对齐　　C. 居中　　D. 两端对齐

7. 在单元格中输入数值数据，系统默认的对齐方式是（　　）。

A. 左对齐　　B. 右对齐　　C. 居中　　D. 两端对齐

8. 某区域由 A1，A2，A3，B1，B2，B3 六个单元格组成。下列哪种表示方法不正确（　　）。

A. A1：A3，B1：B3　B. A1：B3　　C. A1：B1，A2：B3　D. A1：B1

二、填空题

1. 工作表中行、列交叉处用于存放数据的长方形格称为______；单元格的地址是由______和______组成的。

2. 使用鼠标选定整个工作表时，应将鼠标指针移到______处，然后单击。

3. 选定工作表中连续几列时，应使用鼠标在______上拖动。

4. A10 是______地址，A10 是______地址，$A10 是______地址。

5. 使用“分类汇总”功能时，必须先对数据清单进行______操作。

6. 在 Excel 系统中，可以建立______图表和______图表。

7. 在“页面设置”对话框中系统默认的打印方向为______，还可设置为______。

8. 使用______功能，可以查看工作表的打印效果。

三、简答题

1. 简答一个报表从创建到打印输出的基本过程。

2. 简答如何打开 D :\ NEW 文件夹中的 BOOK1. XLS 文件。

3. 简答使用菜单命令复制单元格数据的方法。

4. 简答删除工作表的方法。

实训 1

“图书销售统计表”的创建与打印输出

要求：

1. 新建工作簿，文件名为“图书销售 . xls”，工作表名为“一月份图书销售统计表”。

2. 输入下表所示的数据（序号用自动数据输入方式输入，销售书店相同的用复制的方式输入）。

一月份图书销售统计表

序号	图书类别	图书名称	销售书店	单价（元）	销售量（册）	总价
1	电子	网络技术	新华书店	26. 5	10 000	
2	农业	植物保护	学府书城	19. 2	2 500	
3	教育	教育学	学府书城	20	5 000	
4	科普	百科全书	新华书店	120	500	
5	农业	土壤学	科技书店	15. 5	3 000	
合计						

3. 在“合计”行前插入两空白行，并且自行输入相应的数据。

4. 用公式计算第一种图书的总价，并且用复制公式的方式完成所有图书的总价计算。

5. 用“自动求和”计算图书的销售量和总价的合计。

6. 用 MAX 函数求“销售量”的最大值。

7. 将标题“合并及居中”，字号为“20”，字体为“隶书”。

8. 调整各行、列的高度和宽度，使之适合当前的数据。

9. 设置文本型数据“水平方向”居中，所有数据“垂直方向”居中，数值型数据小数后两位，使用千位分隔符。

10. 设置表格线，外框为略粗线型，内线为细线。

11. 页面设置，选择 A4 打印纸，纵向，页边距为上、下、左、右均为 2. 5。

12. 打印预览报表效果，然后输出。

实训 2

数据清单的管理

要求：

1. 打开实训 16 所创建的工作表。
2. 创建工作表“一季度图书销售统计表”的数据清单。
3. 将数据清单命名为“一季度数据清单”。
4. 对“一季度数据清单”按“销售量”降序排序。
5. 对“一季度数据清单”按“销售书店”分类汇总，对“销售量”和“总价”求和。
6. 删除分类汇总。
7. 分别自动筛选“农业”和“单价大于 16 元”的图书。
8. 自动筛选“农业”并且“单价大于 16 元”的图书。
9. 用高级筛选的方法，筛选“农业”并且“新华书店”的图书。
10. 创建一个以“图书类别”为页字段，“图书名称”为行字段，“销售书店”为列字段，“销售量”为数据项的数据透视表，并将其命名为“图书销售数据透视表”。
11. 给“图书销售数据透视表”设置一种新的报表形式。
12. 查看“科技书店”的销售情况。

参考答案

一、选择题

1. B　2. A　3. C　4. B　5. D　6. A　7. B　8. D

二、填空题

1. （单元格）（行标）（行号）　2. （工作表标签）　3. （列标）

4. （相对）（绝对）（混合）　5. （排序）　6. （嵌入式）（独立式）

7. （纵向）（横向）　8. （打印预览）

三、简答题

1. 一个报表从创建到输出的基本过程如下：

（1）启动 Excel 2003，进入工作界面。

（2）输入数据（直接输入、自动填充）。

（3）自动计算（公式与函数）。

（4）报表修饰（设置列宽行高、设置数据格式、设置数据的字体、字型和字号、设置数据的对齐方式、设置表格线）。

（5）页面设置（纸张大小、页边距、打印方向）。

（6）打印预览及打印输出（选择打印机，打印范围，打印份数等）。

（7）保存文件（文件要在报表建立过程中随时保存）。

2. 两种方法：（1）打开“我的电脑”，双击 D 盘，双击文件夹“NEW”，双击文件“BOOK1. XLS”。(2)启动 Excel 2003，单击工具栏上的【打开】按钮，在“查找范围”框中单击 D 盘，再双击文件夹“NEW”，然后双击文件“BOOK1. XLS”文件，即可打开。

3. 选择要复制的单元格区域，使其反白显示，单击【编辑】—【复制】菜单命令，被复制区域被虚线包围，单击目标区域的第一个单元格，单击【编辑】—【粘贴】菜单命令，复制完成。

4. 打开包含工作表的工作簿，鼠标右键单击要删除的工作表标签，调出快捷菜单，单击【删除】命令。

第七章　演示文稿制作软件 PowerPoint 2003

【学习目标】

PowerPoint 2003 的启动和退出

PowerPoint 2003 视图的使用

创建和设置演示文稿

演示文稿的放映和打包

7.1　技能一　启动 PowerPoint 2003

7.1.1　启动 PowerPoint 2003

任务一　从开始菜单启动

在电脑桌面左下角选择【开始】—【程序】—【Microsoft Office】—【Microsoft Office PowerPoint 2003】选项，单击即可打开软件。

任务二　利用快捷方式启动

操作步骤

1. 在【开始】菜单中，把光标放置在【Microsoft Office PowerPoint 2003】选项上右击，在弹出的快捷菜单中单击【创建快捷方式】选项，这样就会在桌面上出现一个【Microsoft Office PowerPoint 2003】快捷方式图标。

2. 双击桌面上的快捷方式图标即可打开软件。

7.1.2　退出 PowerPoint 2003

PowerPoint 2003 有多种退出方法，可以根据自身习惯来选择适合自己的退出方法，下面介绍几种常用退出方法。

任务一　使用菜单栏命令退出

操作步骤

（1）单击菜单中的【文件】—【退出】命令，如图 7－1 执行退出命令所示。

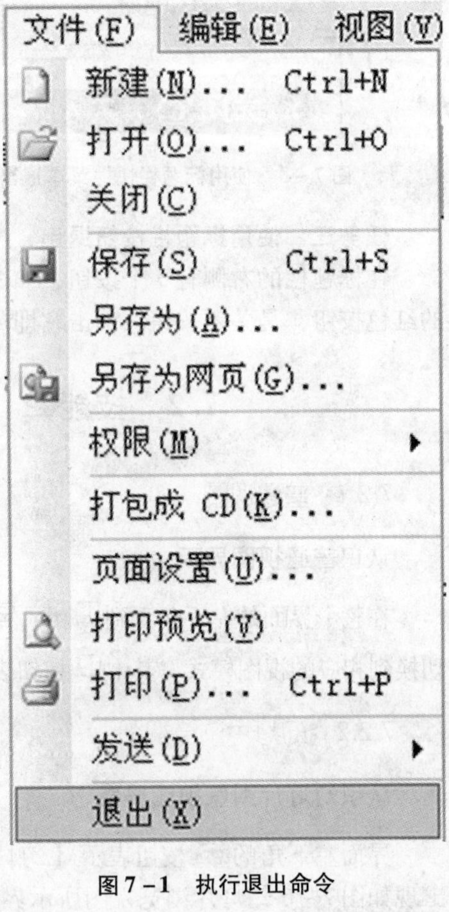

图 7－1　执行退出命令

图 7－2　提示对话框

（2）若当前文件没有保存，则退出时程序会弹出如图 7－2 提示的对话框所示。

（3）单击【是】按钮，将保存文件并退出程序；单击【否】按钮，不会保存文件，退出程序；单击【取消】按钮，关闭该对话框，不会保存文件，也不会退出程序。

任务二　使用标题栏快捷菜单退出

操作步骤

（1）在标题栏显示演示文稿名称的位置单击鼠标右键，会弹出如图 7－3 所示的快捷菜单。

（2）在快捷菜单中单击【关闭】命令，即可退出程序。

图 7－3　使用标题栏快捷菜单退出

图 7－4　使用标题栏按钮退出

任务三　使用标题栏按钮退出

在标题栏的右侧有 3 个按钮，如图 7－4 使用标题栏按钮退出所示。其中位于最右侧的红色按钮，是关闭按钮。单击它即可退出程序。

7.2　技能二　PowerPoint 视图的使用

7.2.1　普通视图

认识普通视图界面

在整个界面的左下角看到 3 个图标，是切换视图的按钮，单击某一个按钮可切换到相应的视图模式。其中按钮表示【普通视图】，界面显示如图 7－5 普通视图所示。

7.2.2　幻灯片浏览视图

认识幻灯片浏览视图界面

界面左下角的按钮表示【幻灯片浏览视图】，单击可打开幻灯片浏览视图模式，出现如图 7－6 幻灯片浏览视图所示界面，这种视图可显示所有幻灯片的缩略图。

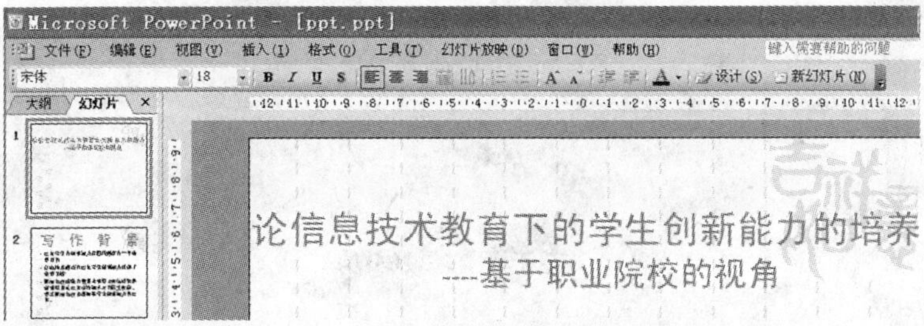

图 7－5 普通视图

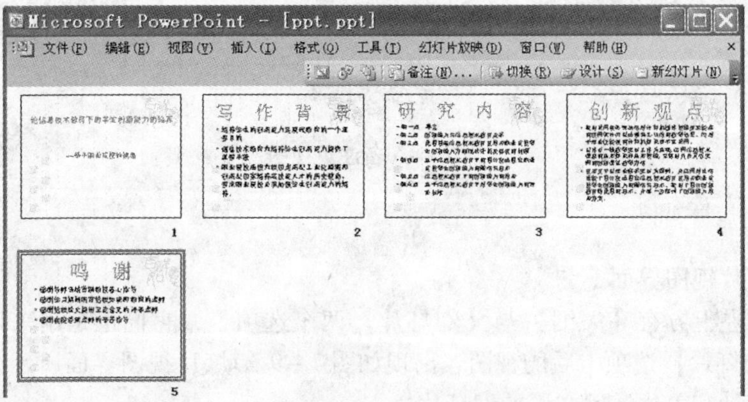

图 7－6 幻灯片浏览视图

7.2.3 幻灯片放映视图

认识幻灯片放映视图界面

界面左下角的 按钮表示【从当前幻灯片开始幻灯片放映】，即启动幻灯片放映视图，出现如图 7－7 幻灯片放映视图界面所示。在幻灯片放映视图中，可以检验演示文稿内容和弹出效果，但不能对幻灯片的内容进行编辑。

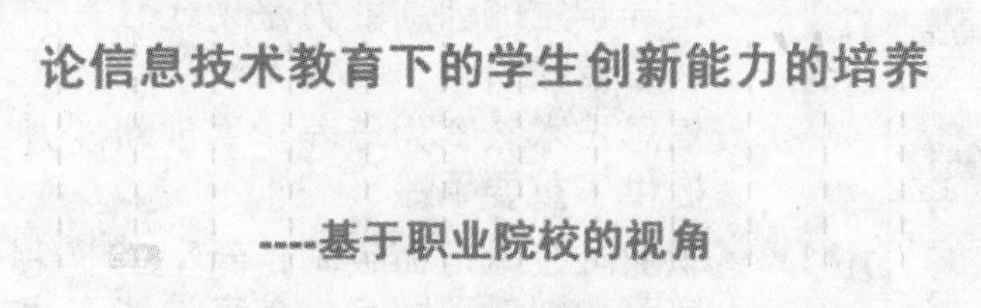

图 7－7 幻灯片放映视图

7.2.4 幻灯片备注页视图

认识幻灯片备注页视图界面

单击菜单栏中的【视图】—【备注页】命令，即出现副本和备注文，出现如图 7－8 备注页视图所示界面，显示能够编辑备注的打印预览。PowerPoint 用幻灯片的副本和备注文本，为每张幻灯片创建独立的备注页。

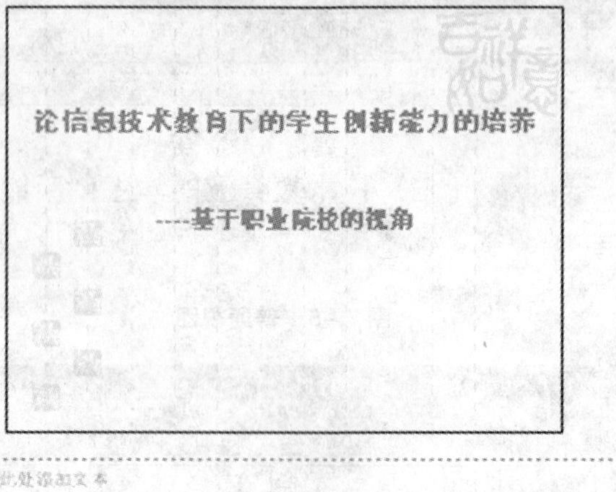

图 7-8　备注页视图

7.2.5　幻灯片视图

认识幻灯片视图界面

在界面的左上方有【大纲】与【幻灯片】两个选项卡，它们也是用来切换视图模式的。打开【幻灯片】选项卡后的视图，出现如图 7-9 幻灯片视图界面所示，该视图用于显示、详细设计和美化演示文稿的幻灯片。

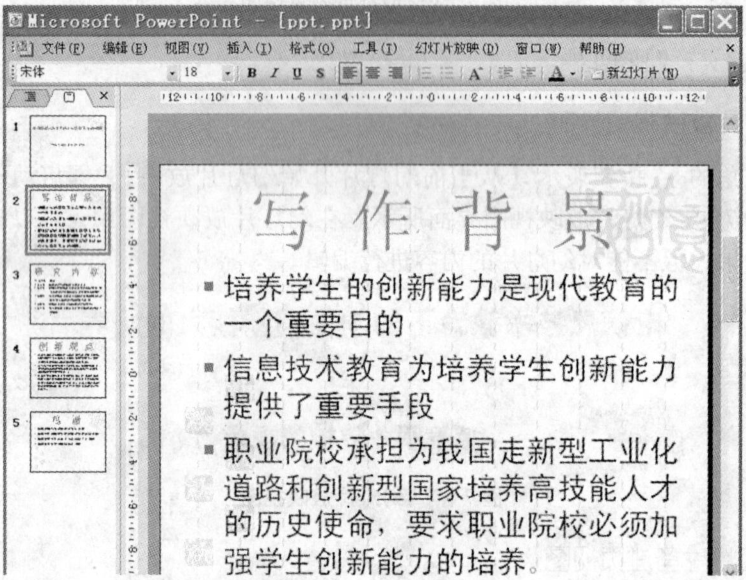

图 7-9　幻灯片视图

7.2.6　大纲视图

认识大纲视图界面

在界面的左上方打开【大纲】选项卡后进入大纲视图模式，出现如图 7-10 大纲视图所示界面。在大纲视图中可显示出幻灯片的大纲，通过单击和拖动就能移动标题和其他位置信息，并能同时看到整个幻灯片的标题和内容。

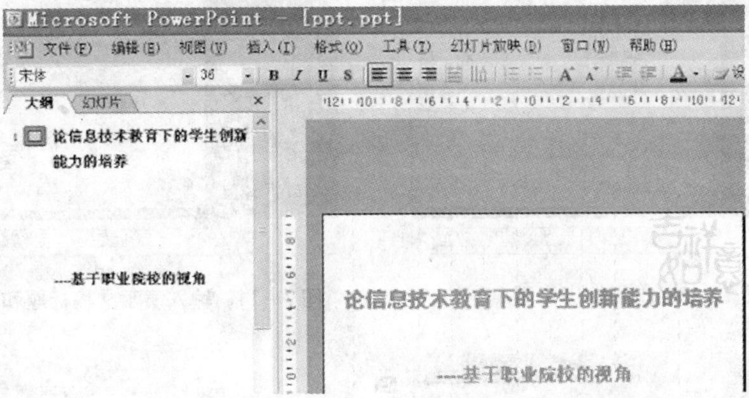

图 7-10 大纲视图

7.3 技能三 创建“个人简历”演示文稿

预备知识

制作任何演示文稿前必须先创建新的演示文稿。在此基础上才可进行其他编辑。创建演示文稿，即建立一个新的演示文稿；如标题为“个人简历”，默认扩展名为 .ppt。

7.3.1 使用“根据内容提示向导”选项创建演示文稿

迅速创建演示文稿的主题及结构

操作步骤

(1) 执行菜单栏中的【文件】—【新建】命令，在【新建演示文稿】任务窗格中选择【根据内容提示向导】选项，出现如图 7-11【内容提示向导】所示对话框。

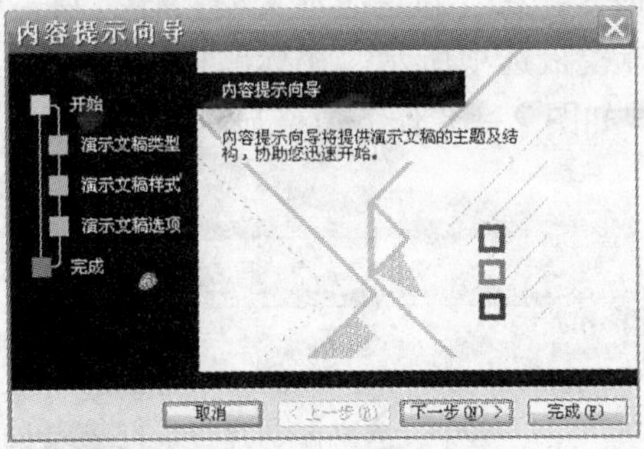

图 7-11 “内容提示向导”对话框

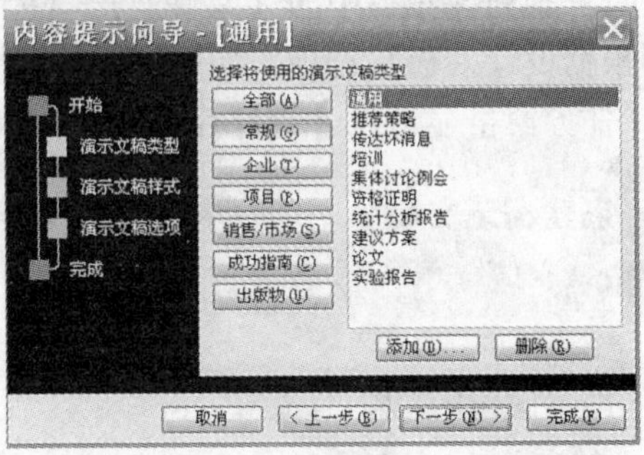

图 7-12 选择使用文稿类型

(2) 单击【下一步】按钮，出现如图 7-12 选择使用文稿类型所示对话框。

(3) 单击【下一步】按钮，出现如图 7-13 选择输出类型所示对话框。

(4) 单击【下一步】按钮，在弹出的对话框中输入演示文稿标题和包含的对象，标题处输入“个人简历”，出现如图 7-14 输入演示文稿标题和包含对象所示对话框。

(5) 单击【下一步】按钮完成向导设计，出现如图 7-15 完成向导设计所示对话框。

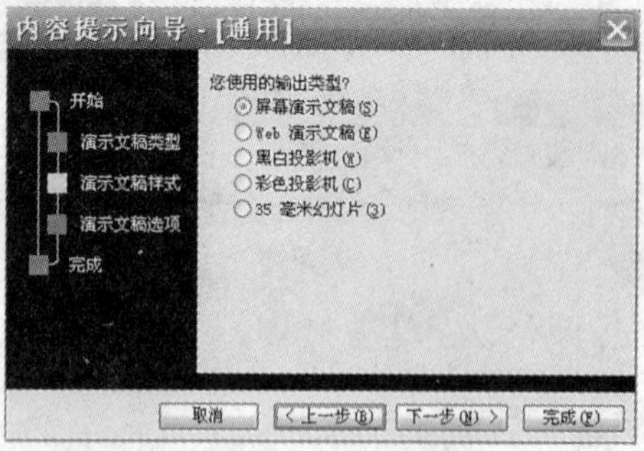

图 7－13　选择输出类型

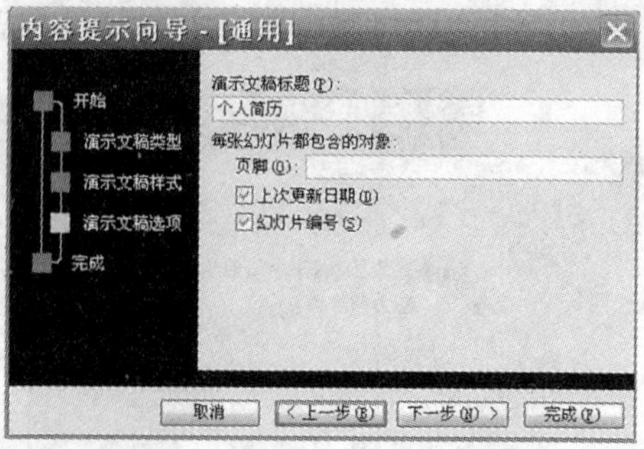

图 7－14　输入演示文稿标题和包含对象

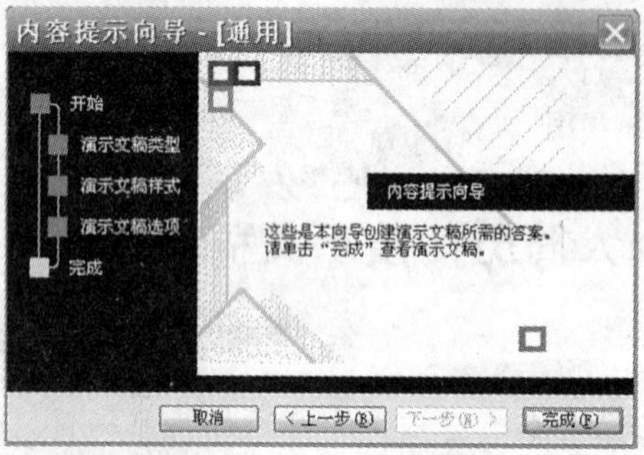

图 7－15　完成向导设计

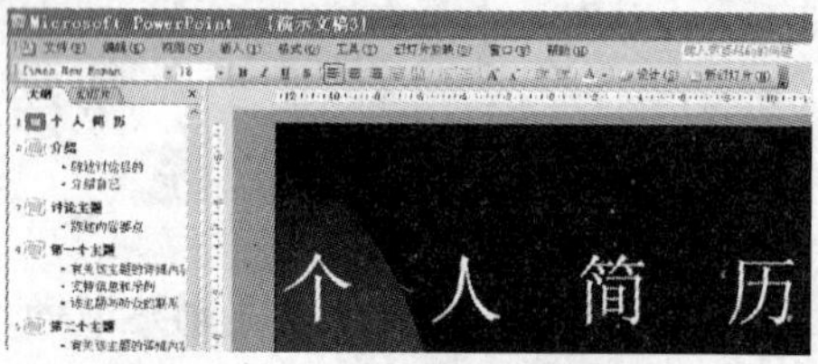

图 7－16　创建好的演示文稿

（6）单击【完成】，出现如图 7－16 创建好的演示文稿所示界面。

7.3.2　“根据设计模板”选项创建演示文稿

根据设计模板创建演示文稿

操作步骤

（1）执行菜单栏中的【文件】—【新建】命令，在【新建演示文稿】任务窗格中选择【根据设计模板】选项，如图 7－17 根据设计模板选项所示。在标题栏输入“个人简历”，任务窗格显示为【幻灯片设计】，此时出现如图 7－18 任务窗格显示状态所示界面。

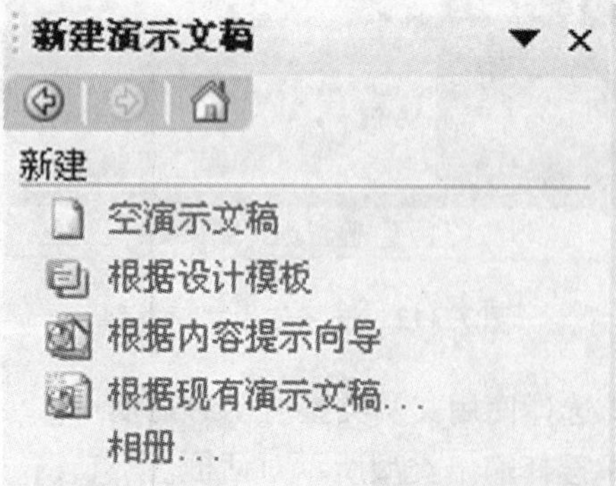

图 7－17　根据设计模板选项

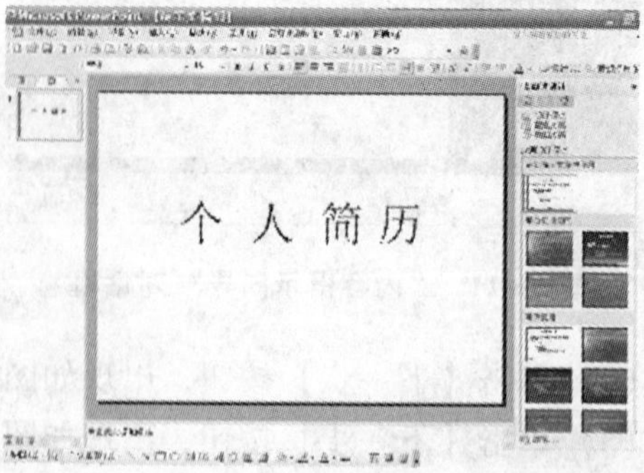

图 7－18　任务窗格显示状态

（2）在【可供使用】列表框中单击，所选设计模板就会应用到幻灯片中，出现如图

7－19 选择设计模板所示界面。

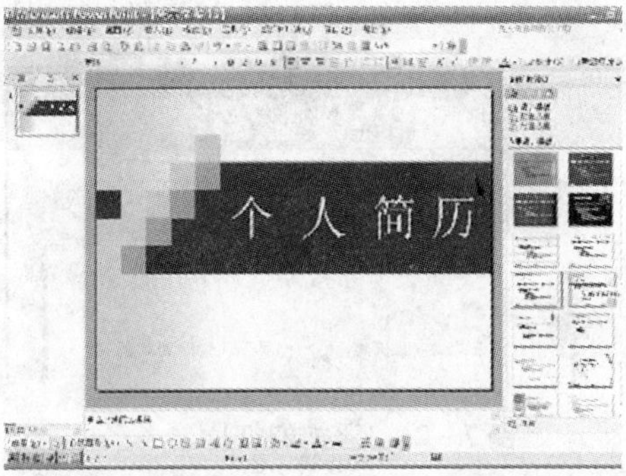

图 7－19 选择设计模板

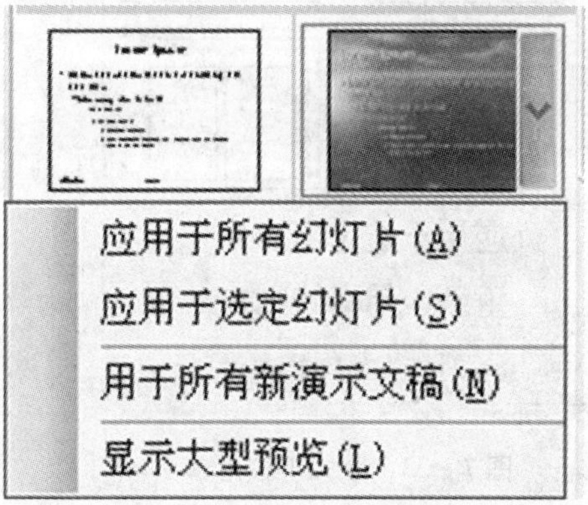

图 7－20 缩略图下拉菜单

（3）将光标移动到任意一种模板缩略图上，缩略图右侧会出现向下的箭头，单击可以打开一个下拉菜单，如图 7－20 缩略图下拉菜单所示。

（4）若演示文稿中包含多页幻灯片，单击【应用于所有幻灯片】命令，该版式会应用到所有幻灯片中；单击【应用于选定幻灯片】命令，该版式只会应用到当前所选幻灯片中；单击【显示大型预览】命令缩略图被放大。

7.3.3 使用“空演示文稿”选项创建演示文稿

选择“空演示文稿”创建演示文稿

操作步骤

（1）执行菜单栏中的【文件】—【新建】命令，打开【新建演示文稿】任务窗格，在任务窗格中单击【空演示文稿】选项，出现如图 7－21“空演示文稿”所示界面。此时任务窗格显示为【应用幻灯片版式】，在标题栏输入“个人简历”。如图 7－22 新建演示文稿所示。

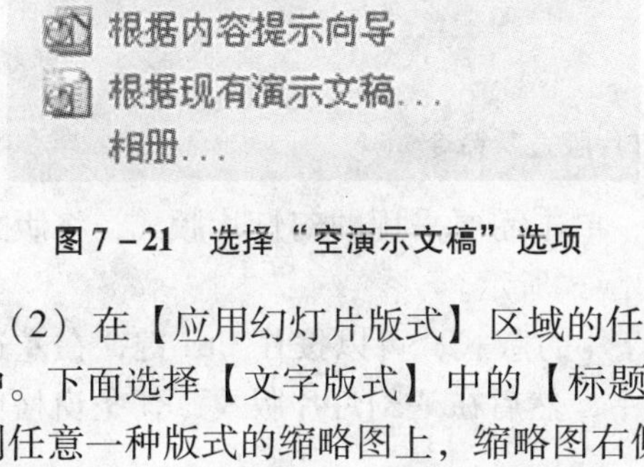

图 7－21 选择“空演示文稿”选项

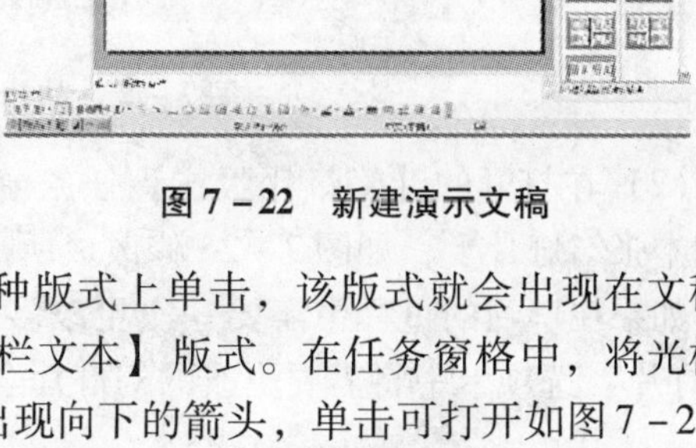

图 7－22 新建演示文稿

（2）在【应用幻灯片版式】区域的任意一种版式上单击，该版式就会出现在文稿窗口中。下面选择【文字版式】中的【标题和两栏文本】版式。在任务窗格中，将光标移动到任意一种版式的缩略图上，缩略图右侧会出现向下的箭头，单击可打开如图 7－23 版式拉菜单所示。

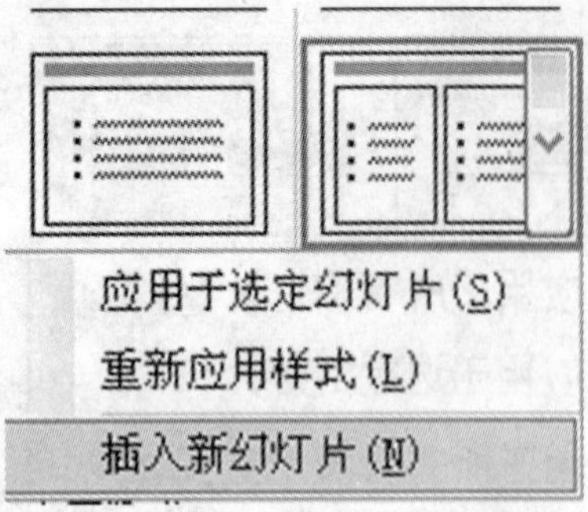

图 7－23　版式下拉菜单

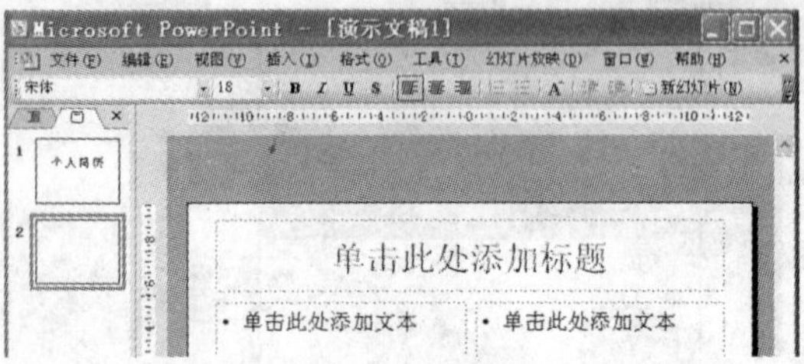

图 7－24　添加幻灯片

（3）单击【应用于选定幻灯片】命令，该版式只会应用到当前所选幻灯片中。单击【插入新幻灯片】命令可添加一页，出现如图 7－24 添加幻灯片所示。

7.3.4　幻灯片格式的设置

任务一　幻灯片版式设置

版式是幻灯片内容在幻灯片上的排列方式。版式由占位符组成。占位符可以放置文字、表格、图表、图片、图形、剪贴画等。

在 PowerPoint 2003 中新建的每一张幻灯片都有一个默认的版式，但默认的版式可能不符合要求，此时可以更改幻灯片的版式。

操作步骤

（1）打开【个人简历】演示文稿，在左边的【幻灯片】选项卡中单击第二张幻灯片，然后单击【格式】—【幻灯片版式】命令，出现如图 7－25 执行“幻灯片版式”命令所示。

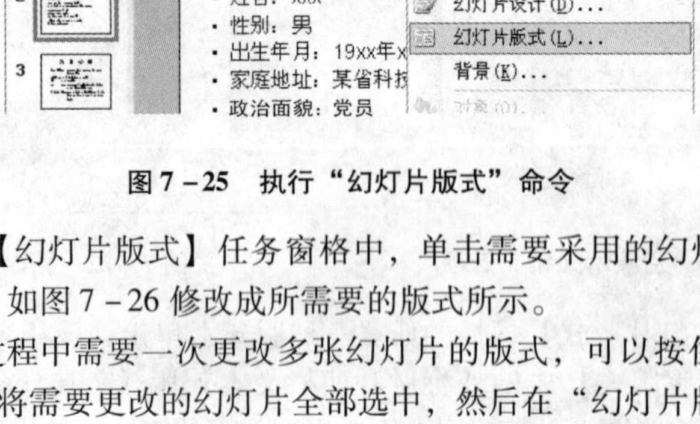

图 7－25　执行“幻灯片版式”命令

（2）在打开的【幻灯片版式】任务窗格中，单击需要采用的幻灯片版式，将版式应用到本张幻灯片上，如图 7－26 修改成所需要的版式所示。

如果在学习的过程中需要一次更改多张幻灯片的版式，可以按住 Ctrl 键，在左边的“幻灯片”选项卡中将需要更改的幻灯片全部选中，然后在“幻灯片版式”任务窗格中单

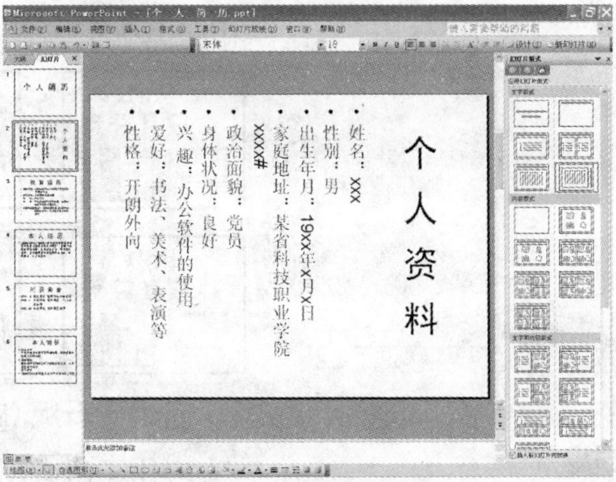

图 7－26　修改成所需要的版式

击需要更改的版式样式。

如果更改了幻灯片上占位符的位置，又想恢复成默认的样式，可以在“幻灯片版式”任务窗格中指向所需要使用的版式，然后单击右边的下拉按钮，在弹出的下拉菜单中单击“重新应用样式”命令。

任务二　标准配色方案的使用

配色方案是用于演示文稿中每张幻灯片的预设颜色。配色方案包括背景、文本和线条、阴影、标题文本、填充、强调文字和超链接、强调文字和尾随超链接 8 种颜色构成，方案中每种颜色都应用于幻灯片中不同的对象。也可以为部分幻灯片选择一种局部的配色方案。

在制作演示文稿幻灯片的时候，根据不同的背景需要使用不同的配色方案。PowerPoint 2003 中提供了很多标准的配色方案，能便捷地制作出标准美观的幻灯片。

操作步骤

(1) 打开“个人简历”演示文稿第二张，单击【幻灯片设计】任务窗格中的【配色方案】选项，出现如图 7－27 单击“配色方案”选项所示。

图 7－27　单击“配色方案”选项

(2) 如果右边的任务窗格不是【幻灯片设计】任务窗格，可以单击菜单栏中的【格式】—【幻灯片设计】命令。如果右边打开的是其他任务窗格，可以单击其他任务窗格的下拉按钮，在弹出的下拉菜单中选择【幻灯片设计】—【配色方案】命令，如图 7－28 打开任务窗格所示。

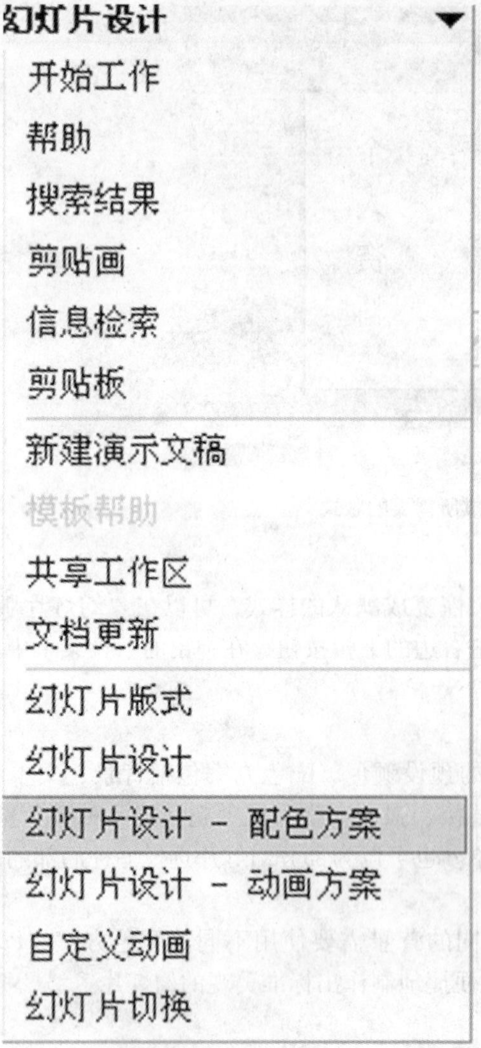

图 7－28　打开任务窗格

（3）在【应用配色方案】列表框中将光标指向所需要应用的配色方案，单击右边的下拉按钮，在出现的下拉菜单中单击【应用于所选幻灯片】命令，如图 7－29 将配色方案应用于幻灯片上所示。如果所有的幻灯片都需要应用该种配色方案可以单击【应用于所有幻灯片】命令。

任务三　自定义配色方案

当所有的配色方案都不能满足需要时，可以编辑配色方案，将其保存使用。

操作步骤

（1）在【幻灯片设计】任务窗格中，

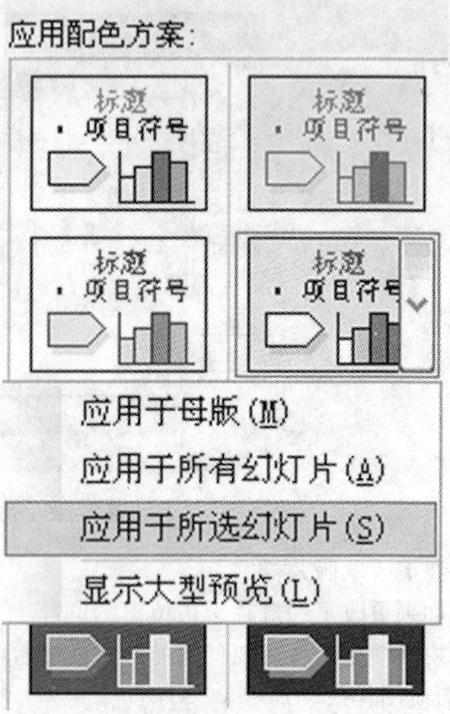

图 7－29　将配色方案应用于幻灯片上

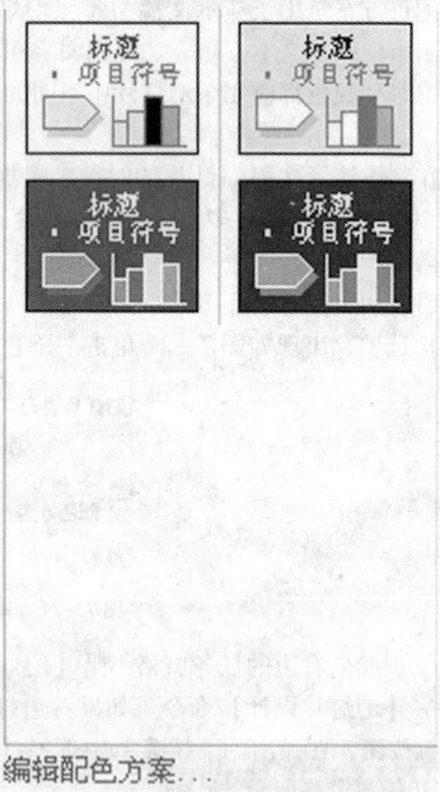

图 7－30　单击“编辑配色方案”选项

单击任务窗格下方的【编辑配色方案】命令，出现如图 7－30 单击“编辑配色方案”选项所示。在【配色方案颜色】选项区中双击需要更改颜色的色块，也可以弹出相应的修改颜色的对话框。

（2）在弹出的【编辑配色方案】对话框中选择【自定义】选项卡，然后修改背景、文本和线条、阴影、标题文本、填充、强调、强调文字和超链接、强调文字和尾随超链接等颜色，修改方法是单击【更改颜色】按钮，如图 7－31 打开“背景色”对话框所示。

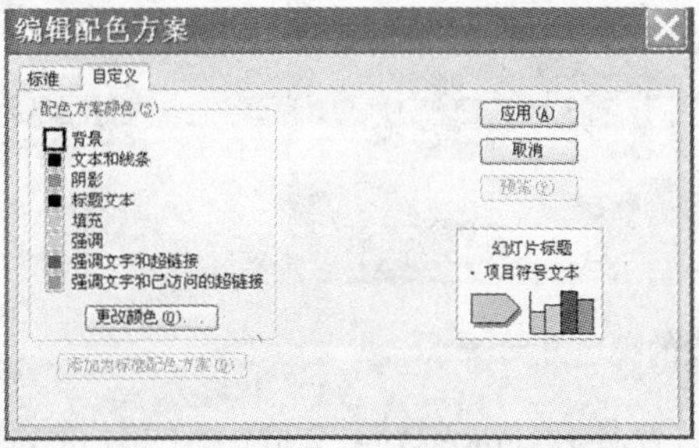

图 7－31　打开“背景色”对话框

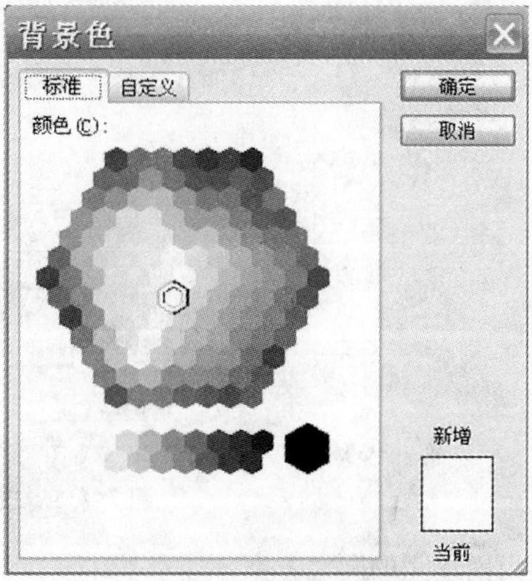

图 7－32　选择更改的颜色

（3）在弹出的【背景色】对话框中打开【标准】选项卡，在标准调色板中单击一种标准颜色。选择完毕后单击【确定】按钮。如图 7－32 选择更改的颜色所示。

（4）如果【标准】选项卡中的颜色还不能满足需要，可以打开【自定义】选项卡。在【自定义】选项卡中拖动十字光标可以选择颜色，拖动滚动条可以调整亮度，如图 7－33 设置“自定义”选项卡所示。也可以直接在【颜色模式】下拉列表中选择颜色模式。选择 RGB 模式，即在【红色】【绿色】【蓝色】3 个文本框中输入数据；选择 HSL 模式，

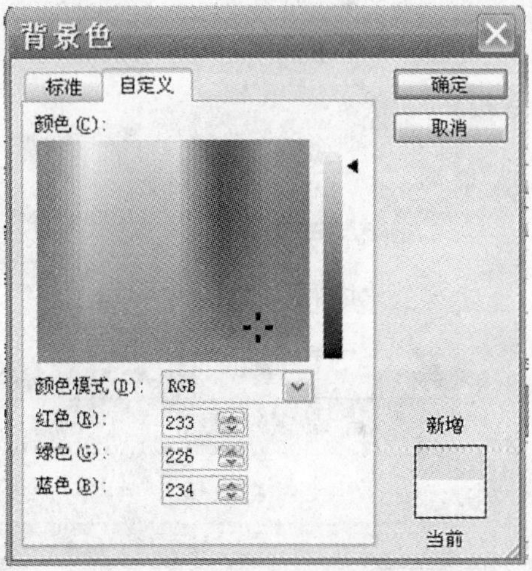

图 7－33　设置“自定义”选项卡

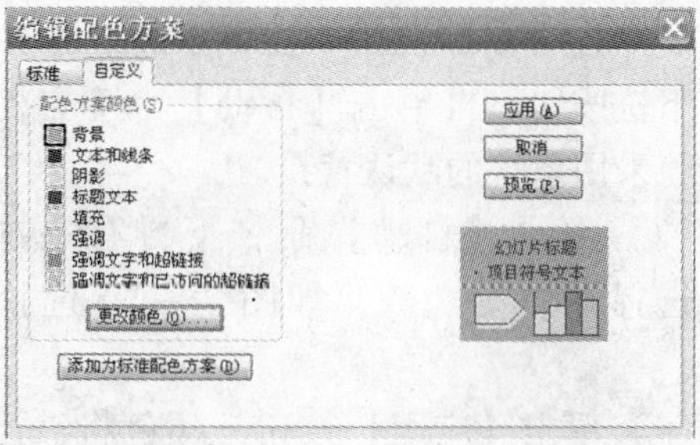

图 7－34　添加为自定义配色方案

即在【色调】【饱和度】【亮度】3 个文本框中输入数据。

（5）在返回的【编辑配色方案】对话框中，单击【添加为标准配色方案】按钮，将新创建的配色方案添加到标准配色方案中，如图 7 – 34 添加为自定义配色方案所示。

（6）打开【标准】选项卡，在【配色方案】列表框中可以看到新创建的配色方案。单击【应用】按钮，即可将新幻灯片的配色方案应用到当前幻灯片，如图 7 – 35 应用创建的配色方案所示。

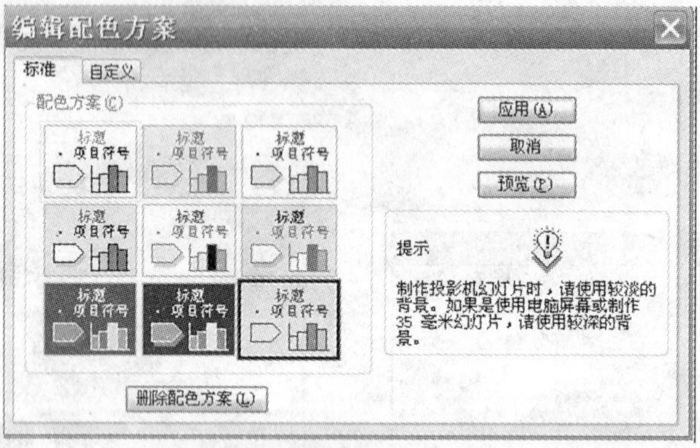

图 7 – 35　应用创建的配色方案

当创建完的配色方案不需要保存，或者不需要使用 PowerPoint 2003 中的自带的配色方案时，可以删除该配色方案。不要轻易删除 PowerPoint 2003 自带的配色方案，删除之后是不能撤销操作或者还原配色方案的。

任务四　设置幻灯片单色背景和填充颜色

除了使用【幻灯片设计】中的背景外，也可自行为幻灯片添加背景，可添加某一种颜色，这样可使演示文稿的效果更加丰富。

操作步骤

（1）打开"个人简历"演示文稿，单击第一张幻灯片，执行菜单栏中的【格式】—【背景】命令，如图 7 – 36 "格式"菜单所示，或在界面左侧的幻灯片缩略图上单击鼠标右键打开快捷菜单，选择其中的【背景】选项。

（2）打开【背景】对话框可以对幻灯片背景进行设计，如图 7 – 37 "背景"对话框所示；对话框中有一个空白的下拉列表框，单击其右侧的下拉按钮，再单击【自动】命令，幻灯片背景将采用系统的默认背景。

（3）单击【自动】命令下方有一排颜色块，选择浅青绿色块，如图 7 – 38 选择色块所示。

（4）单击【应用】按钮，颜色将被添加到当前幻灯片中，如图 7 – 39 应用颜色所示。

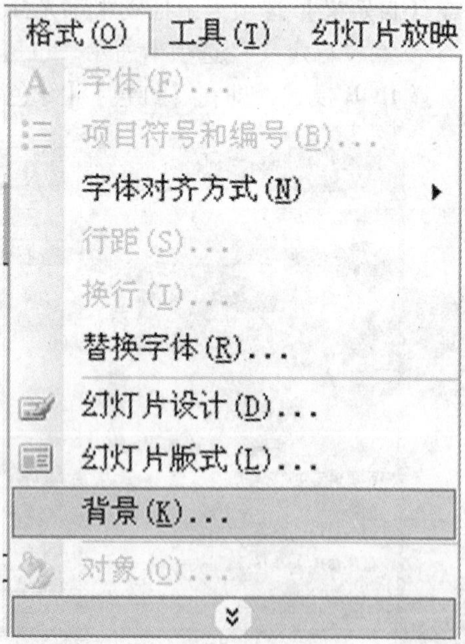

图 7 – 36　"格式"菜单

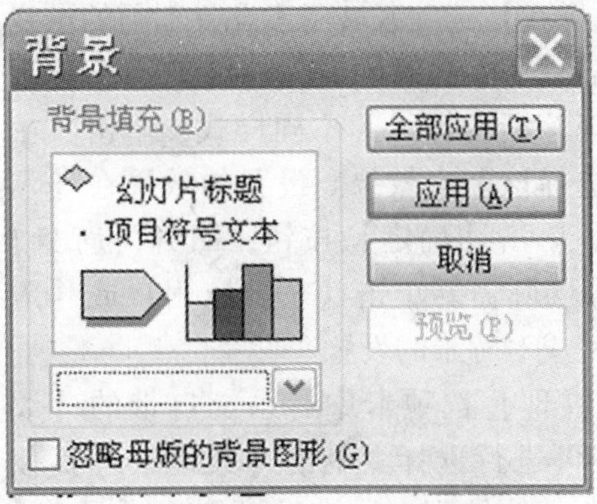

图 7－37　“背景”对话框

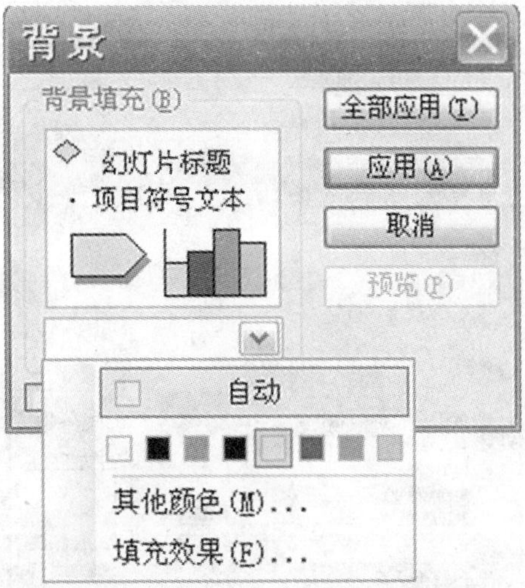

图 7－38　选择色块

（5）若单击【全部应用】按钮，则颜色会添加到整个演示文稿的幻灯片中。

（6）若现有的颜色块不能满足需要，可以在下拉菜单中选择【其他颜色】选项。单击【其他颜色】命令后系统会自动弹出【颜色】对话框。在对话框中间的颜色区域，可以随意单击选取颜色，选取后的颜色将显示在对话框的右下角。【标准】选项卡的颜色有限，若仍不能满足需要，可单击打开【自定义】选项卡对话框，在此可作进一步的设置。选择颜色后，单击【确定】按钮，回到【背景】对话框，根据实际需要单击【全部应用】或【应用】按钮，完成对背景的设置。

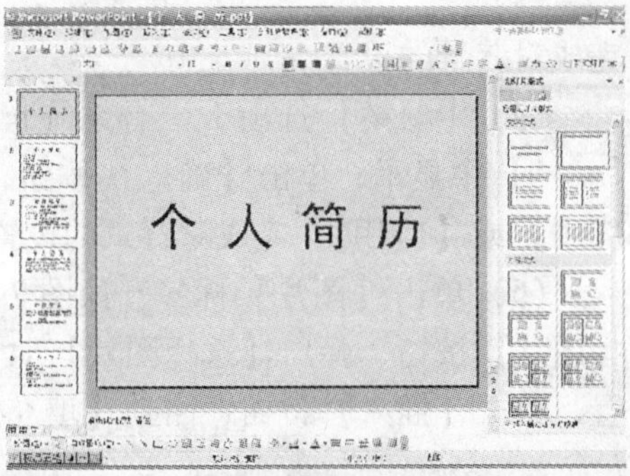

图 7－39　应用颜色

任务五　设置特殊效果的背景和填充颜色

如果单色背景不能满足需要，还可通过渐变色、纹理、图案或图片添加某一种颜色，这样可使演示文稿的效果更加丰富。

操作步骤

（1）打开【背景】对话框，在下拉菜单中单击【填充效果】对话框，单击命令后将自动弹出【填充效果】对话框，【填充效果】对话框中包括【渐变】【纹理】【图案】以及【图片】4 个选项卡，表示可以为幻灯片背景添加渐变、纹理、图案和图片效果。如图 7－40“填充效果”对话框所示。

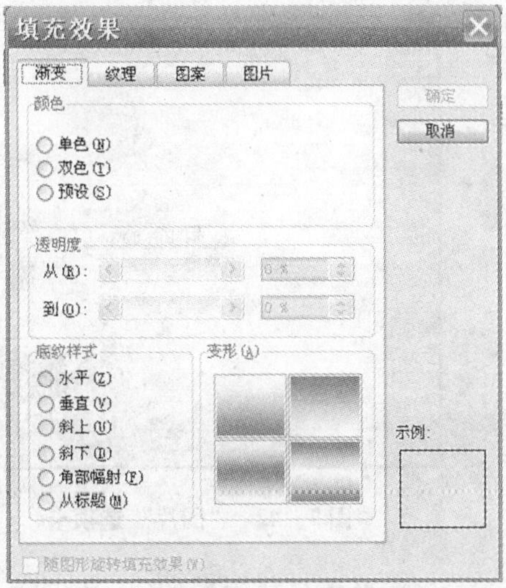

图 7－40　“填充效果”对话框

（2）打开【渐变】选项卡，【颜色】选项区

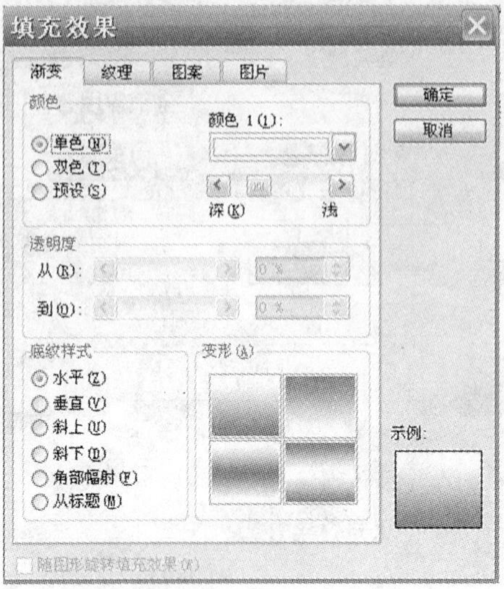

图 7－41　渐变填充

域中包含【单色】【双色】和【预设】3 个单选按钮，选择其中任意一个单选按钮，其右侧会出现相应的调节选项，如图 7－41 渐变填充所示对话框。【底纹样式】选项区域用于设置不同的渐变样式，选择某一个样式的同时，在【变形】选项区域中会出现该渐变样式的不同样式，单击其中一种，表示选择该渐变效果。设置的效果在【示例】中显示。单击【确定】按钮，回到【背景】对话框，根据实际需要单击【全部应用】或【应用】按钮，完成对背景的设置。

（3）【纹理】选项卡中有系统自带的【纹理】，单击即可进行选择。单击【其他纹理】按钮，可以载入其他纹理；所选纹理会在【示例】中显示；单击【确定】按钮，回到【背景】对话框，根据实际需要选择【全部应用】或【应用】，完成对背景的设置。

（4）【图案】选项卡中有系统自带的【图案】，单击即可进行选择。所选图案会在【示例】中显示；单击【确定】按钮，回到【背景】对话框，根据实际需要选择【全部应用】或【应用】，完成对背景的设置。

（5）单击【图片】标签，如图 7－42“图片”选项卡所示。单击对话框中部的【选择图片】按钮，弹出【选择图片】对话框，在【查找范围】下拉列表中选择图片所在位置，单击【插入】按钮，回到【填充效果】对话框的【图片】选项卡。

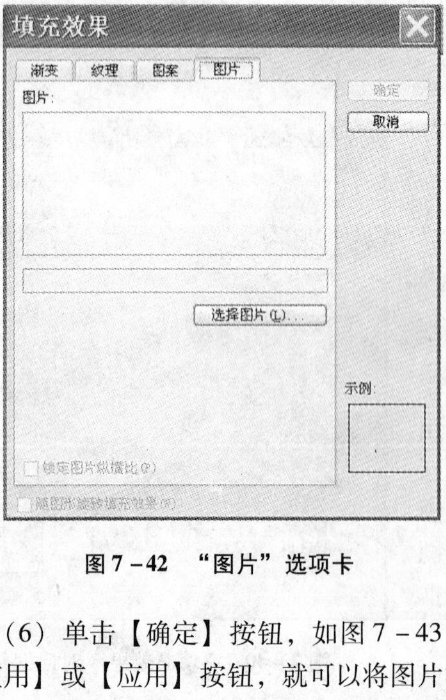

图 7－42　“图片”选项卡

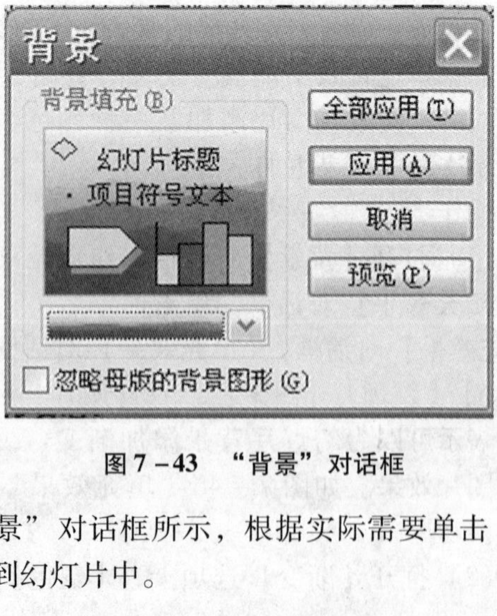

图 7－43　“背景”对话框

（6）单击【确定】按钮，如图 7－43“背景”对话框所示，根据实际需要单击【全部应用】或【应用】按钮，就可以将图片添加到幻灯片中。

任务六　母版的种类

为了让演示文稿的幻灯片有一个统一的外表，PowerPoint 2003 中提供了母版。母版能使演示文稿有一个统一的外观，实际上是一种特殊的幻灯片。依据实际需要设计母版并应用到不同功能的幻灯片之上，可以提高效率，PowerPoint 2003 中一共有 3 种母版：幻灯片母版、讲义母版和备注母版。

1. 幻灯片母版

操作步骤

(1) 打开“个人简历”演示文稿，在菜单栏中单击【视图】—【母版】—【幻灯片母版】命令，如图 7－44 打开幻灯片母版所示。

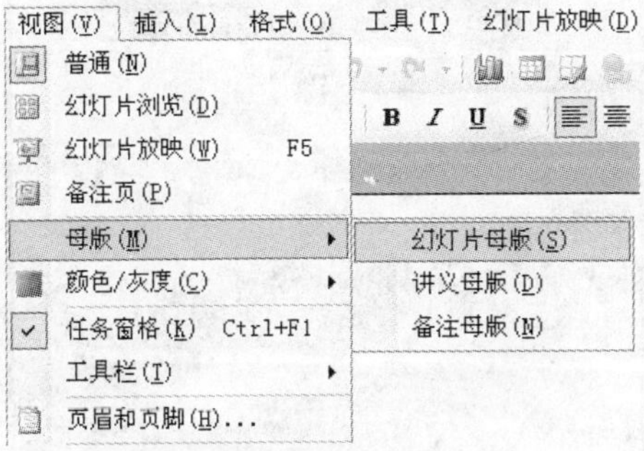

图 7－44　打开幻灯片母版

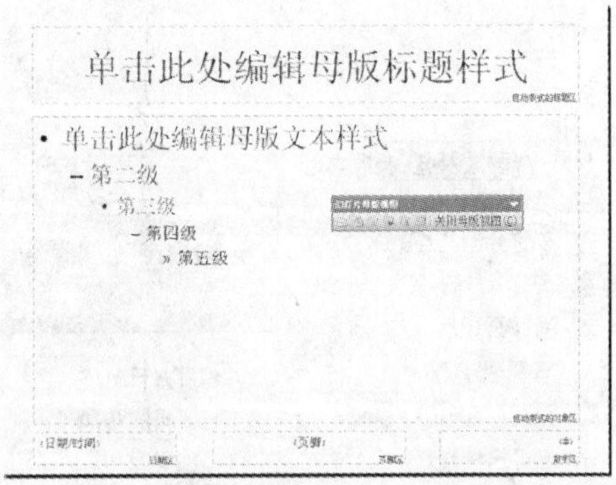

图 7－45　进入幻灯片母版视图

(2) 这时系统进入幻灯片母版视图，同时打开【幻灯片母版视图】工具栏。母版视图包括 5 个区域的占位符：标题区、对象区、日期区、页脚区、数字区，如图 7－45 进入幻灯片母版视图所示。

(3) 在【幻灯片母版视图】工具栏中单击按钮，如图 7－46 插入新标题母版所示。

图 7－46　插入新标题母版

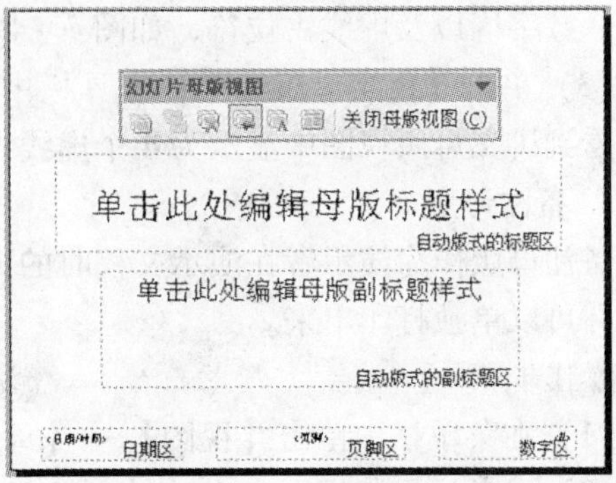

图 7－47　标题母版视图

(4) 标题母版也包括 5 个区域占位符，不同的是对象区的占位符改变成副标题占位符，如图 7－47 标题母版视图所示。

(5) 单击【幻灯片母版视图】工具栏中的【关闭母版视图】按钮即可退出母版视图状态。

2. 讲义母版

讲义母版用来控制讲义的打印格式。为了方便打印，利用讲义母版将多张幻灯片制作在一张幻灯片中。

操作步骤

（1）在菜单栏中单击【视图】—【母版】—【讲义母版】命令，如图 7－48 打开讲义母版视图所示。

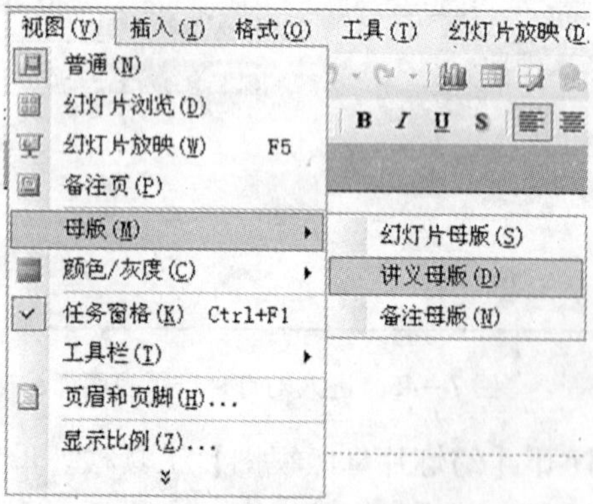

图 7－48 打开讲义母版

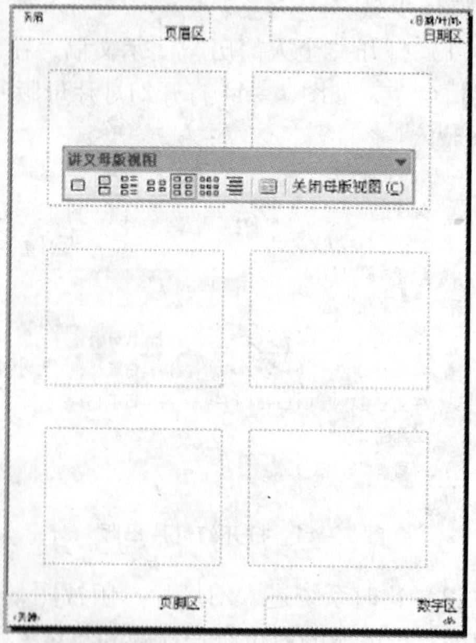

图 7－49 进入讲义母版视图

（2）在【讲义母版视图】工具栏中包括 5 个大部分，分别是：页眉区、页脚区、日期区、数字区以及虚线占位符，如图 7－49 进入讲义母版视图所示。

（3）单击【讲义母版视图】工具栏中的【显示每页四张幻灯片的讲义位置】按钮，可以看到讲义母版视图中显示为 4 个虚线占位符，表示每页含 4 个幻灯片缩略图。

3. 备注母版

备注母版作为演示者在演示文稿时的提示和参考，可以设置备注格式和统一的外观，并可以单独打印出来。

操作步骤

（1）在菜单栏中单击【视图】—【母版】—【备注母版】命令，进入母版视图。

（2）在备注母版视图中出现【备注母版视图】工具栏。备注母版包括 6 大部分，分别是：页眉区、页脚区、日期区、数字区、幻灯片缩略图区和备注文本区。

任务七 设置母版文字属性

打开“个人简历“演示文稿，为其制作母版。各种母版的功能不同，设置上却基本一致。设置母版包括了设置母版的文字属性、项目符号、日期、编号、页眉和页脚，以及添加图片和绘制图形。设置为了让母版统一风格，首先应该统一母版的文字属性。

操作步骤

（1）删除占位符。首先选中需要删除的占位符，然后按 Delete 键删除，用相同的方法删除副标题占位符。如果误删除了某个占位符，例如副标题占位符，可以在菜单栏中单击【格式】—【母版版式】命令。

（2）在打开的【母版版式】对话框中勾选【文本】复选框，然后单击【确定】按钮，即可恢复删除的占位符。如图 7－50 恢复删除的占位符所示。

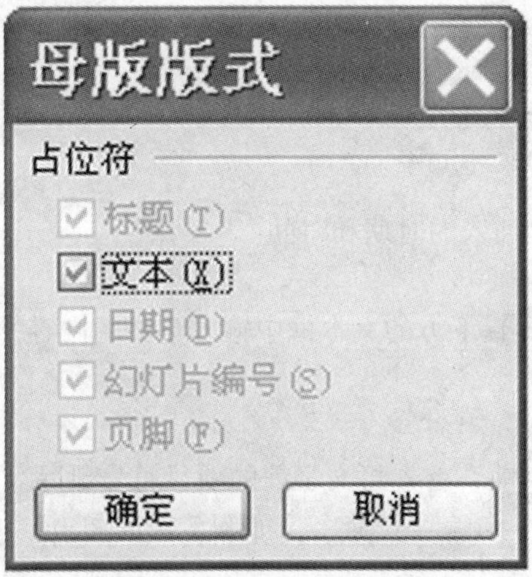

图 7－50　恢复删除的占位符

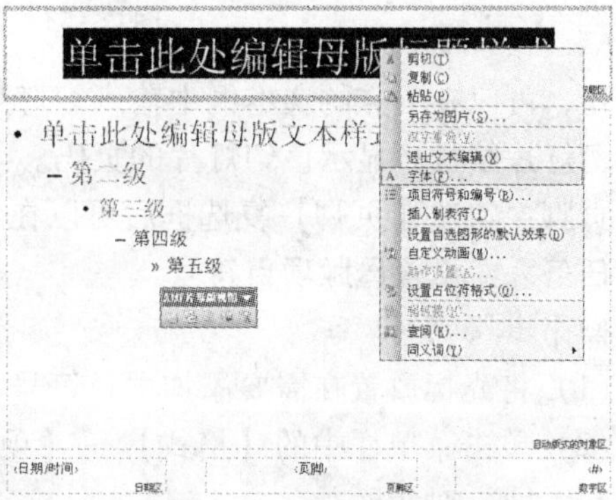

图 7－51　设置字体的属性

（3）设置字体的属性。在左边的窗格中单击【幻灯片母版】。选中标题区的文字，然后右击文字，在弹出的快捷菜单中单击【字体】命令，在弹出【字体】对话框，设置文字为黑体、66 号、加粗、红色。然后在【格式】工具栏中单击【居中】按钮。用相同的方法设置对象区的文字为宋体、48 号、加粗。最后将除第一级别内容外的其他级别内容删除。如图 7－51 设置字体的属性所示。

任务八　设置日期、编号与页眉、页脚

操作步骤

（1）单击菜单中的【视图】—【页眉和页脚】命令，如图 7－52 打开“页眉和页脚”对话框所示。

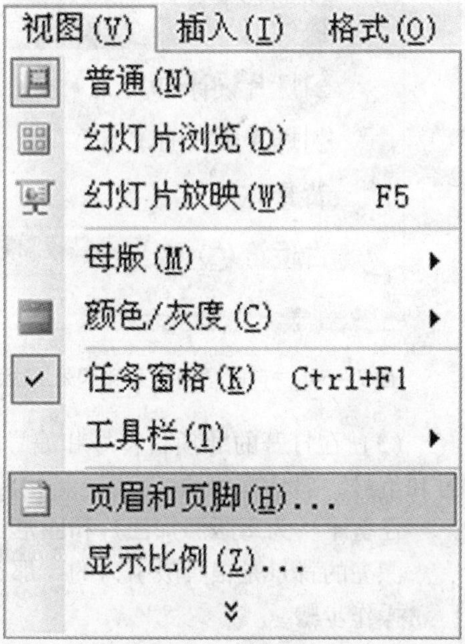

图 7－52　打开“页眉和页脚”对话框

（2）弹出【页眉和页脚】对话框。在“幻灯片”选项卡中，包括 3 部分：日期和时间、编号、页脚。如图 7－53“幻灯片”选项卡所示。

日期和时间：设置日期和时间的内容。单击【自动更新】单选按钮，系统会自动在幻灯片中添加当时的日期和时间。单击【固定】单

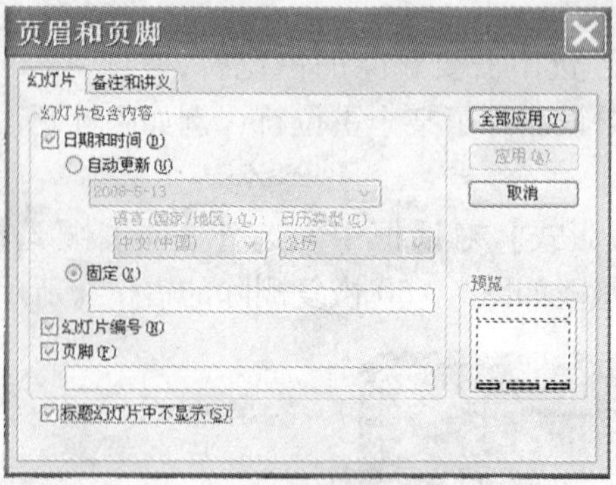

图 7－53 “幻灯片” 选项卡

选按钮，可以在下方的文本框中输入幻灯片需要插入的时期和时间。

幻灯片编号：显示该幻灯片的页码。

页脚：勾选【页脚】复选框后可以在【页脚】下方的文本框中输入页脚的内容。

任务九 设置母版项目符号

操作步骤

(1) 将光标放置在需要添加项目符号的文字前，首先将文字前的项目符号删除。

(2) 单击菜单栏中的【格式】—【项目符号和编号】命令，如图 7－54 打开“项目符号和编号”对话框所示。

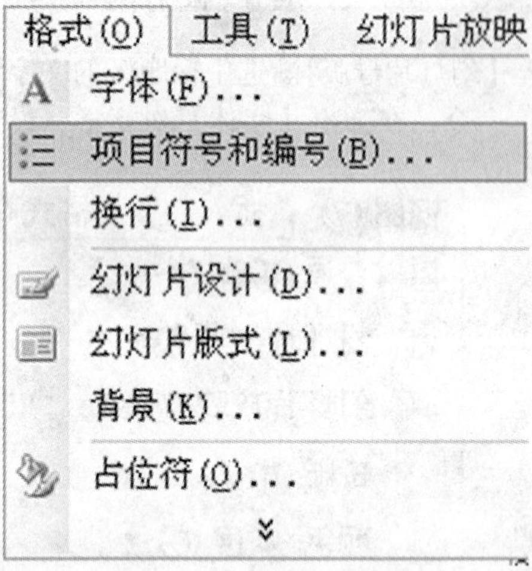

图 7－54 打开“项目符号和编号”对话框

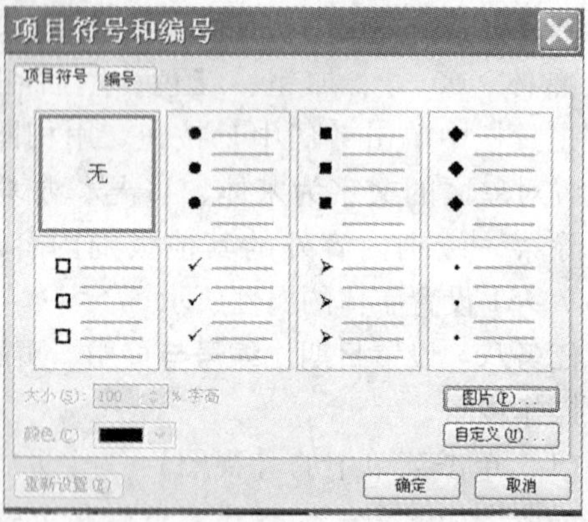

图 7－55 “项目符号和编号” 对话框

(3) 在打开的【项目符号和编号】对话框中单击【无】选项，如图 7－55 “项目符号和编号” 对话框所示。

任务十 为母版添加图片和图形

漂亮的背景是很具吸引力的，那么，如何在演示文稿中添加背景呢？

操作步骤

(1) 单击菜单栏中【插入】—【图片】—【来自文件】命令，如图 7－56 执行插入图片的命令所示。

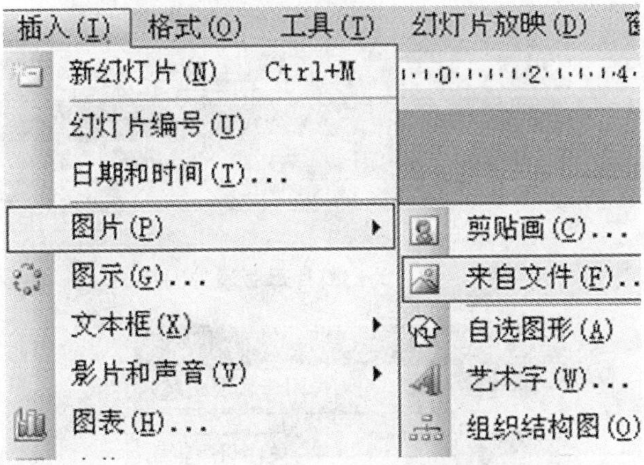

图 7－56　执行插入图片的命令

（2）在弹出的【插入图片】对话框中单击【示例图片】选中“Water lilies. jpg”图片文件，然后单击【插入】按钮。在工作区中将插入一个图片。

（3）放大图片并将图片放置底部层。先将图片放大至整个工作区，然后在图片上右击，在弹出的快捷菜单中单击【叠放次序】—【置于底层】命令，效果如图 7－57 将图片放置于底层所示。

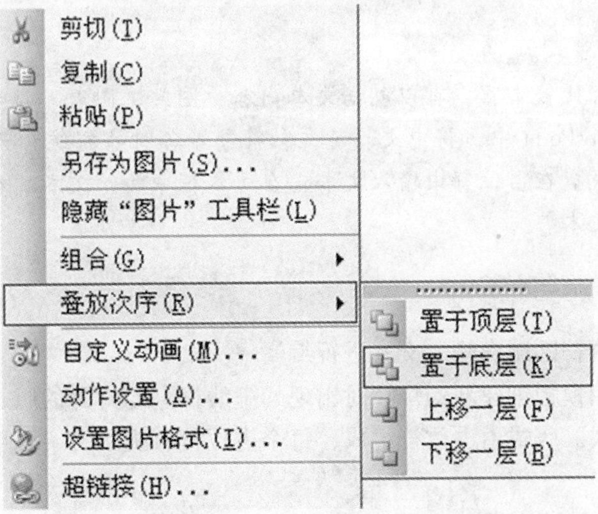

图 7－57　将图片放置于底层

（4）用相同的方法为标题母版添加相同的背景图片。单击【图片】工具栏中的【设置透明色】按钮并单击图片，将图片的背景设置为无色。最后在标题母版上也插入图片，并设置其背景为无色。如图 7－58 为幻灯片母版添加图片所示。

（5）单击【绘图】工具栏中的【矩形】按钮，在工作区中绘制矩形，如图 7－59 绘制图形所示。然后设置矩形的填充颜色为红色、无线条颜色。最后在【幻灯片母版视图】工具栏中单击【关闭母版视图】按钮。

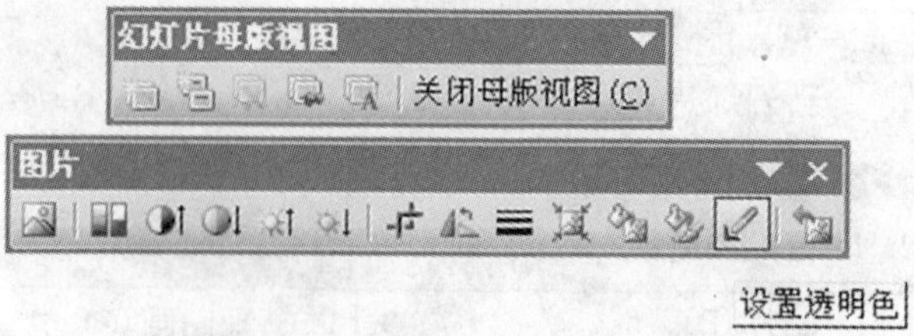

图 7－58　为幻灯片母版添加图片

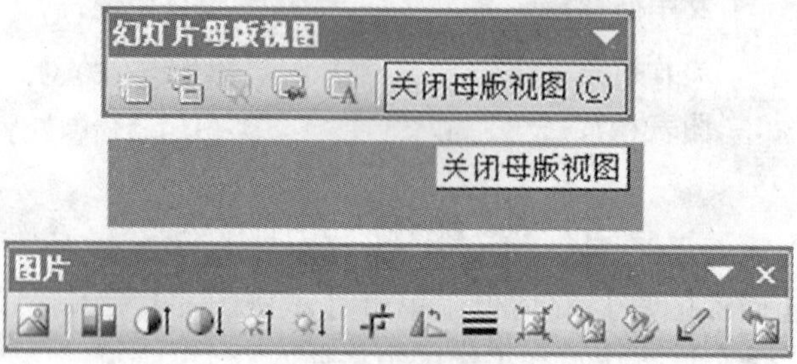

图 7－59　绘制图形

7.4　技能四　设置“个人简历”演示文稿

预备知识

演示文稿的内容比较丰富，可以包括文本内容、图片、图表、声音、影片等，但最基本的就是文本。PowerPoint 中，将中文、英文、符号等各种字符统称为文本。在幻灯片中添加文本有 4 种方式：在占位符中输入文本、在文本框中输入文本、在自选图形上输入文本、用艺术字插入文本。

7.4.1　文本的编辑与格式化

任务一　在占位符区域内输入文本进行编辑

占位符就是使用模板创建新幻灯片时出现的虚线框。幻灯片的版式是指幻灯片内容在幻灯片上的排列方式。版式由占位符组成，每个占位符有提示文字，单击占位符，即可在其中添加对象。

操作步骤

（1）启动 PowerPoint 2003，系统自动插入一张标题幻灯片，其中包括两个文本占位符：一个标题占位符、一个副标题占位符，单击标题占位符，在占位符中出现的闪烁光标即为插入点，同时占位符将变成粗的斜线边框，如图 7－60 单击标题占位符所示。

（2）在占位符中输入文本内容“个人简历”，有相同的方法为副标题文本框插入文本内容“×××”，如图 7－61 输入主副标题所示状态栏。单击占位符外的任务位置，即退出文本编辑状态。

任务二　在文本框内输入文本进行编辑

文本框是用来在幻灯片中添加文本内容的。文本框有两种：横排和竖排。横排文本框

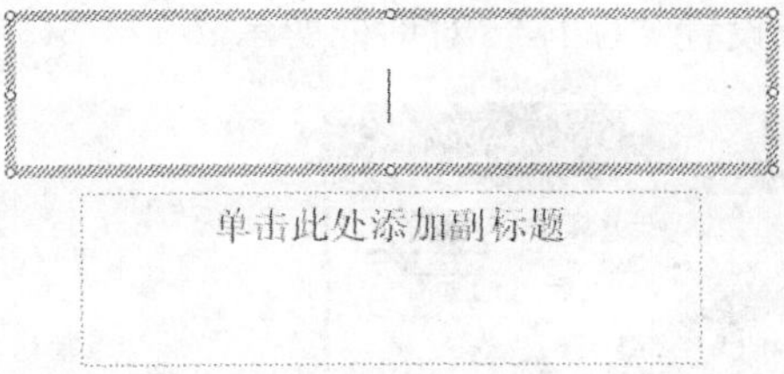

图 7－60　单击标题占位符

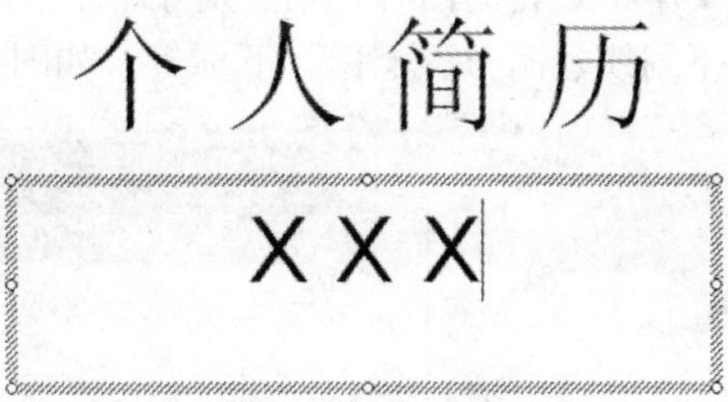

图 7－61　输入主副标题

也称水平文本框，输入的内容按从左向右、从上到下的顺序排列；竖排文本框也称为垂直文本框，输入的内容按从右到左、从上到下的顺序排列。

操作步骤

（1）插入新的幻灯片。单击菜单栏中的【插入】—【新幻灯片】命令，或【Ctrl＋M】。

（2）添加水平文本框。单击菜单栏中的【插入】—【文本框】—【水平】命令，如图 7－62 插入水平文本框所示，输入"个人简历"，如图 7－63 文本框中输入文本所示。

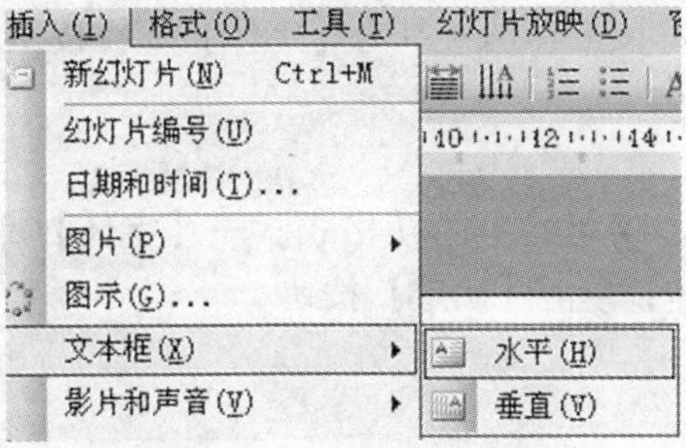

图 7－62　插入水平文本框

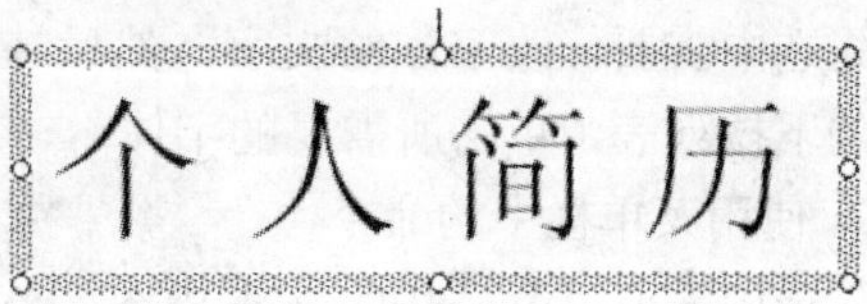

图 7－63　文本框中输入文本

（3）添加竖排文本框。单击菜单栏中的【插入】—【文本框】—【垂直】命令，如图 7－64 插入垂直文本框所示。在工作区中拖出一个文本框，输入文本内容，如图 7－65 工作区中输入垂直文本内容所示。

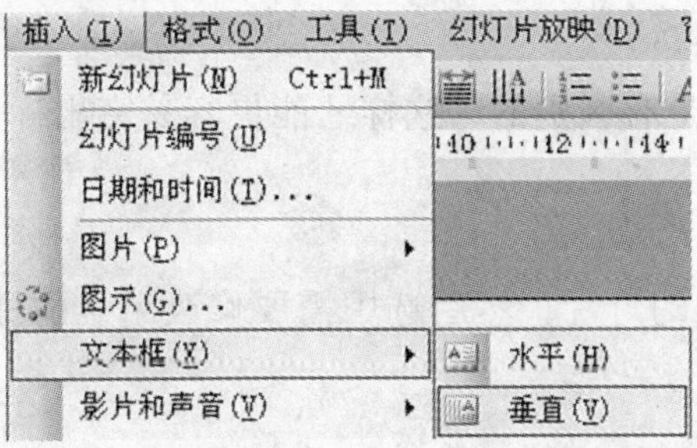

图 7－64　插入垂直文本框

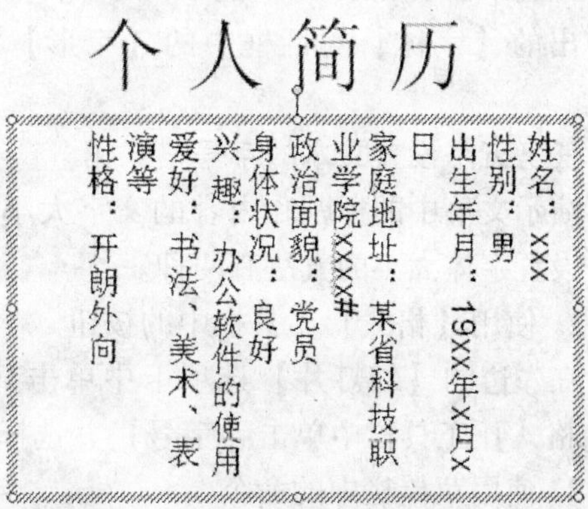

图 7－65　在工作区中输入垂直文本内容

文本格式化的内容包括：对字体、字形、字号、字体颜色、所选文本字体显示效果，如：下划线、阴影、上标、下标等。如图 7－66 设置“字体”对话框所示。

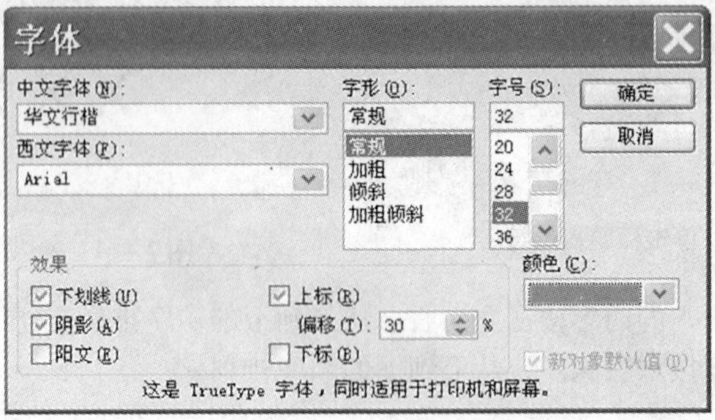

图 7－66　设置“字体”对话框

任务三　设置文本字体格式化

为了突出演示文稿类型的特点，会设置不同的文字字体。更改字体有两种方法。

1. 使用【格式】工具栏中的按钮

先选中需要修改字体的文字，然后在【格式】工具栏中单击【字体】下拉按钮。在弹出的下拉列表中单击所需要的字体。

2. 使用菜单栏中的命令

先选中需要更改格式的文本内容，然后单击菜单栏中的【格式】—【字体】命令。单击【中文字体】下拉按钮，单击所需要的字体，单击【确定】按钮。

任务四　设置文本的字形格式化

设置文本的字形具体方法有两种。

1. 使用【格式】工具栏中的按钮

PowerPoint 2003 提供的字型包括：加粗、倾斜、下划线、阴影。选中需要修改字形的文本，然后单击【格式】工具栏中的相应按钮，添加所需要的效果。

2. 使用菜单栏中的命令

先选中需要更改字形的文本内容，然后单击菜单栏中的【格式】—【字体】命令。在弹出的【字体】对话框中的【字形】列表框中单击所需的字形效果，单击【确定】按钮。

任务五　设置文本的字号格式化

演示文稿中的标题和内容的文字大小应该是有区别的，这样才能更容易突出标题内容。设置字体大小的方法有两种。

1. 使用【格式】工具栏中的按钮

在左边的【幻灯片】选项卡中单击某一张幻灯片，然后选中需要修改字号的标题，在【格式】工具栏中单击【字号】并选择合适的字号。

2. 使用菜单栏中的命令

先选中需要更改字号的文本内容，然后单击菜单栏中的【格式】—【字体】命令。单击【字号】下拉按钮选择字号。还可单击【预览】按钮查看效果，最后单击【确定】

按钮。

任务六 设置文本的颜色格式化

为了使文本内容美观、突出，文字内容需要设置颜色，具体有两种方法。

1. 用【格式】工具栏中的工具设置

操作步骤

（1）在左边的【幻灯片】选项卡中单击某一张幻灯片，选中要更改格式的文本内容。

（2）设置文字的颜色。在【格式】工具栏中单击【字体颜色】下拉按钮，在弹出菜单中单击所需要的颜色，标题即改变成所设置的颜色。

（3）如果在下拉菜单中没有需要的颜色，可以单击【其他颜色】命令，即弹出【颜色】对话框，如图 7－67“颜色”对话框中的“标准”选项卡所示。

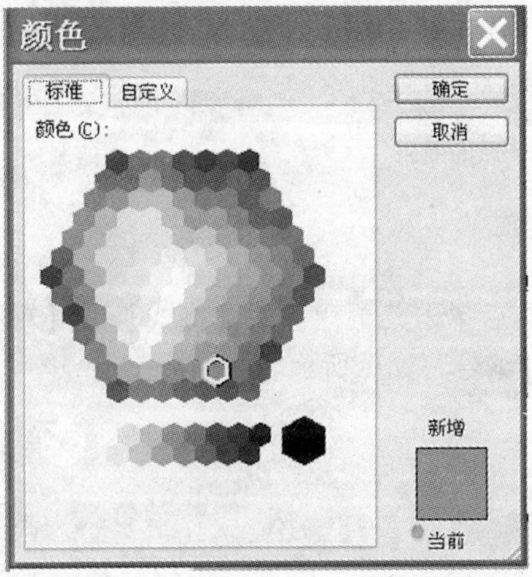

图 7－67 “颜色”对话框中的“标准”选项卡

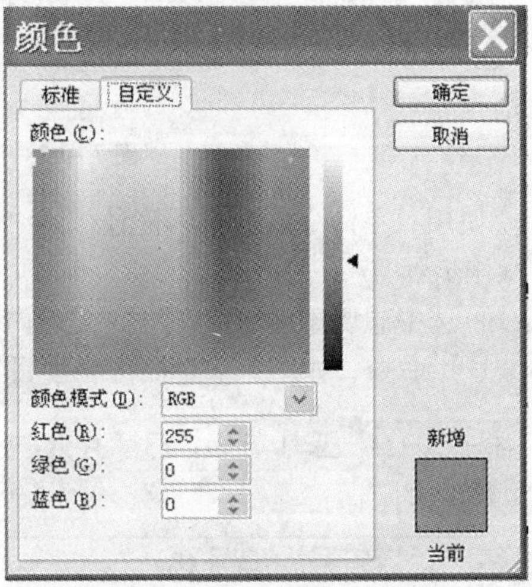

图 7－68 “颜色”对话框中的“自定义”选项卡

（4）如果【标准】选项卡中还是没有所需要的颜色，可以打开【自定义】选项卡，如图 7－68“颜色”对话框中的“自定义”选项卡所示。在【颜色】选择区中单击所需的颜色，确定颜色的 RGB 值，在【颜色模式】下拉列表中单击【RGB】，在【红色】【绿色】【蓝色】输入框中用微调按钮修改值或者直接输入。设置完所需的颜色后单击【确定】按钮。

2. 使用菜单栏中的命令

选中需要更改格式的文本内容。单击菜单栏中的【格式】—【字体】—【颜色】。

任务七 设置文本效果区

设置文本效果区的内容包括：上标、下标、下划线、阴影等。

任务八 添加项目符号和编号

设置完文本的格式后，为了让文本的排列更美观，可通过调整项目符号和编号改变文本排列效果。项目符号和编号是以段落为单位的。为段落设置项目符号和编号具体操作方法有两种。

1. 使用【格式】工具栏中的【项目符号】按钮 或者【编号】按钮

在“个人简历”演示文稿中单击第三张幻灯片，选中内容，再在【格式】工具栏中单击【项目符号】按钮，如图 7－69 所示。

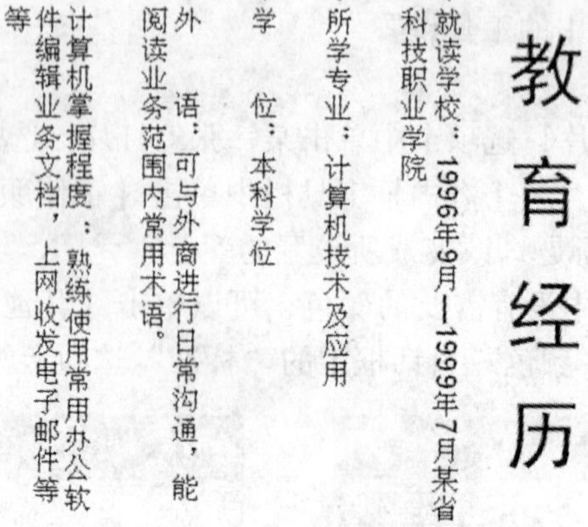

图 7－69　添加完毕后的效果

2. 使用菜单命令添加项目符号

操作步骤

（1）选中想要添加项目符号的文本内容，然后单击菜单栏中的【格式】—【项目符号和编号】命令，如图 7－70 执行“项目符号和编号”命令所示。

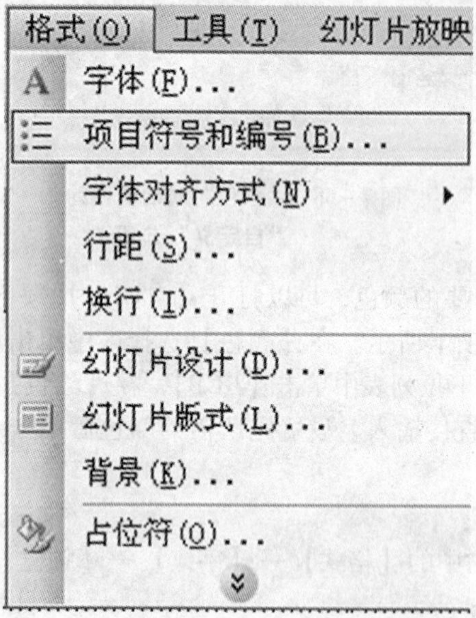

图 7－70　执行“项目符号和编号”命令

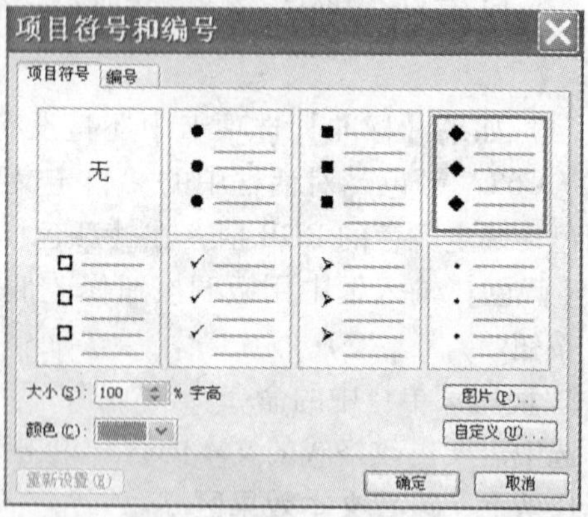

图 7－71　“项目符号和编号”对话框

（2）在弹出的【项目符号和编号】对话框中打开【项目符号】选项卡，可任意选择所需的项目符号◆，在【大小】输入框中可以输入百分比设置项目符号的大小，在【颜色】下拉列表框中可以为项目符号选择红色，设置完成后单击【确定】，如图 7－71“项目符号和编号”对话框所示。

（3）项目符号的其他样式可以在【项目符号和编号】对话框中单击【自定义】按

钮，打开【符号】对话框，在【字体】下拉列表中选择所需字体，再单击需要的字符，最后单击【确定】按钮，如图 7－72 使用项目符号的其他样式所示。

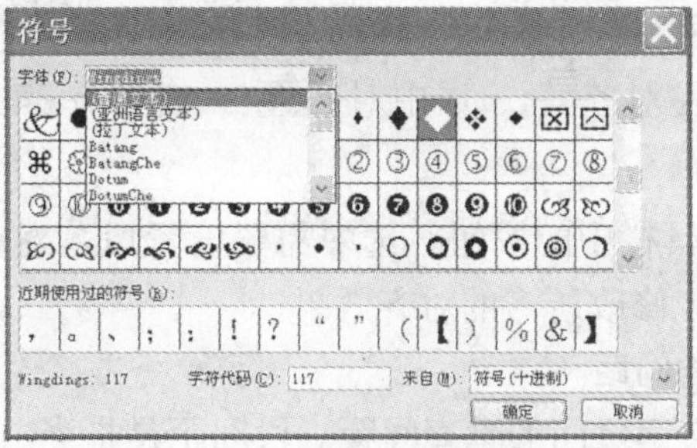

图 7－72　使用项目符号的其他样式

任务九　段落的缩进

在 PowerPoint 2003 中，为了使文稿更有层次，需要添加段落的缩进，设置段落前的缩进采用的是标尺方法。幻灯片标尺可在菜单栏中单击【视图标尺】命令，显示标尺。如果要关闭标尺显示也执行相同的菜单命令。如表 7－1 标尺的缩进标记功能所示。

表 7－1　标尺的缩进标记功能

编号	名 称	说　明
1	首行缩进标记	显示了段落中第一行的位置。拖动该标记，段落中的第一行缩进
2	悬挂缩进标记	显示了段落中除了第一行以外其他的位置。拖动该标记，段落中的首行不缩进，其余部分相对首行缩进
3	左缩进标记	控制段落中的左边距。拖动该标记，所有文本左缩进

操作步骤

（1）在“个人简历”演示文稿中单击第六张幻灯片。选中需要设置的段落，拖动标尺的缩进标记，设置段落的缩进两字符。如图 7－73 拖动标尺设置段落缩进所示。

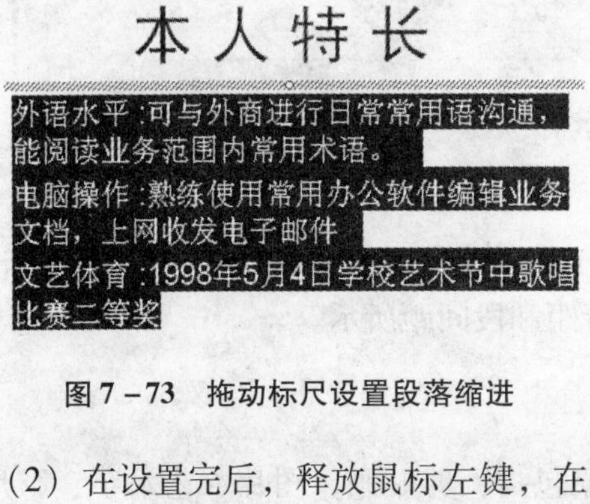

图 7－73　拖动标尺设置段落缩进

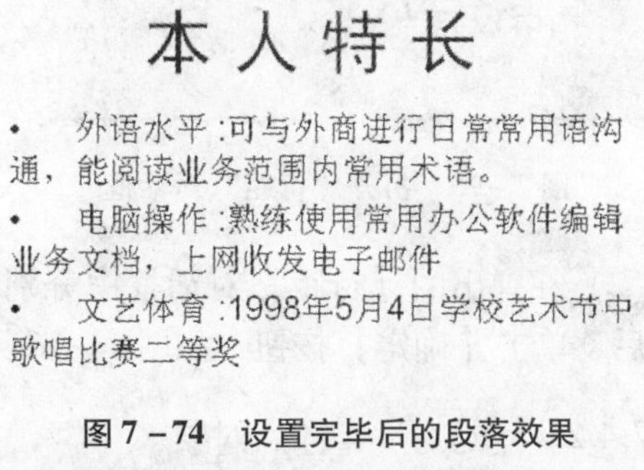

图 7－74　设置完毕后的段落效果

（2）在设置完后，释放鼠标左键，在所选段落的文本外的任何位置单击，取消段落的选中状态。如图 7－74 设置完毕后的段落效果所示。

任务十　对齐方式

在 PowerPoint 2003 中，文本编排的单位是段落。段落就是指两个回车符之间的文本。所谓对齐就是指调整文本在文本框中的排列方式。

操作步骤

(1) 执行菜单栏中的命令。在需要设置对齐的段落中单击或者选中需要设置对齐的段落，然后在菜单栏中单击【格式】—【对齐方式】—【居中】命令。在 PowerPoint 2003 提供的对齐方式中，左对齐、居中对齐、右对齐、分散对齐和两端对齐。

(2) 使用【格式】工具栏中的按钮。选中需要设置段落对齐方式的文本，单击【格式】工具栏中的相应按钮，修改所需的对齐效果。

任务十一　行间距和段间距

行距是指段落中各行文字之间的垂直间距。段间距是指当前段落与前一段或者后一段之间的间距。

操作步骤

(1) 在“个人简历”演示文稿中单击第四张幻灯片。选中文本内容，然后在菜单栏中单击【格式】—【行距】命令，如图 7－75 打开“行距”对话框所示。

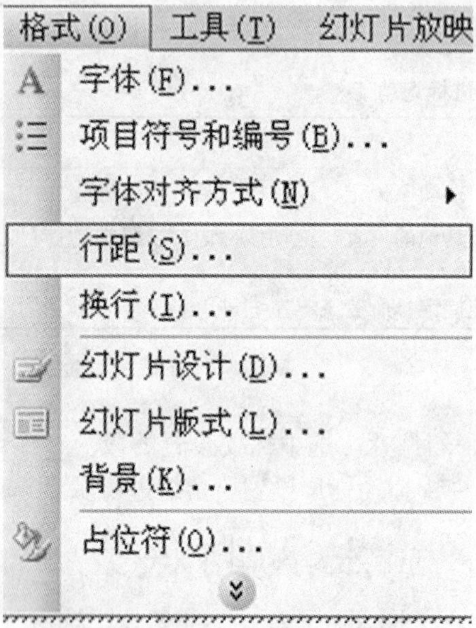

图 7－75　打开“行距”对话框

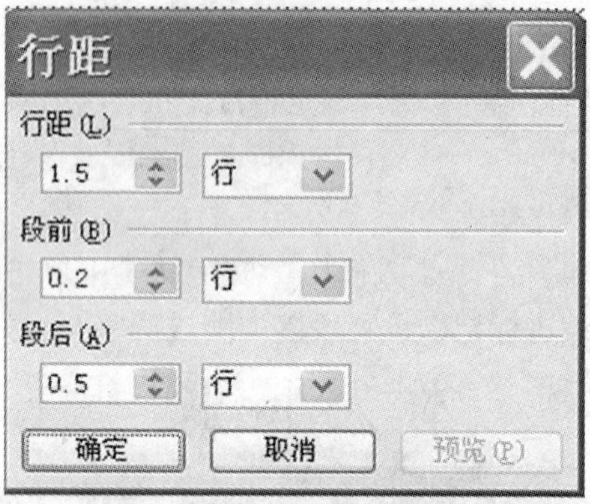

图 7－76　设置行距和段间距

(2) 在弹出的【行距】对话框中分别设置行距、段前距离和段后距离的数值，设置完毕后，单击【确定】按钮，如图 7－76 设置行距和段间距所示。

7.4.2　向幻灯片中插入对象

在 PowerPoint 2003 中，向幻灯片中插入对象包括：剪贴画、图片、艺术字、影片和声音等。以插入剪贴画为例。

任务一　使用自带版式添加剪贴画

操作步骤

(1) 打开“个人简历”演示文稿，单击菜单栏中的【格式】—【幻灯片版式】

命令。

(2) 单击【内容】版式在占位符上出现了【内容类型选择】工具栏。单击【插入剪贴画】按钮 。

(3) 在弹出的【选择图片】对话框中【搜索文字】文本框中输入插入剪贴画的关键词。单击【搜索】，选中后【确定】，并拖动到合适位置。

任务二　利用菜单栏中的命令

操作步骤

(1) 单击菜单栏中的【插入】—【图片】—【剪贴画】命令，弹出【剪贴画】任务窗格，在【搜索文字】文本框中输入需要插入的关键词。

(2) 在【搜索范围】和【结果类型】列表框中选中需要搜索的内容。单击【搜索】，可预览插入的该【剪贴画】图标。

7.4.3　动画定义

动画定义是给幻灯片使用动画方案，加强视觉效果，也可在放映时从一张切换到另一张产生动态效果。PowerPoint 2003 有两种设置动画效果方式：预设动画和自定义动画。

任务一　预设动画

在“个人简历”演示文稿中选中第五张幻灯片，再在菜单栏中单击【幻灯片放映】—【动画方案】命令，出现的【幻灯片设计】任务窗格中，勾选【自动预览】复选框，单击【应用于所选幻灯片】可显示系统预设定义的动画方案。

任务二　自定义动画

操作步骤

(1) 在“个人简历”演示文稿中选中第六张幻灯片标题“个人特长”，单击菜单栏中的【幻灯片放映】—【自定义动画】命令，单击任务窗格中【添加效果】按钮，下拉菜单中单击【进入】—【飞入】，如图 7－77 设置对象进入的动画效果所示。

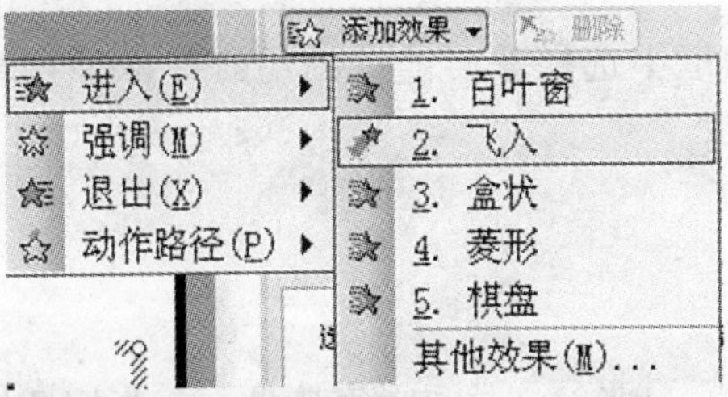

图 7－77　设置对象进入的动画效果

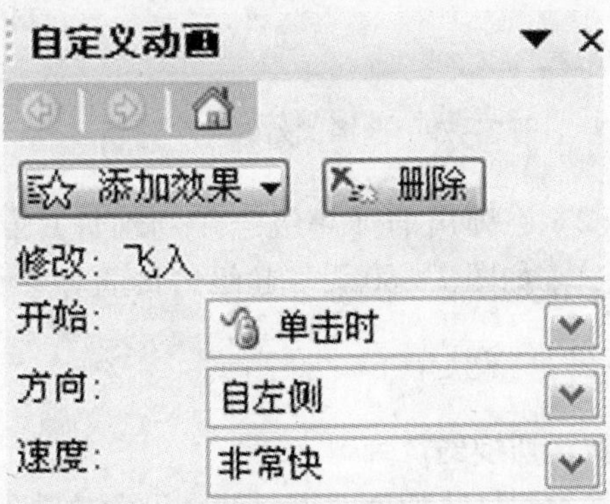

图 7－78　设置自定义动画属性

(2) 在【自定义动画】窗格中，设置【开始】时间，【方向】自左侧，【速度】非常快。如图 7－78 设置自定义动画属性所示。

(3) 在【自定义动画】列表框中单击【效果选项】，弹出【飞入】对话框。可在

【增强】中选择【声音】，单击【动画播放后】选择播放动画后的效果。

（4）还可选择【添加效果】—【进入】—【其他效果】弹出【添加进入效果】对话框。勾选【预览效果】，可得到需要动画效果。

7.4.4 动作设置

任务一　插入动作按钮

PowerPoint 2003 中提供了一组动作按钮，可以利用动作按钮在放映过程中链接其他的内容或激活某个程序。在菜单栏中单击【幻灯片放映】—【动作按钮】命令，在出现的级联菜单中单击需要添加的动作按钮。

任务二　动作按钮与超链接

操作步骤

（1）单击需要添加超级链接的第四张幻灯片，在需要的位置插入动作按钮，然后单击【动作设置】—【单击鼠标】—【超级链接到】—【幻灯片】，跳转目标位置，如图 7－79 选择“幻灯片”选项所示。

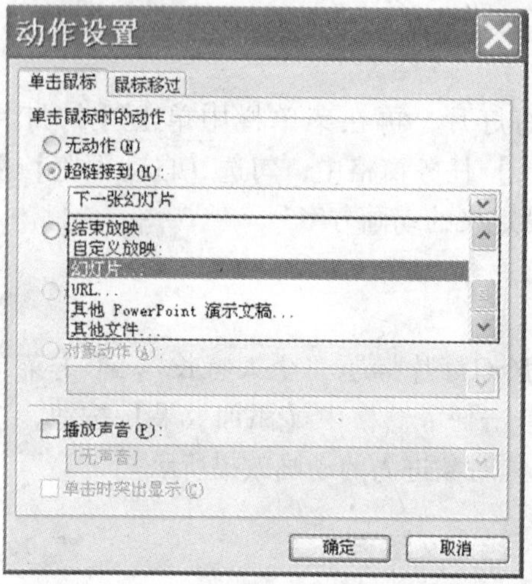

图 7－79　选择“幻灯片”选项

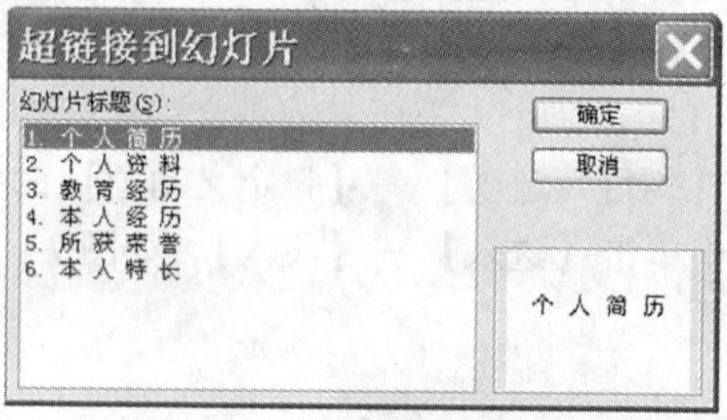

图 7－80　设置超级链接的对象

（2）在弹出的【超级链接到幻灯片】对话框中选择需要链接的幻灯片标题并单击【确定】。如图 7－80 设置超级链接的对象所示。

7.4.5 幻灯片的切换方式

灵活切换幻灯片

设置幻灯片切换效果，就是设置放映幻灯片时一张幻灯片显示完毕到下一张幻灯片完全显示在屏幕上之前的过渡效果。

操作步骤

（1）在菜单栏中单击【幻灯片放映】—【幻灯片切换】命令，在【应用于所选幻灯片】列表框中选择一种切换效果，如图 7－81 选择切换的效果所示。

（2）在【修改切换效果】选项区中选择【速度】【声音】，勾选【循环播放，下一声

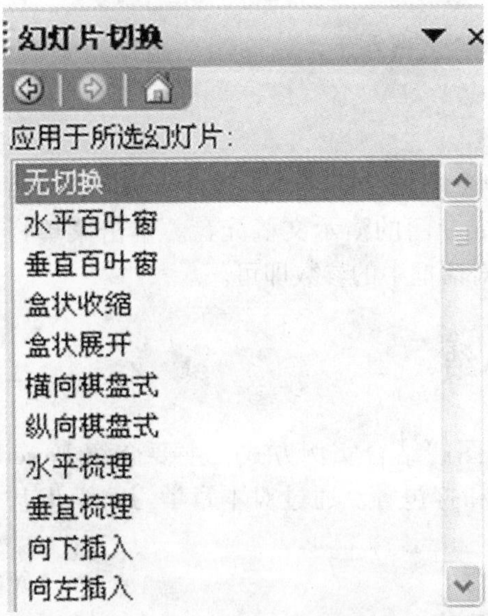

图 7－81　选择切换的效果

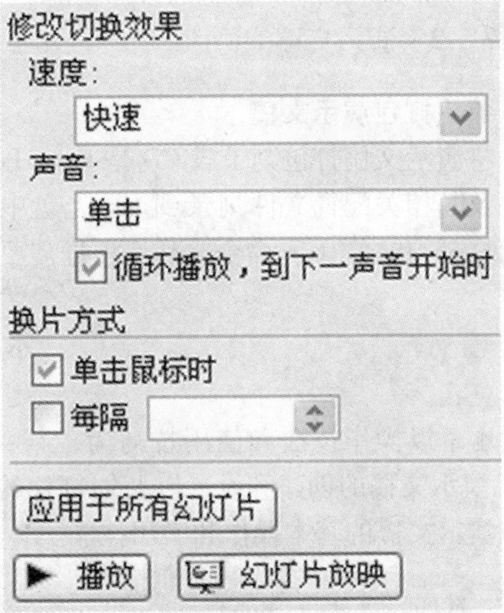

图 7－82　修改切换效果和换片方式

音开始时】复选框，将会在放映时连续播放，直至出现下一个声音。如图设置切换的速度和声音所示，如图 7－82 修改切换效果和换片方式所示。

（3）在【换片方式】选项区中，勾选【单击鼠标时】复选框，则单击鼠标时会显示下一张幻灯片。如勾选【每隔】复选框并输入时间间隔，则每隔指定时间显示下一张幻灯片，如图 7－82 修改切换效果和换片方式所示。

（4）单击【播放】按钮，可在幻灯片浏览视图中查看切换的效果。

7.5　技能五　演示文稿的放映和打包

7.5.1　演示文稿的放映

制作演示文稿目的就是为了演示和放映。

放映演示文稿

操作步骤

（1）幻灯片放映。在菜单栏单击【幻灯片放映】—【观看放映】命令或在【幻灯片】选项卡的下方单击【幻灯片放映】按钮 。也可在菜单栏中单击【视图】—【幻灯片放映】命令。

（2）设置放映方式。在菜单栏中单击【幻灯片放映】—【设置放映方式】命令，在其对话框中，可选择演讲者放映类型、全部放映幻灯片、放映时不加旁白放映机选项、手动换片方式等。

（3）自定义放映。在菜单栏中单击【幻灯片放映】—【自定义放映】—【新建】命令，【自定义放映】对话框中输入自定义名称，【添加】需要放映的对象。【确定】设置完毕后返回到【自定义放映】对话框中，可见显示新创建的自定义放映，设置完毕后单击【关闭】按钮。

7.5.2 演示文稿的打包

熟练打包演示文稿

将演示文稿打包刻录成 CD 是 PowerPoint 2003 新增功能之一。通过该功能，可将演示文稿及其相关配置文件刻录到 CD 光盘中，制成专门的演示文稿光盘。单击菜单栏中的“文件→打包成 CD”命令，然后根据需要设置对话框中的参数即可。

本章小结

本章以操作技法和使用技巧为主线，采用图解结合实例方式，主要介绍 PowerPoint 2003 演示文稿的创建和设置以及幻灯片的放映和打包等。通过对本章学习，学生基本能掌握演示文稿的基本操作和实用技能。

练习与提高

一、填空题

1. 打开演示文搞的快捷键是__________。

2. 显示比例的默认值是__________。

3. 为每一页幻灯片创建独立备注页的视图是__________。

4. 创建演示文稿通常有 3 种方法，这 3 种方法分别是__________、__________和__________。

5. 特殊效果的背景主要是指为背景添加__________、__________、__________等效果。

6. PowerPoint 2003 中一共有 3 种母版，分别是__________、__________和__________。

7. 母版视图包括 5 个区域的占位符，分别是__________、__________、__________、__________和__________。

8. 版式是__________的排列方式。版式由__________组成。

9. 设计模板是定制了__________、__________和__________的版式。

10. 配色方案就是__________。

11. __________就是一组预先定义好的动画效果和切换效果。

12. 演示文稿有两种启动幻灯片反映的方式。一种是__________，另一种是__________。

二、单选题

1. PowerPoint 的用途是（　　）。

A. 制作电子表格　　B. 编辑文本　　C. 网页设计　　D. 制作演讲文稿

2. 单击（　　）按钮，可以“普通视图”切换到“幻灯片浏览视图”。

A. 　　B. 　　C. 　　D. 幻灯片

3. 能够全屏显示的视图是（　　）。

A. 普通视图　　B. 幻灯片浏览视图　　C. 幻灯片放映视图　　D. 大纲视图

4. 需要删除某张幻灯片的操作是在“幻灯片”选择卡中选中需要删除的幻灯片，然后按（　　）。

A. Delete　　B. BackSpace　　C. Enter　　D. Insert

5. 撤销按钮是（　　）。

A. 　　B. 　　C. 　　D. 

6. 查找的快捷键是（　　）。

A. Ctrl + D　　B. Ctrl + F　　C. Shift + D　　D. Shift + F

7. 以下按钮中不是对字形的设置按钮的是（　　）。

A. **B**　　B. *I*　　C. A　　D. U

8. 为幻灯片添加剪贴画、图片、艺术字需要执行（　　）菜单中的命令。

A. 视图(V)　　B. 插入(I)　　C. 工具(T)　　D. 格式(O)

9. 讲义母板包括 5 大部分，分别是（　　）。

A. 页眉区、页脚区、日期区、数字区、虚线占位符

B. 标题区、对象区、日期区、页脚区、数字区

C. 页眉区、页脚区、日期区、数字区、幻灯片缩略图片

D. 页眉区、页脚区、日期区、数字区、备注文本区

10. 打开一张幻灯片，然后（　　）可以将删除的占位符恢复。

A. 直接在菜单栏中单击“格式 > 母版版式”命令

B. 直接在菜单栏中单击“视图 > 母版版式”命令

C. 先进入幻灯片母版视图，然后单击菜单栏中的“格式 > 母版版式”命令

D. 先进入幻灯片母版视图，然后单击菜单栏中的“视图 > 母版版式”命令

11. 母版实际上就是一种特殊的幻灯片，它用于设置演示文稿中每张幻灯片的预设格式. 以下说法错误的是（　　）。

A. 母版能使演示文稿有统一的内容

B. 母版能使演示文稿有统一的颜色

C. 母版能使演示文稿有统一的字体

D. 母版能使演示文稿有统一的项目符号

12. 在 PowerPoint 2003 中，不支持（　　）声音文件格式。

A. WAV　　B. MIDI　　C. MP3　　D. MOV

13. PowerPoint 2003 不支持以下的（　　）格式的影片文件。

A. Wmv　　B. mpeg　　C. mp4　　D. avi

14. 在“设置图片格式”对话框中的“尺寸”选项卡中勾选“幻灯放映最佳比例”复选框，影片将会以（　　）显示高度和宽度。

A. 50%　　B. 100%　　C. 150%　　D. 200%

实训1

“大学生风采”演示文稿的建立与编辑

要求：

1. 建立与编辑演示文稿“大学生风采”；

2. 幻灯片“大学生风采”格式的设置。

实训2

“大学生风采”演示文稿的设置

要求：

1. 文本“大学生风采”编辑与格式化；

2. “大学生风采”演示文稿中设置自定义动画；

3. 插入动作按钮并建立超链接；

4. 采用单击快速水平百叶窗切换方式；

5. 演练放映过程与熟练打包演示文稿。

参考答案

一、填空题

1. （Ctrl + O）　　2. （最佳）　　3. （备注页视图）

4. （创建空演示文稿）（根据设计模板创建演示文稿）（根据内容提示向导创建演示文稿）

5. （渐变）（纹理）（图案）

6. （幻灯片母版）（讲义母版）（备注母版）

7. （标题区）（对象区）（日期区）（页脚区）（数字区）

8. （幻灯片内容在幻灯片上）（占位符）

9. （配色方案）（幻灯片母版）（标题母版）　10. （一组可以使用于演示文稿中的预设颜色）　11. （预设动画方案）　12. （启动幻灯片放映）（将演示文稿在保存时设置为自动放映的类型）

二、单选题

1. D　2. B　3. C　4. A　5. C　6. B　7. C

8. B　9. A　10. C　11. A　12. D　13. C　14. C

第八章　常用工具软件的使用

【学习目标】

文件的压缩与解压缩

查杀病毒

媒体文件的播放

英汉互译

图像的浏览

预备知识

在电脑的使用过程中，经常需要完成一些“小”功能，如文件的压缩与打包，翻译电脑里出现的英语单词或者查杀电脑病毒等等。这些功能操作系统本身并不提供，因此，要方便地利用这些功能，就要使用相应的工具软件。现在市面上这类软件很多，可谓五花八门，基本上想实现的功能都可以通过相应的工具软件来实现。熟练使用其中的一些常用工具，对电脑应用水平的提高很有帮助。本章主要讲解几款经常用到的工具软件。

8.1　技能一　使用 WinRAR 压缩软件

预备知识

利用压缩软件可以减小文件大小，节约磁盘空间。除此之外，还可以起到“装东西”的作用，将一些零散的文件打包为一个文件，这样便于存放与传输。在网络上传输文件时，打包后的文件一方面文件数量减少了，另一方面文件总尺寸也减小了，因此，传输会更快捷。当然，压缩软件还能对其支持的压缩类型进行解压缩。

WinRAR 是目前最好的压缩工具之一，它的界面友好，使用方便，在压缩率和速度方面都有很好的表现。它能备份数据，减少 E-mail 附件的大小，解压缩从 Internet 上下载的 RAR、ZIP 和其他格式的压缩文件，并能创建 RAR 和 ZIP 格式的压缩文件。

8.1.1　WinRAR 的安装

WinRAR 的安装

WinRAR 的安装同其他软件差不多。当安装程序运行后出现如图 8－1 WinRAR 安装对话框的界面时，可以对关联文件和界面进行设置。

对于“WinRAR 关联文件类型”中已经勾选的文件类型，安装好 WinRAR 软件后在 Windows 资源管理器中直接双击文件图标就可以自动运行 WinRAR 打开。单击图中的“关联菜单项目”按钮，可以弹出如图 8－2 所示的“关联菜单项目”对话框。

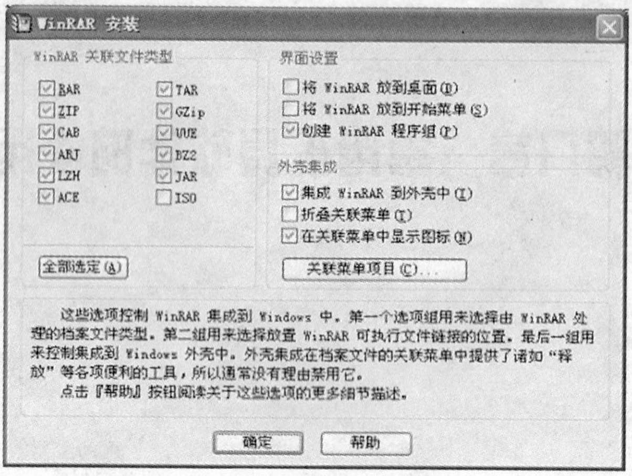

图 8-1　WinRAR 安装对话框

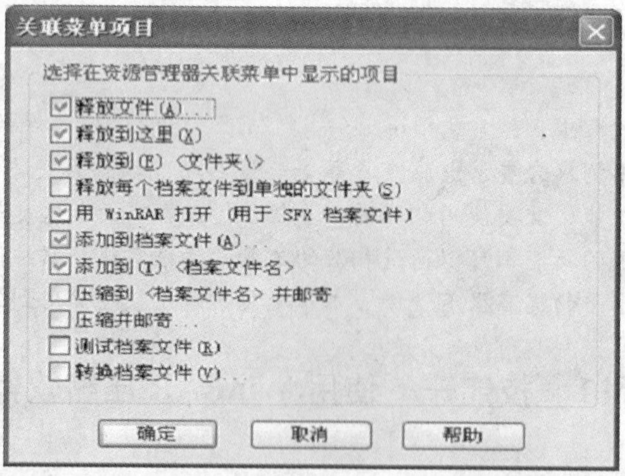

图 8-2　“关联菜单项目”对话框

图 8-3　WinRAR 程序界面

启动 WinRAR，界面如图 8-3 WinRAR 程序界面所示。WinRAR 的程序界面类似于 Windows 的资源管理器。工具栏有一排醒目的命令按钮，下方有一个“回到上一层”的按钮，右边则是一个地址栏，窗口的主体是当前路径的内容，最下面是状态栏。

8.1.2　建立 WinRAR 压缩文件

预备知识

创建压缩文件是指通过 WinRAR 将电脑中的多个文件或文件夹压缩成一个文件，生成一个压缩包。创建压缩文件有以下两种常用的方法。

任务一　通过 WinRAR 程序窗口压缩文件

操作步骤

(1) 在图 8－3 WinRAR 程序界面中，首先选中要压缩的文件或文件夹，然后单击工具栏的“添加”按钮，出现如图 8－4 设置压缩文件参数对话框所示的对话框。

(2) 在“档案文件名”文本框中可以为压缩文件取一个名字，单击右上角的“浏览”按钮可以选择压缩文件存放的路径，默认压缩类型是 RAR。

(3) “压缩方式”下拉列表框中选择压缩的方式，选择“最好”时压缩比最好，但压缩速度也就最慢，选择“最快”时压缩速度最快，但压缩比最差，因此，一般保持默认的“标准”即可。

(4) 在对话框的其他选项卡上可以根据自己的需要进行设置，一切设定好后，单击“确定”按钮，一个 RAR 格式的压缩文件就创建好了。

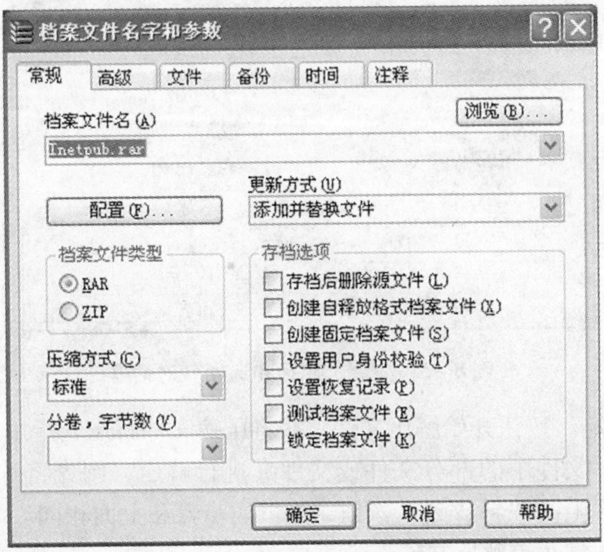

图 8－4　设置压缩文件参数对话框

任务二　通过右键菜单压缩文件

安装 WinRAR 后，选择要压缩的文件后单击鼠标右键，在弹出的快捷菜单中选择相应的命令，即可在当前位置生成压缩包，各压缩命令的作用如下：

(1) 选择“添加到压缩文件”命令，将弹出“压缩文件名和参数”对话框。

(2) 选择“添加到（默认压缩文件名）”命令，将所选文件按默认设置进行压缩。

(3) 选择“压缩并 E-mail”命令压缩后直接以邮件方式发送给对方。

（4）选择“压缩到（默认压缩文件名）并 E-mail”命令，则会保留压缩包。

8.1.3 WinRAR 解压缩文件

预备知识

对于创建的压缩文件或从网上下载的扩展名为 RAR 和 ZIP 的压缩文件在使用前需用 WinRAR 进行解压。除此之外，使用 WinRAR 还可以解开扩展名为 CAB、ARJ、LZH、JAR、GZ、ACE、UUE、BZ2、JAR、ISO 等多种类型的压缩文件。

任务一　通过 WinRAR 程序窗口解压文件

操作步骤

（1）启动 WinRAR，在其操作界面中的地址下拉列表中选择压缩包所在盘符，然后在下面的列表框中选择要解压的文件。

（2）在 WinRAR 程序窗口中单击“释放到”按钮，弹出如图 8－5 所示的选择释放路径和选项的对话框。在该对话框右边的树状目录区可以选择要释放到的文件夹，如果要释放到一个不存在的文件夹，可以在“目标路径”文本框中直接输入。其他选项可以根据自己的需要进行选择。

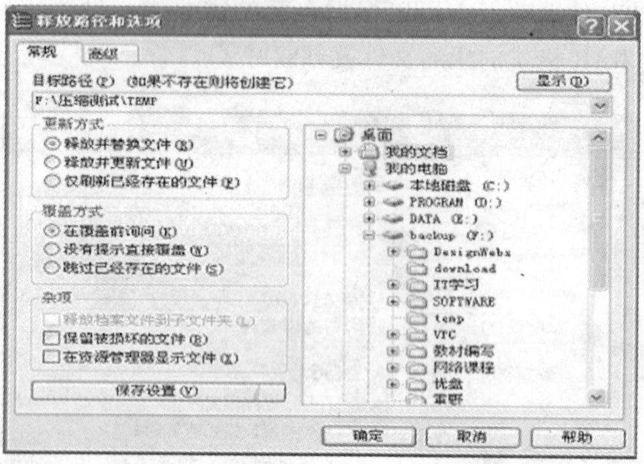

图 8－5　“释放路径和选项”对话框

（3）单击“确定”按钮开始解压文件，并将压缩文件解压到指定地点。

如果只想对压缩文件中的部分文件或文件夹进行解压，则先将这些文件或文件夹选中，然后单击工具栏上的“释放到”按钮，剩下的步骤和上面相同。

任务二　通过右键菜单解压文件

在“我的电脑”窗口中或资源管理器中用鼠标右键单击压缩包，在弹出的快捷菜单中选择所需的解压命令也可以解压文件，各解压命令的作用如下。

（1）选择“解压文件”命令，将弹出“释放路径和选项”对话框，设置解压路径选项。

（2）选择“解压到当前文件夹”命令，将解压后的文件放置在当前目录下。

（3）选择“解压到（所选压缩包名称）”命令，将在当前目录下创建一个与所选压缩包名称相同的文件夹，并将解压后的文件放置在其中。

8.1.4　WinRAR 自解压文件的创建与解压

任务一　制作自解压文件

用 WinRAR 在压缩文件时，可以将压缩文件转换为具有自解压功能的 EXE 文件，自解压文件的特点是：不需要安装 WinRAR 压缩软件就能解开压缩包，创建自解压文件的方法与创建压缩文件的方法相同，只需在图 8－4 中，在“存档选项”区域中选中“创建自释放格式档案文件”，单击“确定”按钮，即可创建一个自解压文件。

任务二　自解压文件的解压

双击自解压文件，弹出“WinRAR 自解压文件”对话框，如图 8－6 所示，选择释放的文件夹，单击“安装”按钮，即可解压一个自解压文件。

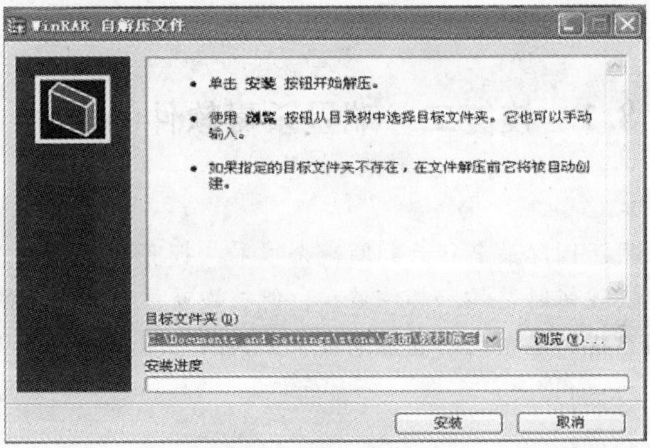

图 8－6　“WinRAR 自解压文件”对话框

8.1.5　对 WinRAR 压缩文件加密

加密压缩文件

操作步骤

（1）选择要压缩的文件或文件夹，在 WinRAR 界面的工具栏中单击“添加”按钮。

（2）弹出设置压缩文件参数对话框（图 8－4），在“常规”选项卡中设置“档案文件名”、“压缩方式”等选项。

（3）单击“高级”选项卡，如图 8－7 所示，单击“设置口令”按钮，在弹出的对话框中输入密码，如果选中“加密文件名”复选框，则不仅加密文件内容，而且文件名也将被加密。如图 8－8 所示。

相关知识链接

虽然压缩软件的主要作用就是减少文件所占的空间，但不同格式的文件其压缩率是不相同的。

对于一些本身已经是压缩格式的文件类型，其压缩效果是很有限的，如 JPEG、MP3、MPG、DAT 等格式的文件。而对于文本文件、DOC 文件、网页文件、BMP 文件等一些类型的文件，压缩效果较好。

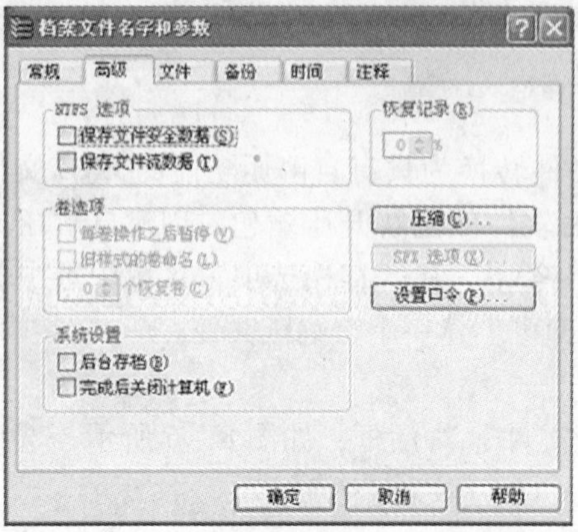

图 8-7　设置压缩文件加密

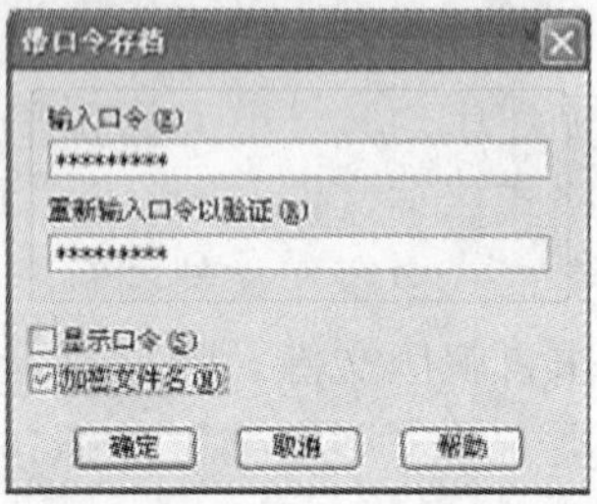

图 8-8　设置口令对话框

8.2　技能二　瑞星杀毒软件的使用

预备知识

瑞星杀毒软件采用了国际最新行为判断查杀技术，拥有全新内核。除了具有传统杀毒软件的功能外，还能实现实时监控和邮件监控，能够恢复被病毒感染的文件或系统，能够查杀未知病毒，为用户提供了全面的查杀病毒服务和病毒防护服务，从而有力地确保了计算机的安全。

8.2.1　瑞星杀毒软件的安装

安装瑞星

操作步骤

（1）运行瑞星安装文件，出现瑞星安装窗口，选择该软件使用的语言，在此选择“中文简体”，单击“确定”。

（2）出现瑞星软件最终用户许可协议，选择“我同意”，单击“下一步”继续。

（3）选择需要安装的组件，单击“下一步”继续。

（4）在弹出的对话框中，单击“浏览”可以更改软件安装目录，单击“下一步”继续。

（5）安装程序准备完成，选择“安装之前执行内存病毒扫描”，单击“下一步”开始安装。

（6）安装结束后，选择“重新启动计算机”，单击“完成”。

（7）重启后，显示“瑞星设置向导”，设置安全级别和处理方式，单击“下一步”继续。

（8）定制任务设置，即设置自动查杀病毒的方式。单击“下一步”继续。

（9）设置定时升级的相关项目，单击“完成”按钮确认并关闭窗口。

安装完成后，瑞星将自动启动，主界面如图 8-9 所示。

图 8－9　瑞星主界面

8.2.2　使用瑞星杀毒软件 2008 版查杀病毒

预备知识

定期检查系统是否感染病毒，不仅可以在某些病毒发作之前将其清除掉，还可以确保干净、不带病毒地启动计算机。

查杀病毒

操作步骤

（1）在瑞星杀毒软件的主界面中，单击“杀毒”选项卡，打开“杀毒”界面，如图 8－10 所示。

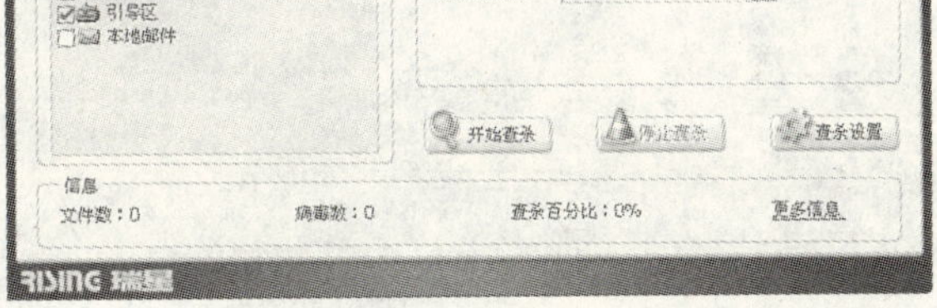

图 8－10　瑞星杀毒界面

（2）在左侧的列表框中选择要查杀病毒的目录，然后单击右下方窗格中的“开始查杀”按钮，即可开始检查指定位置中是否存在病毒。

（3）在查毒过程中，可以单击“暂停查杀”/“继续查杀”或“停止查杀”按钮，暂停/继续或停止此次查毒操作。

（4）当瑞星杀毒软件检测到病毒时，默认设置下会询问用户如何处理。一般选择直接杀毒即可。

(5) 检查完所有指定目录后，瑞星杀毒软件会自动打开“杀毒结束”对话框，显示查毒结果。单击“确定”按钮，完成此次查杀病毒的操作。

8.2.3 升级瑞星杀毒软件

预备知识

许多防病毒程序都带有自动链接到软件厂商网站，查找和添加新的病毒检测代码的功能。在安装病毒防护软件后，还应该经常更新病毒数据库，以便保持对层出不穷的新病毒的防范作用。

在线升级病毒库

操作步骤

(1) 利用瑞星杀毒软件的产品序列号，到瑞星网站（http：//www. rising. com. cn）申请一个用户 ID。

(2) 选择“设置”/“用户 ID 设置”命令，在“用户 ID”对话框中输入申请到的用户 ID 号码。

(3) 在保持 Internet 连接的情况下，单击瑞星杀毒软件主程序界面中的“软件升级”按钮，瑞星杀毒软件就会自动完成整个升级过程。

对于不能直接连接到 Internet 的计算机，可以利用其他计算机上网下载瑞星杀毒软件最新的升级包，复制到该计算机中，再运行升级包，进行升级。

8.2.4 设置瑞星杀毒软件

任务一　定时杀毒

操作步骤

(1) 在瑞星杀毒主界面中，单击“查杀设置”按钮，弹出“详细设置”对话框。如图 8－11 所示。

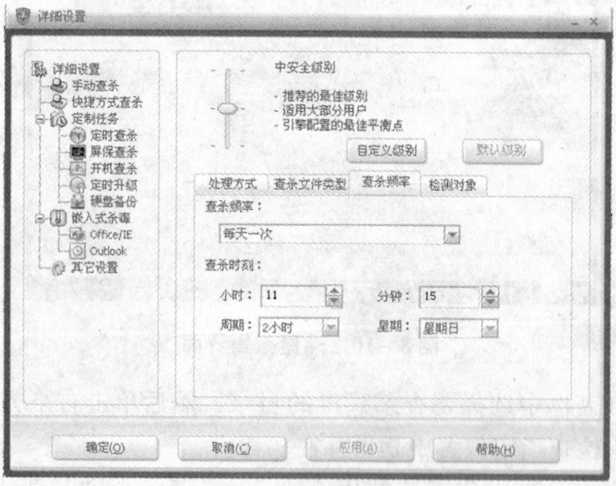

图 8－11　“详细设置”对话框

（2）在“定制任务”选项下，单击“定时杀毒”项，可以在这里进行自定义设置。

（3）在“处理方式”选项卡中，选择在各种情况下的处理方式。

（4）在“查杀文件类型”选项卡中，选择要查杀的文件类型。

（5）在“扫描频率”选项卡中，可以设置扫描的周期，在“扫描时刻”下可以更加细分地设置扫描的时间。

（6）在“检测对象”选项卡中，设置瑞星检测的对象。

任务二 瑞星监控中心的设置

瑞星监控包括文件监控、邮件监控和网页监控，它们能在您打开陌生文件、收发电子邮件和浏览网页时，查杀和截获病毒。

安装了瑞星杀毒软件之后，在默认情况下，每次启动计算机后在任务栏右侧都会出现一个打开的绿色小伞的图标，这就是计算机监控图标，表明瑞星计算机实时监控正在运行。如果该图标变为红色的合起状态表示监控无效，如果关闭了部分监视功能则显示为打开的橙色小伞。

操作步骤

（1）在瑞星主界面中，单击“监控”选项卡，在此进行瑞星监控设置。

（2）单击不同的监控项，可以对它们的监控状态进行设置。

另外，用鼠标右键单击任务栏右侧的瑞星杀毒软件图标，在弹出的快捷菜单中选择“开启所有监控”，可以快速打开所有的监控。

8.3 技能三 媒体播放软件 RealPlayer 的使用

预备知识

RealPlayer 是网上收听收看实时音频、视频和 Flash 的最佳工具，即使带宽很窄，用户也能享受更丰富的多媒体视听效果。RealPlayer 在 Internet 上通过流技术实现音频和视频的实时传输，使用它不必下载音频或视频内容，只要线路允许，就能完全实现网络在线播放，极为方便地在网上查找和收听、收看自己感兴趣的广播、电视节目。

8.3.1 RealPlayer 的安装

安装 RealPlayer

操作步骤

（1）运行 RealPlayer 安装文件，文件开始解压缩，进行的过程较长，耐心等待后，弹出窗口，选择“接受”。

（2）在弹出的窗口中选择用户的连接速度。单击“下一步”继续。

（3）“浏览”可以选择安装目录。单击“下一步”，开始安装文件。

（4）在弹出窗口选择 RealPlayer 可以播放的媒体类型，单击“完成”，结束安装。

安装完成后，RealPlayer 将自动启动，主界面如图 8－12 所示。它由可拆分的两部分组成，上部分是播放器面板，下部分是媒体浏览器面板。

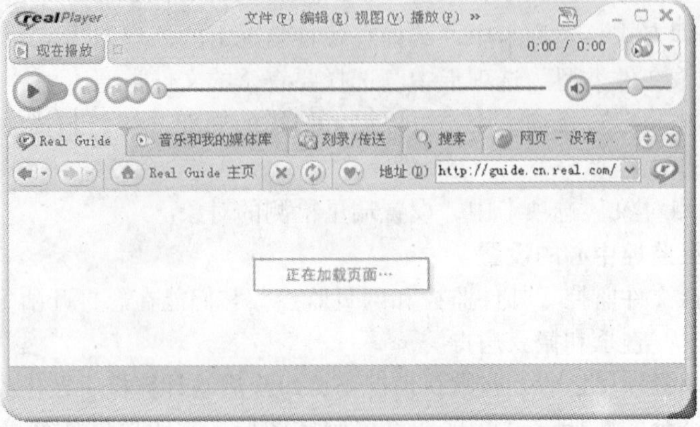

图 8-12 RealPlayer 主界面

8.3.2 RealPlayer 播放媒体文件

任务一 播放本地影音文件

操作步骤

（1）单击“文件”菜单，选择“打开”命令，在“打开”对话框中单击“浏览”按钮，从本地驱动器上的文件夹中选择媒体或播放列表文件，选择后单击“打开”按钮，即开始播放所选定的文件。

可以看到，RealPlayer 可以播放的媒体文件非常多，除了常规的 MP3、RM、WAV 等声音文件之外，还有 Real 格式影像文件、MOV（苹果公司的动画文件格式）文件、AVI 动画文件、Flash 动画文件等，甚至还有 MP3 列表文件、JPG 和 GIF 图像文件等。

（2）在观看视频时，通常要进行色彩、亮度等的调节。在视频窗口中单击右键，在弹出的快捷菜单中选择“视频控制”命令。

（3）在弹出的“视频控制”对话框中，调节各个控制的滑块，直到获得比较满意的播放效果。

任务二 播放在线影音文件

RealPlayer 最吸引人的功能，就是可以通过网络来收听广播和音乐，还可以实时播放电影和电视。

操作步骤

（1）将计算机连入互联网，保持在线状态。

（2）运行 RealPlayer，在地址栏中填入相应的地址，然后单击“播放”按钮或者选择菜单“文件/播放”，RealPlayer 就开始连接该网址，连接成功后，就能够实时播放了。如果网络的速度比较慢，可能需要一定的缓冲时间，等数据传输量足够后，再开始播放。

在进行播放的同时，RealPlayer 持续下载要播放的影像文件，为播放做准备。另外，在播放影像文件时，用户可以使用“快进”、“快退”和“暂停”等按钮控制播放。

如果要播放 RealPlayer 列出的媒体频道，可以通过单击界面中的频道栏中相应的频道，程序即开始自动连接播出。

8.3.3 RealPlayer 管理媒体库及播放列表

任务一 管理我的媒体库

1. 单击“视图”菜单中“我的媒体库”命令，显示“我的媒体库”界面，如图 8－13所示。

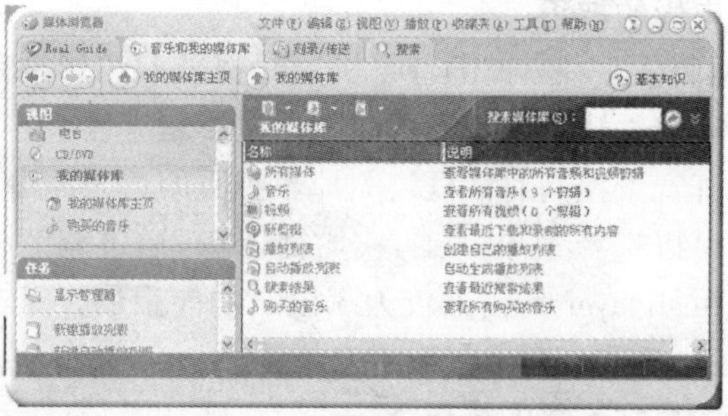

图 8－13 “我的媒体库”界面

2. “我的媒体库”由 3 部分组成，即：导航菜单、工具条和显示区域。

（1）导航菜单：用于定位剪辑的下拉菜单。

（2）工具条：显示与上下文相关的命令和信息列表。

（3）显示区域：当选定一个剪辑类别或子类别时，相关剪辑会显示在显示区域。

3. 使用“我的媒体库”可以显示、管理、选择、搜索和播放已导入或已使用 RealPlayer 保存的媒体文件。播放器将对文件进行自动排序，也可以更改管理文件的方式。

任务二 管理播放列表

播放列表是用户的自定义剪辑组合，RealPlayer 将对其中的剪辑依次进行播放。它们可以是音频文件、视频文件或这两种文件的任意组合。可以将播放列表看作一个虚拟的专辑。

播放列表可以在“我的媒体库”的“播放列表”类别中找到，可以根据任何风格创建播放列表，例如“最动感音乐”专辑或者根据环境创建播放列表，例如：“二人世界晚餐音乐”。甚至可以使用播放列表来创建自己的新闻服务，方法是在最喜爱的节目中添加剪辑并按顺序播放。

8.3.4 RealPlayer 的功能选项设置

预备知识

RealPlayer 的设置比较复杂，设置的项目也比较多，不过大多数都可以按照默认来设置。下面通过介绍 RealPlayer 的使用技巧来了解一下它的功能选项设置。

任务一 快速启动 RealPlayer 的技巧

众所周知，RealPlayer 的启动速度是很慢的。不过，如果按下面的方法对它进行一些调整，问题就可以解决了。

操作步骤

（1）在 Real 文件夹搜索 firstrun. smi 和 getmedia. ini 两个文件，然后将它们更名，比如分别改为“firstrun_ bak. smi”和“getmedia_ bak. ini”。然后，启动 RealPlayer，此时将

不再播放那段听厌的音乐，也不再试图打开软件主页了。

（2）选择菜单“视图/专辑信息/隐藏”，隐去作品简介，效果会更好。

（3）如果不常使用 RealPlayer 10 媒体浏览器，可以关闭它，对加速启动过程也有明显效果。操作方法：点击播放器窗口右上角地球旁边那个箭头，断开媒体浏览器，再关闭浏览器。

任务二　播放双语电影的技巧

RealPlayer 不能单独调节左右声道的音量，这给播放双语影视带来麻烦，左右声道两种声音同时送出，混杂不清，让人越看越烦。如果电影是立体声的，只要双击系统任务条中的音量喇叭图标，打开音量控制对话框，关掉不想听的那个声道就可以了。但如果电影制作时采用混音方法，可以选择菜单“工具/均衡器”，通过调节均衡器，将不想听的部分关闭。初始状态下，RealPlayer 均衡器仅为 3 段，功能很弱，点击均衡器面板上的升级按钮，可以升级为 10 段，此时，调节效果将会增强。

任务三　使网上播放更加连贯的技巧

默认设置下，RealPlayer 每下载 30s 或 4MB 大小的影音文件就开始播放，所以，遇到稍大的影视文件，播放一会儿，就要停一会儿，给人很不痛快的感觉。

适当修改两处设置，可以使这种情况得到改善。点击“工具”菜单下的“首选项”命令，选择“播放设置”下的“更多选项”将“30” s，改为“300” s 甚至更长。其次，选择“内容”下的“剪辑高速缓存”点击“设置”，将“剪辑高速缓存大小”下的 4MB 改为 40MB 甚至更大。这样，欣赏网上影音就更连贯了。

任务四　在 RealPlayer 中实现连续播放

RealPlayer 10 能够同时选择多个文件播放，同时打开需要建立播放列表的文件。从左下角调出“现在播放”对话框，用 Shift 键选择全部，然后“保存”，选择“播放列表”即可。若要连续播放音频文件较简单，用 Winamp 等，将歌曲保存为扩展名为 m3u 的播放列表，然后用 RealPlayer 播放这个列表即可。

8.4　技能四　翻译软件金山词霸的使用

预备知识

对于经常需要阅读英语的用户或正在学习英语的用户，总是离不开一本英汉词典的，这里介绍一款在电脑上使用的英汉词典——金山词霸，它是由金山软件公司开发的一款有声双解工具辞海，它具有屏幕取词、词典查询等实用的功能，现时还有许多方便用户的内容，包括网络搜索单词、修改词霸界面、生词本、界面语言的选择、查词词典和取词词典的设置、每日一帖、功能设置、迷你背单词、全文检索等多项内容。下面将以金山词霸 2007 为例，其官方下载网址为 www. kingsoft. com。

8.4.1　金山词霸 2007 安装

安装金山词霸

操作步骤

（1）运行金山词霸安装文件，出现金山词霸 2007 的安装向导窗口，单击“下一步”

继续。

（2）出现金山软件最终用户许可协议，选择“我同意”，单击“下一步”继续。

（3）弹出“用户信息”对话框，在此对话框中可根据情况输入用户信息，单击“下一步”。

（4）在弹出的对话框中，单击“浏览”可以更改软件安装目录，单击“下一步”继续。

（5）在“选择安装词典”对话框中，可以灵活选择要安装的词典，选择越多，占用的磁盘空间越大。单击“下一步”继续。

（6）在弹出的对话框中，选择安装选项，单击“下一步”继续。

（7）弹出“准备安装”对话框，单击“安装”按钮，开始安装。

（8）安装结束后，程序弹出提示“安装完成”的确认窗口，单击“完成”按钮确认并关闭窗口。

安装完成后，金山词霸2007将自动启动，主界面如图8－14所示。整个窗口分为3部分：上部为输入框；左侧为目录框；右侧为显示框。

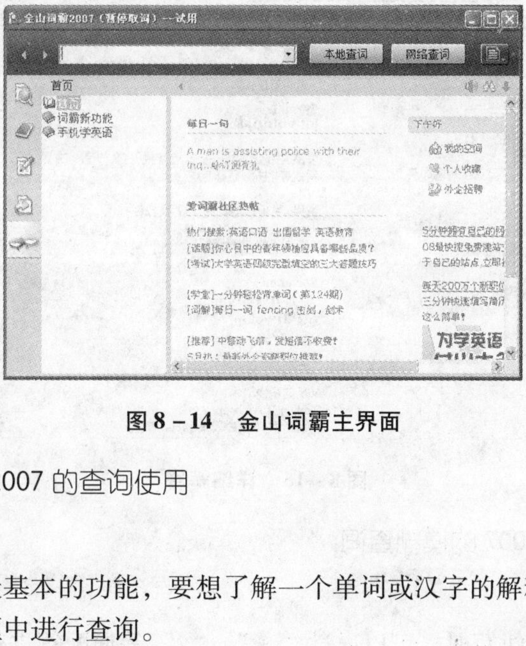

图8－14　金山词霸主界面

8.4.2　金山词霸2007的查询使用

字词查询

翻译是金山词霸最基本的功能，要想了解一个单词或汉字的解释时，可将其输入到金山词霸窗口中的输入框中进行查询。

操作步骤

（1）在输入框中输入需要查找的中/英文单词或词组，在输入过程中，目录框中会实时显示可能的字词列表，显示框会显示最相近的字词的简短解释，如图8－15所示。

（2）按一下回车键或单击输入框右侧的“本地查词”按钮，如图8－16所示，可以获得所查询单词或词组的详细解释。

（3）对于在词霸中查不到的单词或对查词结果不满意的单词，单击“网络查词”按钮，可连接到词霸在线词典，帮助获得查找需要的信息。词霸在线词典是保持即时更新的。

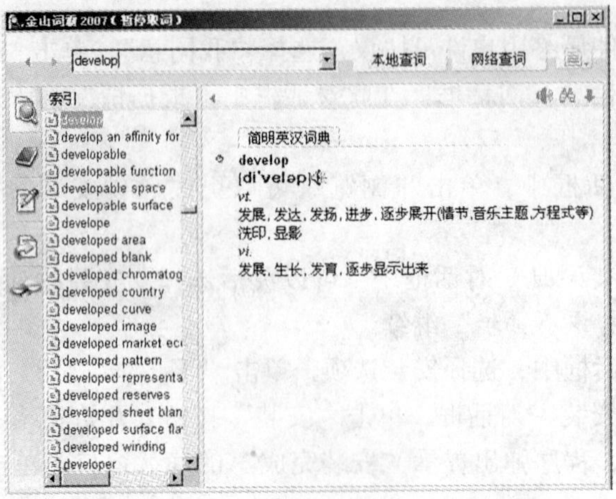

图 8－15　简短解释

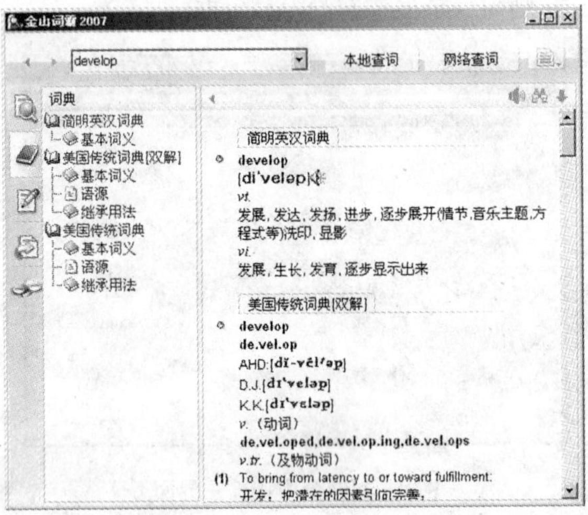

图 8－16　详细解释

8.4.3　金山词霸 2007 的模糊查询

模糊查询

当忘记单词的完整拼写时，可以通过“＊”、“?”等通配符进行模糊查询。

（1）如果忘记一个单词中的某个字母可以用？来代替进行查询，如果仅记起单词的开头或结尾的几个字母，可以用＊代替另外的字母进行模糊查询。此时目录栏会列出所有符合条件的单词，如图 8－17 所示。

这种方法查出的单词很齐全，且单词均按字母排序，用户可以通过左边的索引栏找到要查询的单词。

（2）如果输入的单词不正确或者在词典中找不到该输入词，系统会提供两项功能帮助查找或记录，如图 8－18 所示。

其中，点击“给出拼写近似的单词”，词霸将列出众多词典中与输入词最相近的一些词，并提供链接。

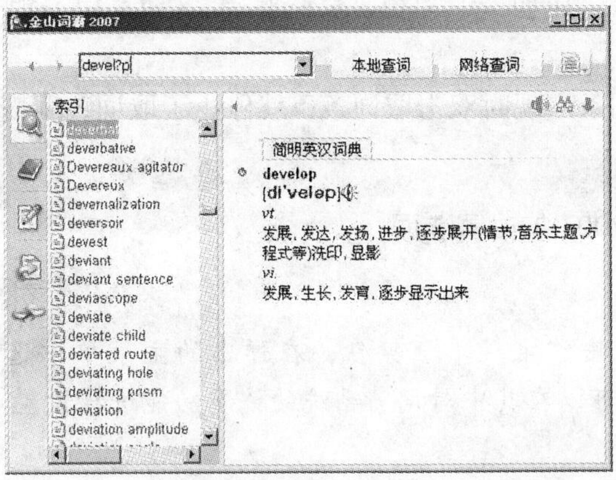

图 8－17　模糊查询

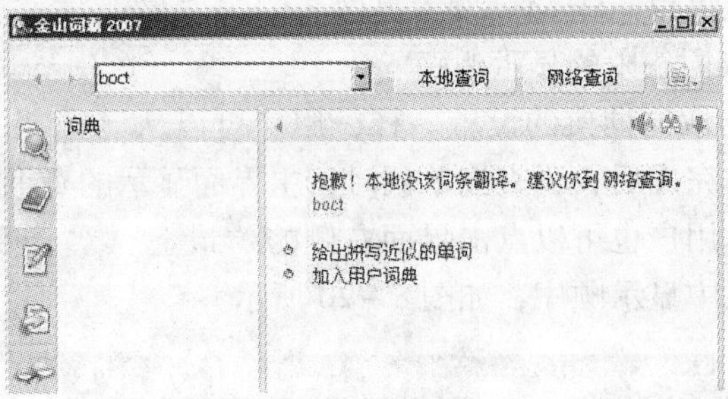

图 8－18　输入不正确

8.4.4　金山词霸 2007 的屏幕取词

屏幕取词

金山词霸的屏幕取词功能可以快速翻译屏幕上任意位置的中/英文单词或词组。只要将鼠标指针指向屏幕上需要翻译的单词或词组，即可弹出一个小巧的浮动窗口，如图 8－19所示。帮助用户快速学习、理解该单词。而单击浮动窗口上方的工具按钮，更可以方便地打开“金山词霸 2007”程序窗口，查询详细的释意，或复制浮动窗口的解释、朗读所查的字词或将其加入生词本。

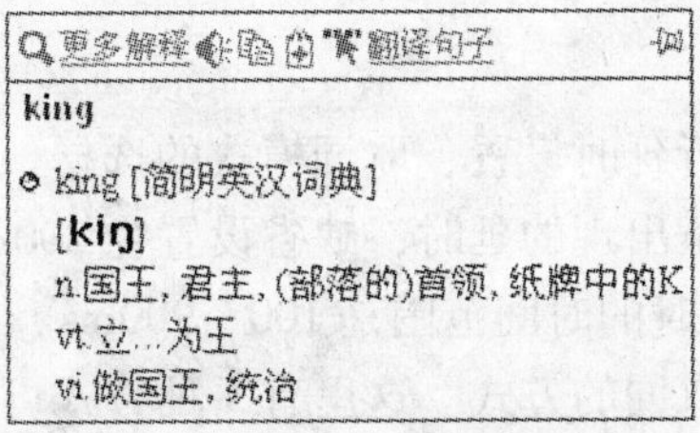

图 8－19　屏幕取词

屏幕取词的取词模式除鼠标取词外，还有组合键取词等，可以在“设置/取词设置”中进行设置。如果不希望随时随鼠标出现取词条时，那么常规的方法是在“取词模式”

里对取词模式进行设置，比如设定 Shift + 鼠标取词、Ctrl + 鼠标取词等，这样可以人为的控制取词条的出现。

此外，也可在取词条出现时双击取词条，就停止了取词，要恢复取词状态时可按快捷键 Ctrl + Alt + F1。

8.4.5 金山词霸 2007 的设置选项

预备知识

在词霸主界面上点击“主菜单”按钮，在弹出的主菜单中选择“设置”，即可打开“设置”对话框，用户可以在其中对词霸系统的许多功能进行设置个性化自己的词霸。

任务一　词典设置

（1）取词词典：金山词霸 2007 会自动安装包含多部词典的词库。用户可根据需要，在此添加取词词典，添加完成后，屏幕取词时显示的取词结果中，则会包含所有被选中词典的解释；同时用户也可以点击词典设置界面右侧的“最上”、“上移”、“下移”、“最下”按钮调节词典在取词条中的显示顺序。

（2）查词词典：与取词词典的设置一样，用户可以从已安装的词库中选择需要的查词词典进行添加，添加完成后，当查询单词时，主界面显示的查询结果中则会包含所有被选中词典的解释；同时用户也可以点击界面右侧的“最上”、“上移”、“下移”、“最下”按钮设置词典在目录栏中显示顺序，如图 8－20 所示。

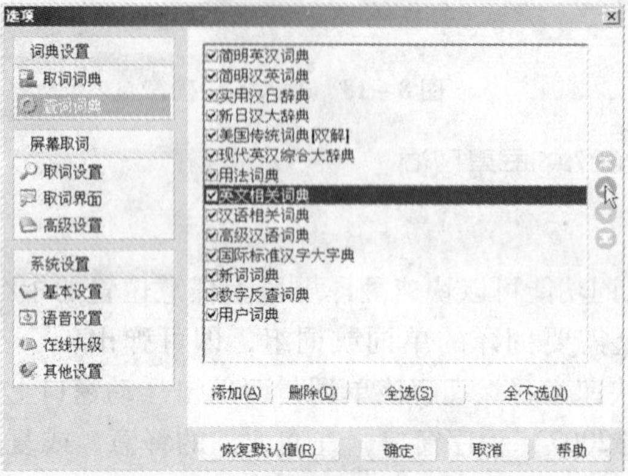

图 8－20　“选项”对话框

任务二　屏幕取词设置

（1）取词设置：可以进行延时设置、取词模式的选择。

（2）延时设置：指取词条出现的延时，缺省设置为 200ms，如果用户希望自定义，那么取消“自动”，可以选择延时的时间范围是 100～900ms。

（3）取词模式：指屏幕取词的方式。这里有 3 种方式可供用户选择：

①鼠标取词，只要鼠标一移至单词上，取词条就会出现；

② Shift + 鼠标取词，只有在按住 Shift 键的同时鼠标移至单词上才会出现取词条；

③ Ctrl + 鼠标取词，只有在按住 Ctrl 键的同时鼠标移至单词上才会出现取词条。

（4）取词界面：对取词界面进行设置。

(5) 高级设置：提供了多项更高级的取词设置：仅对英文取词，禁止菜单取词、禁止按钮取词，是否在取词条显示词典名称/音标、是否智能取词等。

任务三　系统设置

(1) 基本设置：在这里可以设置界面语言，字体大小。同时也可以进行取词开关，朗读等热键的设置。

(2) 语音设置：在这里可以进行朗读设置，包括发音引擎、音量、频率和速度的设置。

(3) 在线升级：在这里可以进行自动更新和代理服务器的设置。

(4) 其他设置：在这里可以进行历史设置，其他选项设置和用户体验的设置。

8.5　技能五　ACDSee 10 的主界面和功能

预备知识

ACDSee 是目前最流行的数字图像处理软件，它几乎支持目前所有图形文件格式，能广泛应用于图片的获取、管理、浏览、优化甚至和他人的分享！作为最重量级看图软件，它能快速、高质量的显示图片，再配以内置的音频播放器，就可以享用它播放出来的精彩幻灯片了。ACDSee 还能处理如 MPEG 之类常用的视频文件。此外，ACDSee 是最得心应手的图片编辑工具，轻松处理数码影像，拥有去除红眼、剪切图像、锐化、浮雕特效、曝光调整、旋转、镜像等功能，还能进行批量处理。

8.5.1　ACDSee 10 主界面窗口的使用

ACDSee 10 主界面窗口的使用

ACDSee 10 主界面和 Windows 的资源管理器有些相像，主要有文件列表窗口、预览窗口和浏览窗口等几部分组成，如图 8－21 所示。

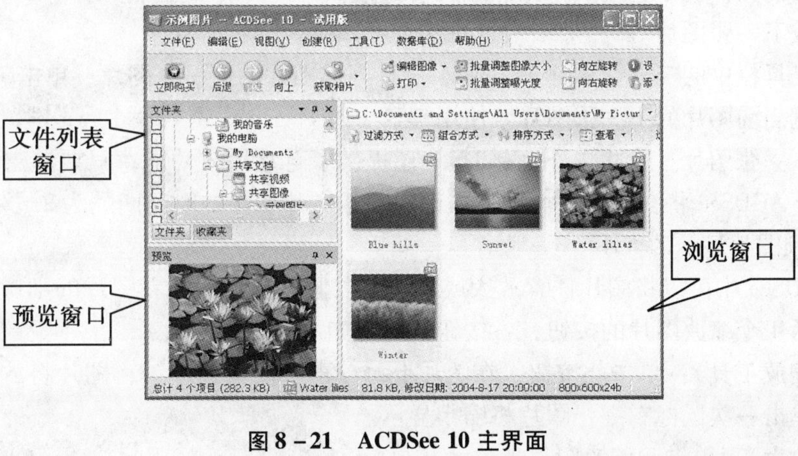

图 8－21　ACDSee 10 主界面

在文件列表窗口中，点击相应的文件夹来选择需要找到的图片，选中的文件夹中的图片将显示在浏览窗口中，如果要将多个文件夹中的图片加入到浏览窗口，可以通过单击文件夹左侧的小方框，被选中的小方框所对应的文件夹中的图片将加入到浏览窗口中。

在浏览窗口中选中一个图片，这个图片就会出现在预览窗口中，在浏览窗口中用鼠标右键单击一幅图片，在其快捷菜单中选择“属性”，在主界面的右侧会出现一个属性框，

在属性框中可以对图片进行一些设置，如为图片起名、加注释、给图片分类等。在属性框中设置的这些属性信息将保存到图片的 ACDSee 数据库中，这样打开预览这些图片的时候将节省很多时间。

8.5.2 ACDSee 10 的图像浏览

浏览图像

ACDSee 可以浏览不同格式的图片，其中包括 BMP、JPEG、GIF、PSD 等格式，在磁盘中找到要观看的图片，单击右键，在弹出的快捷菜单中选择“用 ACDSee 打开”命令，此时将打开 ACDSee 界面，从中可以观看图片，如图 8-22 所示。

图 8-22 用 ACDSee 显示图片

1. 浏览上/下一张图片

若在当前文件夹中包括多张图片，观看当前图片后，不必重启 ACDSee，可以继续观看上一张或下一张图片。

单击工具栏中的 （上一个）按钮，浏览当前图片的上一张图片，单击 （下一个）按钮，浏览当前图片的下一张图片。使用键盘中的 Page Up 或 Page Down 键，也可以浏览上一张或下一张图片。除此之外，ACDSee 还提供了自动播放功能，只要单击 （自动播放）按钮，ACDSee 将自动播放后面的图片，每幅图片切换的时间间隔为 2s。

2. 控制图片显示的大小

在 ACDSee 中可以将图片任意放大或缩小，以便更清晰地观看图片的细微之处。在工具栏中包括 4 个缩放图片的按钮，各按钮的功能如下。

（缩放工具）：单击此按钮，在图片上每单击一次鼠标左键，图片将放大显示，在图片上每单击一次鼠标右键，图片将缩小显示。

（放大）：单击此按钮图片将放大显示。

（缩小）：单击此按钮图片将缩小显示。

（缩放）：单击此按钮，将弹出一组下拉菜单，根据菜单中的具体项目来进行缩放。

实际大小：显示图片实际的高度和宽度。

适合图像：图像与窗口的大小一致。

适合宽度：图像的宽度与窗口的宽度一致。

适合高度：图像的高度与窗口的高度一致。

锁定缩放：锁定当前缩放的大小。

缩放为：可以精确设定缩放的比例。

3. 同时浏览多张图片

在 ACDSee 中可以同时浏览多张图片，单击工具栏中的按钮或按回车键，此时打开如图 8－21 所示的主界面，从中可以同时浏览当前文件夹中的所有图片，双击某一图片即可使其放大显示。

4. 旋转/翻转图像

在观看图片时难免会遇到倾斜或放倒的图片，使用 ACDSee 可以旋转图片，使其调整。

选中需要调整的图片，执行“工具”菜单中的“旋转/翻转图像”命令或右键单击图片，在弹出的快捷菜单中选择“工具”中的“旋转”命令，弹出“旋转/翻转图像”对话框，在对话框中提供了 8 种旋转或翻转的方式，单击相应的按钮，然后单击“开始旋转”按钮，将当前图片旋转，最后单击“完成”按钮。

5. 将图片设为壁纸

使用 ACDSee 可将指定的图片设为壁纸效果。执行“工具”菜单中的“设置壁纸”中的命令，或右键单击图片，在弹出的快键菜单中选择“设置壁纸”中的命令即可。

8.5.3 ACDSee 10 的图像编辑

编辑图像

ACDSee 除了图片浏览功能外，还提供了强大的图片编辑功能，可以对图片的亮度、对比度和颜色等进行调整，还可以进行裁剪、旋转和缩放等操作。对图片进行编辑加工时，主要通过图片浏览窗口中的编辑任务工具栏进行，这样更为直观。各按钮的作用介绍如下：

选择范围：创建选择区域，以便于对选择范围内的区域进行编辑。

曝光：调整图片对比度和颜色。

阴影/高光：在弹出窗口中通过调整滑块来手动调整图片的明暗。

颜色：调整图片的颜色。

红眼消除：去除图片的红眼效果。

相片修复：对图片局部进行颜色上的修复（复制）。

清晰度：为图片添加模糊效果。

杂点：去除图片的杂点效果。

调整大小：改变图像的实际大小。

裁剪：裁剪掉不需要的部分图片。

旋转：对图片进行 90°、180°和任意角度的旋转。

效果：为图片添加各种特殊效果。

添加文本：为图片添加文本。

撤销：当执行了某个编辑操作后单击可撤销。

重复：撤销某个编辑操作后单击可还原。

完成编辑：关闭编辑窗口，返回到主界面。

8.5.4 ACDSee 10 的批量重命名

预备知识

对于从网上下载的图片或对于不便于记忆的大量图片，可以用 ACDSee 批量重命名命令为图片起一个规则的图片名。

批量重命名

下面将“EA24001，EA24002……”的图片文件名批量重命名为“锦绣中华 01、锦绣中华 02……”的格式为例，其具体操作如下。

操作步骤

（1）在 ACDSee 主界面的浏览窗口中，选择需要批量重命名的所有文件。

（2）执行“工具”菜单中的“批量重命名”命令，弹出一个“批量重命名”对话框。

（3）在“模板”选项卡中，选择是按数字还是按字母重命名，这里选中“使用数字替换#”单选按钮，然后在“开始于”数字框中输入开始序号，在“模板”中输入序号前的模版内容，这里输入“锦绣中华##”。

（4）单击“开始重命名”按钮，再单击“完成”按钮。会看到所有选中的图片都被重新命名了。

8.5.5 ACDSee 10 制作屏保功能

制作屏保

在制作屏保之前，可以调整图像大小、调整曝光等，以达到满意的效果。如果要制作屏保，其操作方法如下。

操作步骤

（1）执行“工具”菜单中的“配置屏幕保护”命令，弹出“ACDSee 屏幕保护”对话框。

（2）单击“添加”按钮，将弹出“选择项目”对话框，在此对话框中可以选择要制作屏保的图片素材。

（3）选择要制作屏保的素材图片，单击“添加”按钮，素材将出现在“选择的项目”栏中，单击“确定”按钮，返回到“ACDSee 屏幕保护”对话框。

（4）如果对图片不满意，可通过“删除”按钮将其删除，然后单击“配置”按钮。

（5）在“基本”选项卡中设置转换效果选项，在“图像延迟”选项中可以设置图片之间转换所需的时间间隔。在“高级”选项卡中，可以设置图片的过渡品质，以及幻灯片的播放顺序等。

（6）所有的设置完成后，单击“确定”按钮。可以查看屏保以便更好的进行编辑。

8.5.6　ACDSee 10 制作幻灯片功能

制作幻灯片

操作步骤

(1) 执行“创建”菜单中的“创建幻灯放映文件”命令，弹出“创建幻灯放映向导”对话框。

(2) 在此可以创建三种格式的幻灯片，选择“独立的幻灯放映（.EXE 文件）”，可以在任何系统上直接播放，单击“下一步”按钮。

(3) 向幻灯片中添加图片，点击“添加”按钮，选择添加到幻灯片中的所有图片，单击“确定”按钮，再单击“下一步”按钮。

(4) 为幻灯片中每一个图像添加转场效果、标题和音频效果，单击“下一步”按钮。

(5) 在“常规”选项卡中，设置图像自动切换的时间，背景音乐和转场质量，单击“下一步”按钮。

(6) 根据需要设置最大图像尺寸和输出文件的位置，单击“下一步”按钮，最后单击“完成”按钮，此时幻灯片就制作好了。

相关知识链接

常见的图像文件格式有：

BMP 格式：是 Windows 系统下的标准位图格式，使用很普遍。其结构简单，未经过压缩，占用磁盘空间会比较大，最大的优点是能够被多种 Windows 应用程序所支持。

GIF 格式：分为静态 GIF 和动画 GIF 两种，支持透明背景图像，适用于多种操作系统，“体型”很小，网上很多小动画都是 GIF 格式。其实 GIF 是将多幅图像保存为一个图像文件，从而形成动画，所以归根到底 GIF 仍然是图片文件格式。

JPEG 格式：也是应用最广泛的图片格式之一，它采用一种特殊的有损压缩算法，将不易被人眼察觉的图像颜色删除，从而达到较大的压缩比（可达到 2：1，甚至 40：1），所以，特别受到网络爱好者的青睐。

PSD 格式：是图像处理软件 Photoshop 的专用，图像文件一般比较大。

PNG 格式：与 JPG 格式类似，网页中有很多图片都是这种格式，压缩比高于 GIF，支持图像透明，可以利用 Alpha 通道来调节图像的透明度。

PCX 格式：ZSOFT 公司在开发图像处理软件 Paintbrush 时开发的一种格式，这是一种经过压缩的格式，占用磁盘空间较少，并具有压缩及全彩色的优点，所以现在仍比较流行。

DXF 格式：三维模型设计软件 AutoCAD 的专用格式，文件小，所绘制的图形尺寸、角度等数据十分精确，是建筑设计的首选。

CDR 格式：著名的图形设计软件 CorelDRAW 的专用格式，属于矢量图像，最大的优点是“体重”很轻，便于再处理。

8.6 技能六 下载工具软件迅雷的使用

预备知识

迅雷是一款基于 P2SP 技术的下载软件，它下载速度快，支持断点继传；新增了任务管理的功能，可以把不同状态的任务进行分类管理，使下载更稳定更迅速。

8.6.1 迅雷 5 的安装

安装迅雷 5

操作步骤

(1) 运行“迅雷 5”客户端的安装包后，显示安装“迅雷 5”的向导界面。单击“下一步”继续。

(2) 接下来是“迅雷”的安装许可协议，只有选择同意了该协议，才能继续安装“迅雷 5”，在认真查看了迅雷安装许可协议后，选择“我同意此协议”，单击“下一步”继续。

(3) 接下来的窗口是“迅雷 5”安装的选项，可以在这里设置是否安装“迅雷 5”的组件，每个组件后面都会有相应的功能说明，按需要选择，完成后点击“下一步”继续。

(4) 在弹出的页面上需要选择将“迅雷 5”安装在某个目录中，可以单击“浏览”来自行设置，也可以使用默认目录，直接单击“下一步”继续。

(5)“迅雷 5”的安装已经准备就绪了，只要单击“安装”就会立即安装“迅雷 5”，如果还有什么设置需要更改，请单击“上一步”进行更改。

(6) 稍等片刻，安装完成后就会出现“迅雷 5”的安装结束窗口，可以选择“查看更新信息”或“启动迅雷 5”，单击“完成”结束安装。此时将弹出迅雷的主界面，如图 8-23 所示。

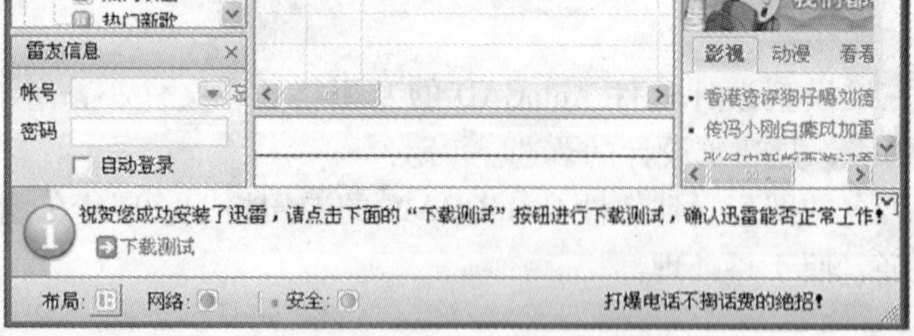

图 8-23 迅雷主界面

8.6.2 用“迅雷”下载单一文件

下载单一文件

使用迅雷下载文件，有两种最简单的方法，第一种下载方法如下。

操作步骤

(1) 打开 IE 浏览器，找到要下载的链接地址，在要下载的链接上单击鼠标右键，选择“使用迅雷下载”，弹出“建立新的下载任务”对话框，如图 8－24 所示用于设置下载运行方式。

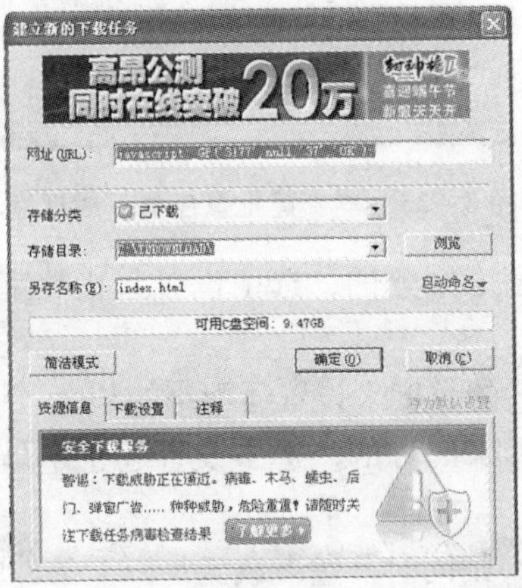

图 8－24　“建立新的下载任务”对话框

(2)“网址”，是下载文件所在的地址。

(3)“存储目录”，可以按类别选择下载内容存放的位置，如果此处没有我们想要的类别，单击“新建类别”，可以新建所需的类别。

(4) 单击“浏览”可以重新设置下载文件的存储位置。

(5)“另存名称”，可以在此处为下载文件重新起名。

(6) 单击“确定”就可以下载了。

第二种下载方法：在下载地址链接上，按住鼠标左键，将它直接拖拽到迅雷的悬浮窗上，一样会弹出“建立新的下载任务”对话框，进行必要的设置后，就可以下载了。

8.6.3 用“迅雷”批量下载文件

批量下载文件

在同一个地址中，如果下载的多个文件有类似的文件名，如：“001”、“002”等等，对于这种情况，可以使用迅雷中的批量下载，进行多个文件的同时下载。

操作步骤

(1) 在迅雷主界面的“文件”菜单中，单击“新建批量任务”，此时会弹出一个“新建批量任务”对话框，如图 8－25 所示，在此对话框中可以设置批量下载。

(2)“URL”，用于输入下载的文件所在的地址，因为是多个文件同时下载，所以此处的文件名用（ * ）代替。

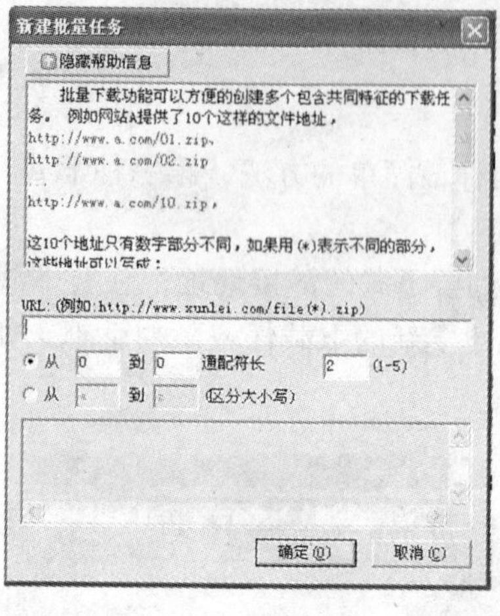

图 8－25　“新建批量任务”对话框

（3）如果文件名是用数字来区分的，选中设置起止数字的单选项，并在其中设置所下载文件的起止数字。

（4）再根据所下载文件名的长度来设置通配符的长度。

（5）如果文件名是以字母来区分的，选中设置起止字母的单选项，并在其中设置所下载文件的起止字母，设立字母的通配符。

（6）单击“确定”按钮，则同时开始下载满足以上条件的所有文件。

相关知识链接

什么是 P2SP?

首先理解一下 P2P 的下载概念，P2P 也就是 Point to Point，简单点说，就是下载不再像传统方式那样只能依赖服务器，内容的传递可以在网络上的各个终端机器中进行。P2SP 除了包含 P2P 以外，P2SP 的 S 是指服务器。P2SP 有效地把原本孤立的服务器和其镜像资源以及 P2P 资源整合到了一起。也就是说，在下载的稳定性和下载的速度上，都比传统的 P2P 或 P2S 有了非常大的提高。

本章小结

本章介绍了常用的六大类工具软件：压缩软件 WinRAR、瑞星杀毒软件、媒体播放软件 RealPlayer、翻译软件金山词霸、图像浏览软件 ACDSee 和下载工具软件迅雷的使用方法，这些软件均是在我们日常办公、娱乐、上网时经常接触到的实用软件。它们的专项技能很强且非常实用，掌握之后可以大大提高工作效率，并能充分享受计算机带来的快乐。

提高与练习

一、选择题

1. 下列哪种类型的文件不能用 WinRAR 打开（　　）。

A. .ZIP　　B. .RAR　　C. .DOC　　D. .ARJ

2. 下列哪个工具不可以用来进行多媒体播放（　　）。

A. WINAMP　　B. 东方影都　　C. 金山影霸　　D. WinRAR

3. 安装软件过程中要选择安装的路径应单击（　　）。

A. 下一步　　B. 上一步　　C. 浏览按钮　　D. 查看按钮

4. 下列软件中，哪个是翻译软件？（　　）。

A. 瑞星 2008　　B. 金山词霸　　C. 豪杰超级解霸　　D. 超级网络邻居

5. 下列软件哪个是压缩工具软件（　　）。

A. Winamp　　B. HWinfo　　C. WinRAR　　D. FinalData

6. 下列哪种格式的文件是音乐格式的文件？（　　）。

A. . MP3　　B. . MPG　　C. . AVI　　D. . BMP

7. 下列软件中，属于视频播放软件的是（　　）。

A. Winamp　　B. Windows 优化大师　　C. RealPlayer　　D. Flashget

8. 下列软件中，哪个能将所浏览的图像做墙纸？（　　）。

A. ACDSee　　B. WinRAR　　C. GifAnimator　　D. Flashget

9. 下列不属于金山词霸所具有的功能的是：（　　）。

A. 屏幕取词　　B. 词典查词　　C. 全文翻译　　D. 用户词典

10. 下列软件哪个可以用来快速下载软件（　　）。

A. ACDSee　　B. WinRAR　　C. 迅雷　　D. 瑞星

二、填空题

1. 用迅雷除了可以下载单一文件，还可以____________________。

2. 自解压文件的特点是____________________________________。

3. ACDSee 除了图片浏览功能外，还提供了强大的____________，可以对图片的亮度、对比度和颜色等进行调整，还可以进行裁剪、旋转和缩放等操作。

4. 使用____________可以显示、管理、选择、搜索和播放已导入或已使用 RealPlayer 保存的媒体文件。

5. 在金山词霸中，当忘记单词的完整拼写时，可以通过____________等通配符进行模糊查询。

三、简答题

1. 如何使用 WinRAR 软件对压缩包进行解压缩？

2. 如何使用 WinRAR 创建自解压文件？

3. 如何使用瑞星查杀病毒？

4. 如何在线升级瑞星病毒库？

5. 怎样用 RealPlayer 播放媒体文件？

6. 如何用金山词霸进行模糊查询？

7. 如何使用金山词霸进行字词查询？

8. 如何使用 ACDSee 进行批量重命名？

9. 如何使用 ACDSee 制作幻灯片？

10. 如何使用“迅雷”批量下载文件？

四、实践题

1. 在 D 盘“X 班 XXX”目录中用 WinRAR 软件对“电子图书 . doc”和“旋转抓图. jpg”两个文件进行压缩（压缩包中不能含有其他文件），压缩文件名与目录名相同（“X 班 XXX. RAR”）。压缩文件必须存放在 D 盘“X 班 XXX”目录中。

2. 使用 ACDsee 打开“fruit_ HA151_ 350A. jpg”文件，180°旋转，以“旋转图 . jpg”命名，并保存在“X 班 XXX”目录中。

实训 1

压缩软件 WinRAR 的使用

要求：

1. 熟练使用 WinRAR 建立压缩文件。
2. 熟练使用 WinRAR 解压缩文件。
3. 熟练使用 WinRAR 建立自解压文件。
4. 熟练使用 WinRAR 对压缩文件进行加密。

实训 2

下载软件迅雷 5. 0 的使用

要求：

1. 熟练使用“迅雷”下载单一文件。
2. 熟练使用“迅雷”批量下载文件。

参考答案

一、选择题

1. C　2. D　3. C　4. B　5. C　6. A　7. C　8. A　9. C　10. C

二、填空题

1. （批量下载文件）　2. （不需要安装 WinRAR 压缩软件就能解开压缩包）

3. （图片编辑功能）　4. （我的媒体库）　5. （? 和 *）

三、简答题

1. 方法一：

（1）启动 WinRAR，在其操作界面中的地址下拉列表中选择压缩包所在盘符，然后下面的列表框中选择要解压的文件。

（2）在 WinRAR 程序窗口中单击“释放到”按钮，弹出选择释放路径和选项的对话框。在该对话框右边的树状目录区可以选择要释放到的文件夹，如果要释放到一个不存在的文件夹，可以在“目标路径”文本框中直接输入。其他选项可以根据自己的需要进行选择。

（3）单击“确定”按钮开始解压文件，并将压缩文件解压到指定地点。

方法二：在“我的电脑”窗口中或资源管理器中用鼠标右键单击压缩包，在弹出的快捷菜单中选择所需的解压命令也可以解压文件。

2. 创建自解压文件的方法与创建压缩文件的方法相同，只需在“存档选项”区域中选中“创建自释放格式档案文件”，单击“确定”按钮，即可创建一个自解压文件。

3. （1）在瑞星杀毒软件的主界面中，单击“杀毒”选项卡，打开“杀毒”界面。

（2）在左侧的列表框中选择要查杀病毒的目录，然后单击右下方窗格中的“开始查杀”按钮，即可开始检查指定位置中是否存在病毒。

（3）在查毒过程中，可以单击“暂停查杀”/“继续查杀”或“停止查杀”按钮，暂停/继续或停止此次查毒操作。

（4）当瑞星杀毒软件检测到病毒时，默认设置下会询问用户如何处理。一般选择直接杀毒即可。

（5）检查完所有指定目录后，瑞星杀毒软件会自动打开“杀毒结束”对话框，显示查毒结果。单击“确定”按钮，完成此次查杀病毒的操作。

4. （1）利用瑞星杀毒软件的产品序列号，到瑞星网站（http：//www. rising. com. cn）申请一个用户 ID。

（2）选择“设置”/“用户 ID 设置”命令，在“用户 ID”对话框中输入申请到的用户 ID 号码。

（3）在保持 Internet 连接的情况下，单击瑞星杀毒软件主程序界面中的“软件升级”按钮，瑞星杀毒软件就会自动完成整个升级过程。

5. 单击“文件”菜单，选择“打开”命令，在“打开”对话框中单击“浏览”按钮，从本地驱动器上的文件夹中选择媒体或播放列表文件，选择后单击“打开”按钮，即开始播放所选定的文件。

6. （1）如果忘记一个单词中的某个字母可以用？来代替进行查询，如果仅记起单词的开头或结尾的几个字母，可以用 * 代替另外的字母进行模糊查询。此时，目录栏会列出所有符合条件的单词。

（2）如果输入的单词不正确或者在词典中找不到该输入词，系统会提供两项功能帮助查找或记录。

7. （1）在输入框中输入需要查找的中/英文单词或词组，在输入过程中，目录框中会实时显示可能的字词列表，显示框会显示最相近的字词的简短的解释。

（2）按一下回车键或单击输入框右侧的“本地查词”按钮，如图 8－16 所示，可以获得所查询单词或词组的详细解释。

（3）对于在词霸中查不到的单词或对查词结果不满意的单词，单击“网络查词”按钮，可连接到爱词霸在线词典，帮助获得查找需要的信息。爱词霸在线词典是保持即时更新的。

8. （1）在 ACDSee 主界面的浏览窗口中，选择需要批量重命名的所有文件。

（2）执行“工具”菜单中的“批量重命名”命令，弹出一个“批量重命名”对话框。

（3）在“模板”选项卡中，选择是按数字还是按字母重命名，这里选中“使用数字替换#”单选按钮，然后在“开始于”数字框中输入开始序号，在“模板”中输入序号前的模版内容。

(4) 单击“开始重命名”按钮，再单击“完成”按钮。会看到所有选中的图片都被重新命名了。

9. (1) 执行“创建”菜单中的“创建幻灯放映文件”命令，弹出“创建幻灯放映向导”对话框。

(2) 在此可以创建3种格式的幻灯片，选择“独立的幻灯放映(.EXE文件)”，可以在任何系统上直接播放，单击“下一步”按钮。

(3) 向幻灯片中添加图片，点击“添加”按钮，选择添加到幻灯片中的所有图片，单击“确定”按钮，再单击“下一步”按钮。

(4) 为幻灯片中每一个图像添加转场效果、标题和音频效果，单击“下一步”按钮。

(5) 在“常规”项卡中，设置图像自动切换的时间，背景音乐和转场质量，单击“下一步”按钮。

(6) 根据需要设置最大图像尺寸和输出文件的位置，单击“下一步”按钮，最后单击“完成”按钮，此时幻灯片就制作好了。

10. (1) 在迅雷主界面的“文件”菜单中，单击“新建批量任务”，此时会弹出一个“新建批量任务”对话框，在此对话框中可以设置批量下载。

(2) “URL”，用于输入下载的文件所在的地址，因为是多个文件同时下载，所以此处的文件名用(*)代替。

(3) 如果文件名是用数字来区分的，选中设置起止数字的单选项，并在其中设置所下载文件的起止数字。

(4) 再根据所下载文件名的长度来设置通配符的长度。

(5) 如果文件名是以字母来区分的，选中设置起止字母的单选项，并在其中设置所下载文件的起止字母，设立字母的通配符。

(6) 单击“确定”，则同时开始下载满足以上条件的所有文件。

四、实践题：(略)

第九章　桌面信息管理工具 Outlook 2003

【学习目标】

用 Outlook 2003 收发电子邮件

用 Outlook 2003 管理联系人

用 Outlook 2003 管理日常工作

9.1　技能一　Outlook 2003 基础知识

任务一　掌握 Outlook 2003 的启动

操作步骤

中文版 Outlook 2003 的启动可通过下列 3 种方法。

（1）在启动 Windows 以后，单击屏幕上 Microsoft Office 快捷工具栏中的 Microsoft Outlook。

（2）单击屏幕左下角任务栏上的【开始】按钮，在【开始】下拉式菜单中依次选择【程序】—【Microsoft Outlook】如图 9－1 中文 Outlook 2003 的启动过程所示，即可启动 Outlook 2003。

（3）在 Windows 桌面上双击 Outlook 图标。

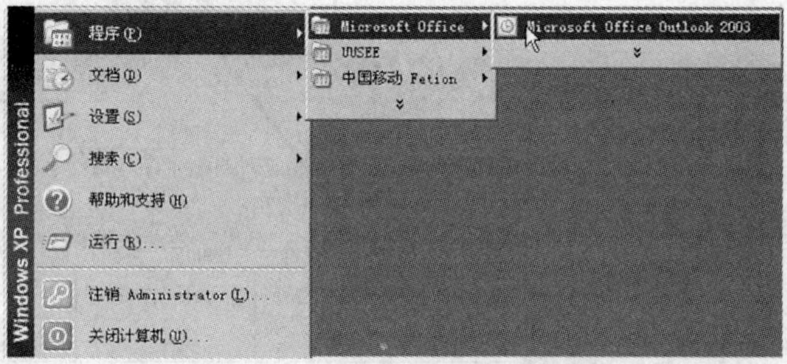

图 9－1　中文 Outlook 2003 的启动过程

任务二　了解 Outlook 2003 的窗口内容

1. 导航窗格

导航窗格是 Outlook 2003 中管理文件夹的重要工具，提供了简便的管理和导航。导航窗格由导航选项和文件夹列表组成，如图 9－2 导航窗格所示。单击文件夹选项，可以跳转到相应的文件夹窗格。

2. 邮件窗格

邮件窗格包括收件箱、发件箱、已发送邮件、垃圾邮件等文件夹。单击任何一个文件夹，位于右侧的文件夹窗体将显示该文件夹的具体信息，如图 9－3 邮件窗格所示。

3. 日历窗格

在如图 9 -4 日历窗格中，可以查看自己的或与他人共享的日历，还可以设置会议、约会等日程。

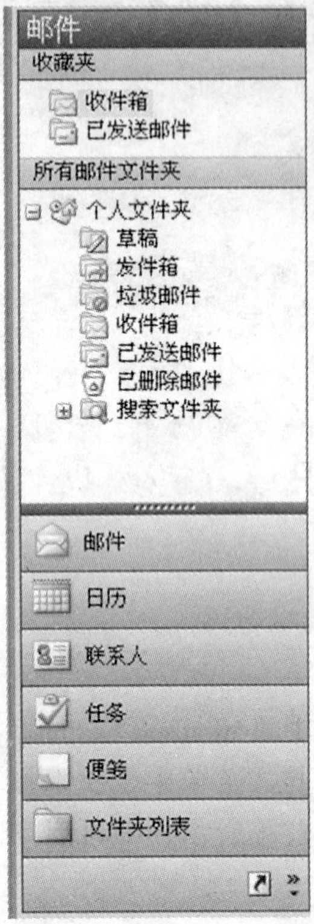

图 9 -2　导航窗格

图 9 -3　邮件窗格

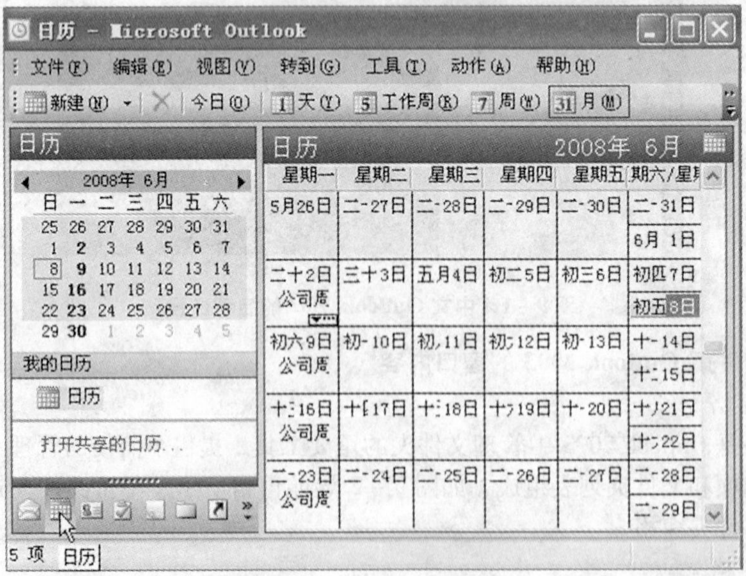

图 9 -4　日历窗格

4. 联系人窗格

可以显示联系人的姓名、地址、电话等个人信息，如图 9－5 联系人窗格所示。

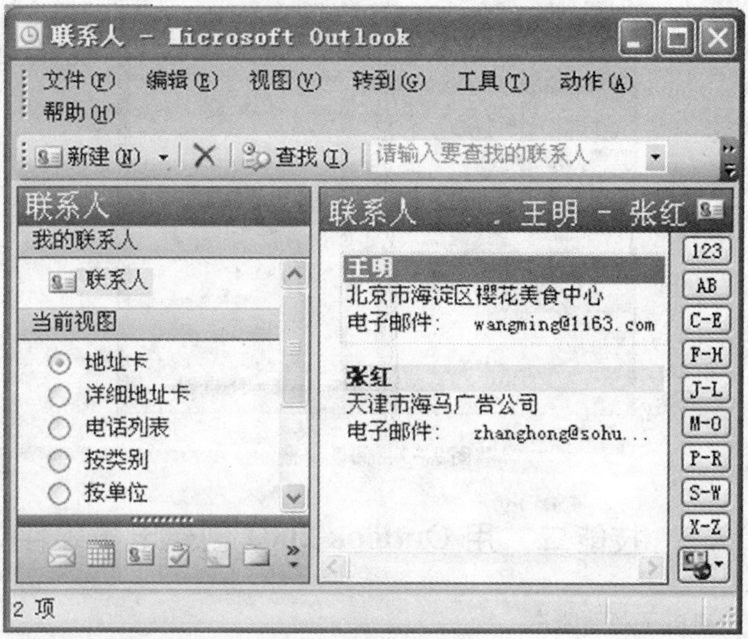

图 9－5　联系人窗格

5. 便笺窗格

用来显示自己写给他人或他人写给自己的所有便笺，如图 9－6 便笺窗格所示。

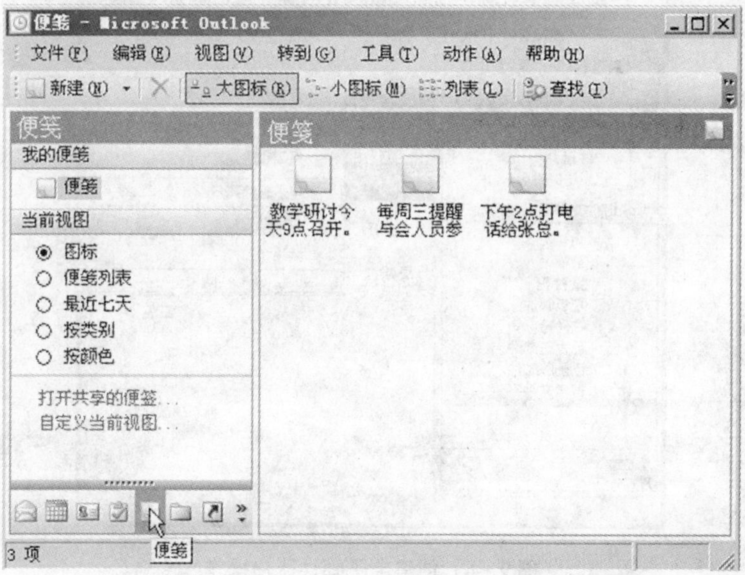

图 9－6　便笺窗格

6. 阅读窗格

执行【视图】—【阅读窗格】—【靠右/底端】命令，打开阅读窗格。单击【文件夹】窗体中的任意选项，在窗口右侧的阅读窗格中会显示相应的信息，如图 9－7 阅读窗格所示。

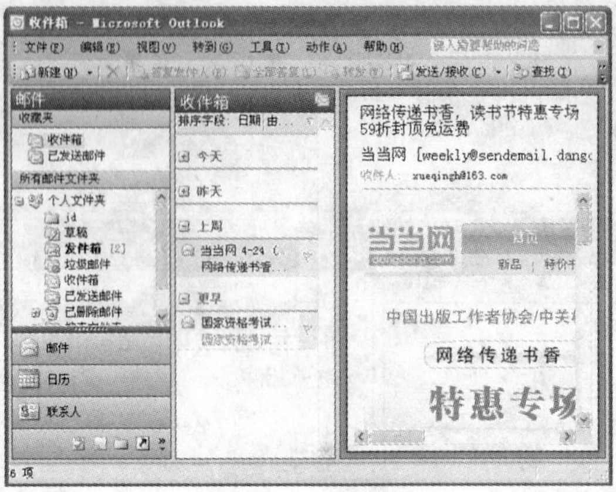

图 9－7　阅读窗格

9.2　技能二　用 Outlook 2003 创建电子邮件

任务一　创建电子邮件账户

操作步骤

(1) 打开 Outlook 2003 窗口，执行【工具】—【电子邮件账户】命令，如图 9－8 创建电子邮件账户操作所示。

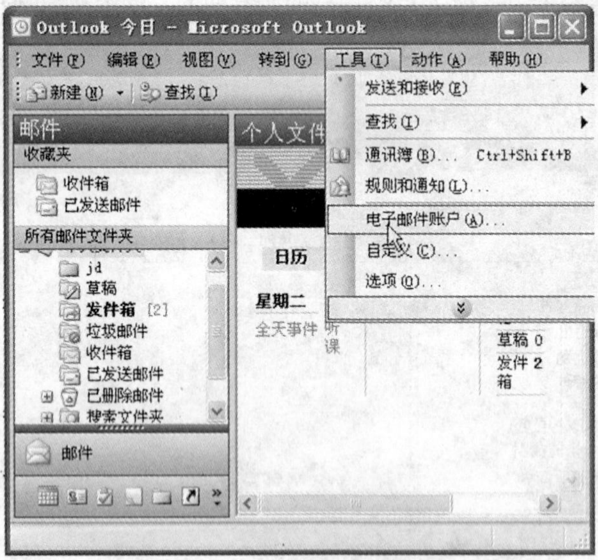

图 9－8　创建电子邮件账户操作

(2) 弹出如图 9－9 电子邮件账户对话框之一，选择【添加新电子邮件账户】按钮，单击【下一步】按钮。

(3) 弹出图 9－10 电子邮件账户对话框之二，选择【POP3 (P)】按钮，连接 POP 电

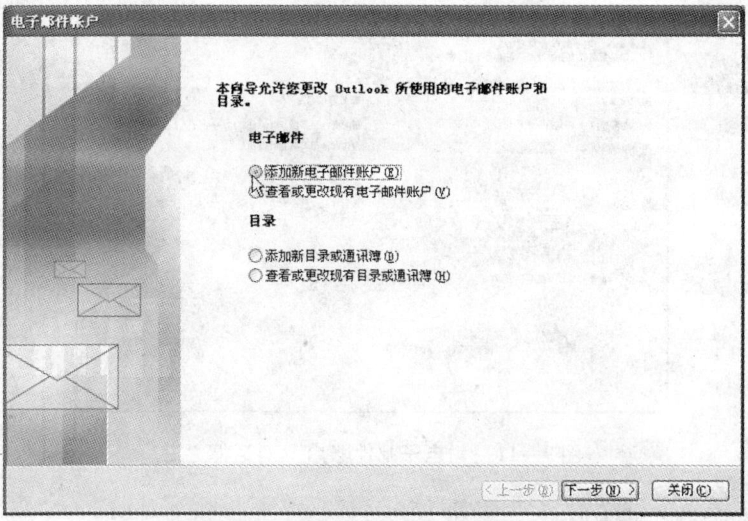

图 9-9　“电子邮件账户”对话框之一

子邮件服务器，下载邮件。单击【下一步】按钮。

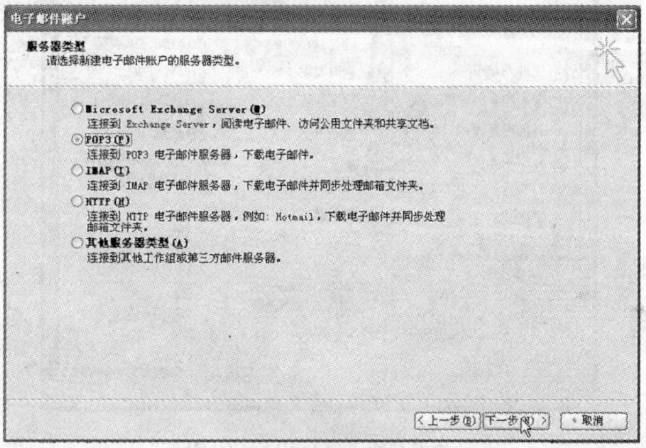

图 9-10　“电子邮件账户”对话框之二

（4）弹出图 9-11 电子邮件账户对话框之三，在【用户信息】中输入【用户姓名】与【电子邮件地址】；在【登录信息】中输入【用户名】与【密码】；在【服务器信息】中输入邮件服务器的信息，单击【下一步】按钮。

（5）弹出【电子邮件账户】对话框之四，单击【完成】按钮，创建电子邮件账户成功。

任务二　添加收件人邮件地址

操作步骤

（1）执行【文件】—【新建】—【邮件】命令，如图 9-12 创建邮件操作所示。

（2）弹出如图 9-13 所示新邮件编辑窗口，在【收件人】文本框中输入收件人的邮件地址，（如 yimeier@ yahoo. com），要群发邮件，则继续输入其他人邮件地址，在每个人的邮件地址之间加分号（;）。在【主题】文本框中输入邮件的名称，供收件人收件时预览。

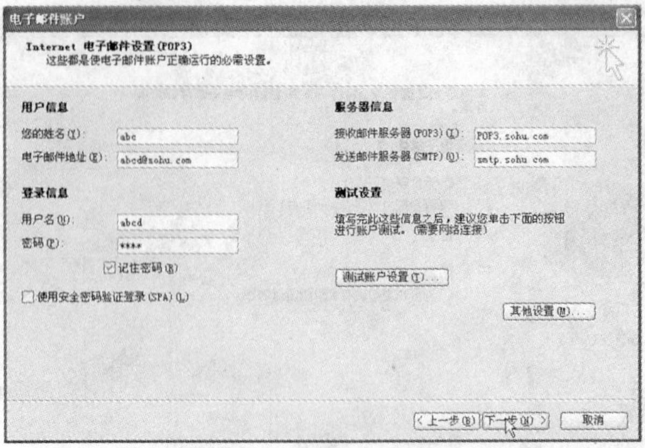

图 9－11 “电子邮件账户”对话框之三

图 9－12 创建邮件操作

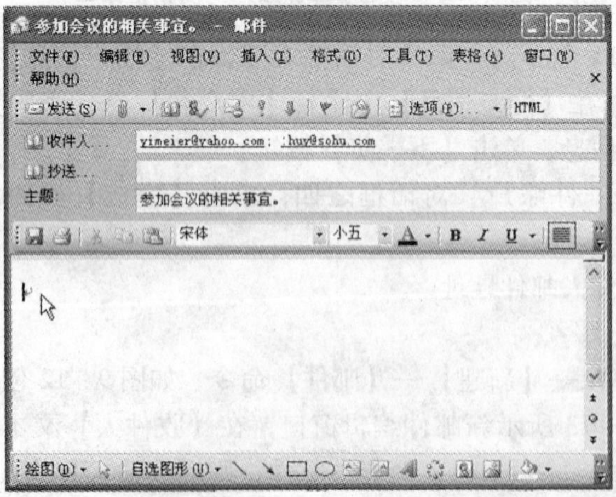

图 9－13 新建邮件编辑窗

任务三 撰写与保存邮件

操作步骤

(1) 选择信纸：新建一电子邮件并输入收件人的邮件地址与邮件主题后，单击【选项】按钮右侧的下三角按钮，弹出快捷菜单，执行【信纸】命令。

(2) 执行【信纸】命令，弹出如图 9-14“电子邮件选项”对话框，单击【个人信纸】标签，进入【个人信纸】选项卡。单击【主题】按钮，弹出【主题或信纸】对话框。

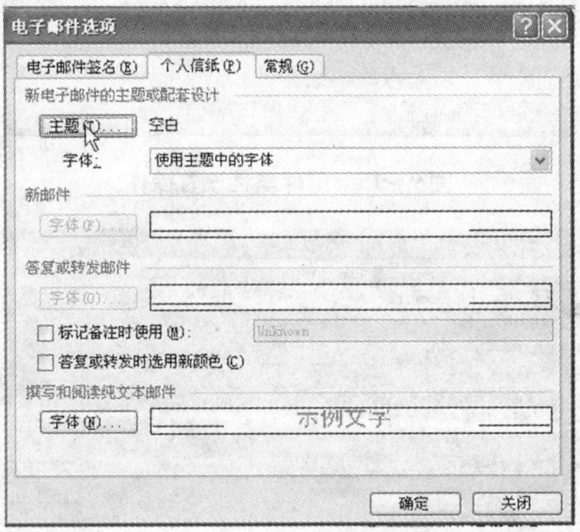

图 9-14 “电子邮件选项”对话框

(3) 在【请选择主题】列表框中，选择合适的信纸格式，如【常春藤（信纸）】，在右侧的【信纸预览】框中预览效果，单击【确定】按钮。

(4) 在【电子邮件选项】对话框中，单击【字体】按钮，弹出【字体】对话框，按照 Word 中所讲的方法，对文本的格式进行设置，在【预览框】中预览满意后，单击【确定】后，返回邮件编辑窗口进行撰写邮件。

(5) 添加附件在发送电子邮件时，执行【插入】—【文件】命令，弹出【插入文件】对话框，在【查找范围】下拉列表中选择附件所在的位置，选择要添加附件的文件，单击【插入】按钮。

(6) 在【文件】菜单中单击【保存】按钮可对想保存的邮件进行保存。

任务四 发送电子邮件

操作步骤

(1) 单击邮件编辑窗口中的【选项】按钮的下三角按钮，弹出快捷菜单如图 9-15 邮件属性设置操作所示，执行【选项】命令，弹出【邮件选项】对话框，如图 9-16 “邮件选项”对话框所示，在该选项组中设置邮件的重要性和优先级；在【投票或跟踪选项】选项组中设定邮件发送后或阅读后的具体动作；在【传递选项】选项组中设定发送的时限。设定完毕后，单击【关闭】按钮，完成邮件属性的设置。

(2) 发送邮件设定和编辑完邮件后，单击【发送】按钮，该邮件先被放置到【发件箱】中，后立即被发送出去。若未连接网络，可在发件箱中看到未发送邮件的数目。

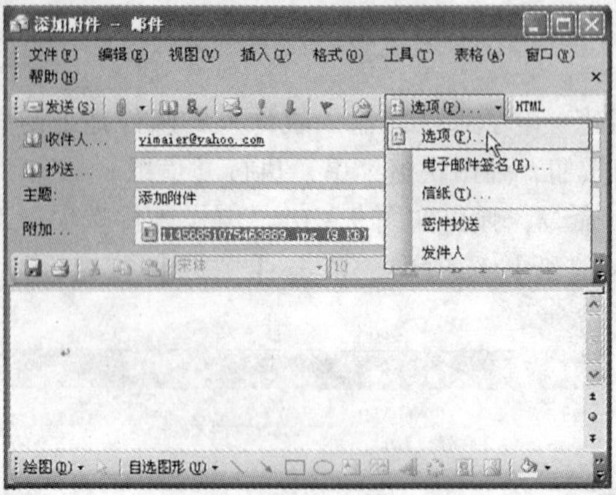

图 9－15　邮件属性设置操作

图 9－16　"邮件选项"对话框

任务五　掌握接收电子邮件的方法

操作步骤

(1) 在【邮件】窗格中选择【收件箱】文件夹，进入【收件箱】窗体。执行【工具】—【发送和接收】—【全部发送和接收】命令，进行邮件的接收。

(2) 弹出如图 9－17 Outlook 发送/接收进度。同时弹出【邮件进度】对话框，显示邮件的接收进度。

(3) 邮件接收完毕后，邮件将以列表的形式显示在收件箱中。

任务六　掌握阅读和回复电子邮件的方法

操作步骤

(1) 在【收件箱】文件夹打开【收件箱】窗口，收件箱列表中显示了邮件的发送者、发送时间和邮件主题。双击要读的邮件，打开该邮件，即可阅读。

(2) 如果用户阅读完邮件后需要回复邮件，单击【答复发件人】按钮，弹出答复邮件编辑窗口，在窗口中输入相关信息后即可进行回复。

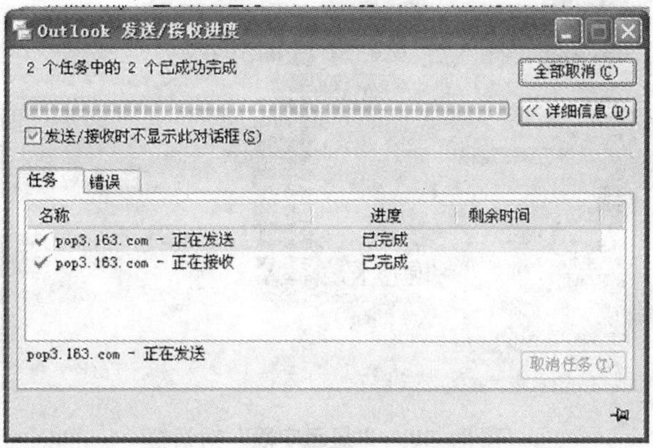

图 9－17　“Outlook 发送/接收进度”窗口

9.3　技能三　用 Outlook 2003 管理联系人信息

任务一　创建与编辑联系人信息

操作步骤

（1）在 Outlook 2003 窗口中，执行【新建】—【联系人】命令，打开联系人窗口。

（2）弹出如图 9－18“未命名－联系人”窗口，录入相关信息。

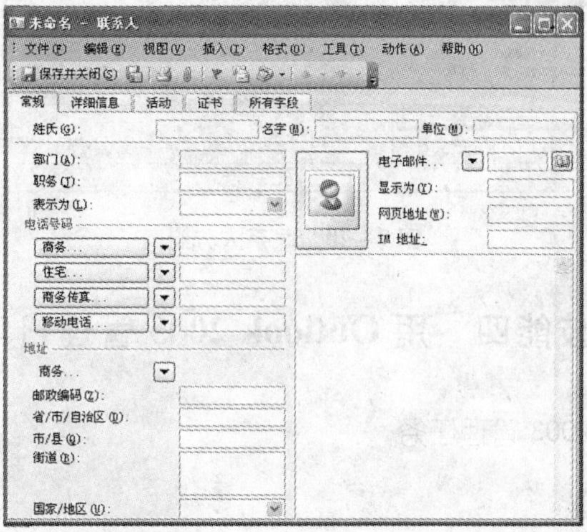

图 9－18　“未命名－联系人”窗口

任务二　联系人信息的分类

操作步骤

（1）在 Outlook 2003 窗口中，单击【联系人】图标，弹出联系人窗格，右击视图的空白处，弹出快捷菜单，执行【显示字段】命令。

（2）弹出如图 9－19“显示字段”对话框，选择【可用字段】列表框中的字段名，单击【添加】按钮，将被选字段添加到【按此顺序显示这些字段】列表框中。选择【按此顺序显示这些字段】列表框中字段名，单击【删除】按钮，将被选字段删除掉。

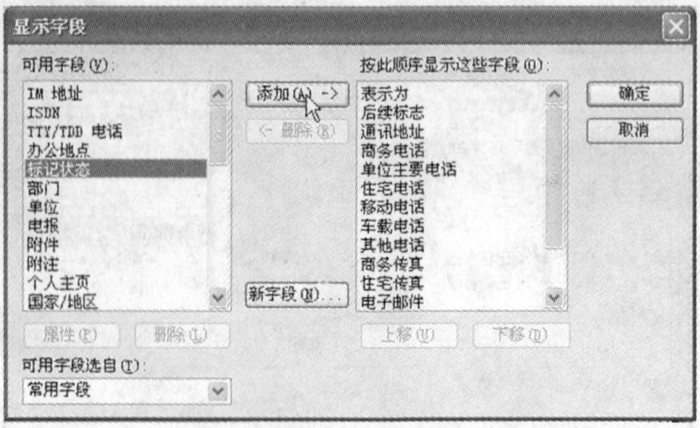

图 9-19 “显示字段”对话框

(3) 单击【确定】按钮，返回【联系人】显示窗口。在【联系人】窗格【当前视图】选项组中选择【按单位】按钮，联系人资料的格式变成表格，显示设定的，再按照不同单位分成不同的表格。如图 9-20 联系人分组所示。

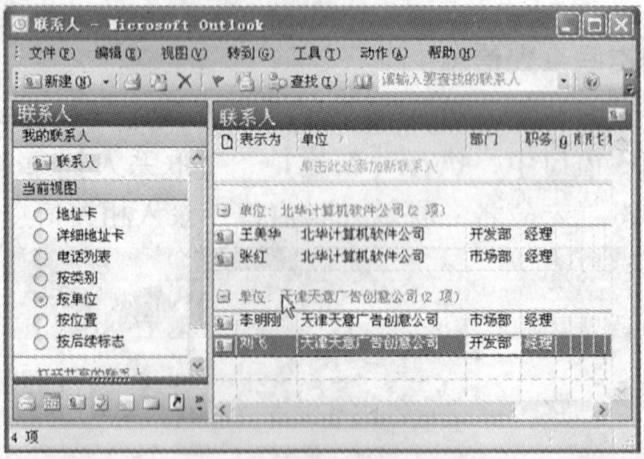

图 9-20 联系人分组

9.4 技能四 用 Outlook 2003 管理日常工作

9.4.1 用 Outlook 2003 管理任务

任务一 创建任务

操作步骤

(1) 在 Outlook 2003 窗口中单击【任务】按钮，打开如图 9-21 任务窗口。

(2) 双击【任务】窗口中的空白处，弹出任务示例窗口，在【主题】文本框中输入任务，输入开始日期和截止日期，再设置状态，选中【提醒】筛选框。单击【重复周期】按钮，可创建定期任务。

(3) 单击【确定】按钮，任务窗口，单击【保存并关闭】按钮，创建完成。

任务二 浏览任务

操作步骤

(1) 在 Outlook 2003 窗口中，单击【任务】按钮，打开【任务】窗口，显示任务

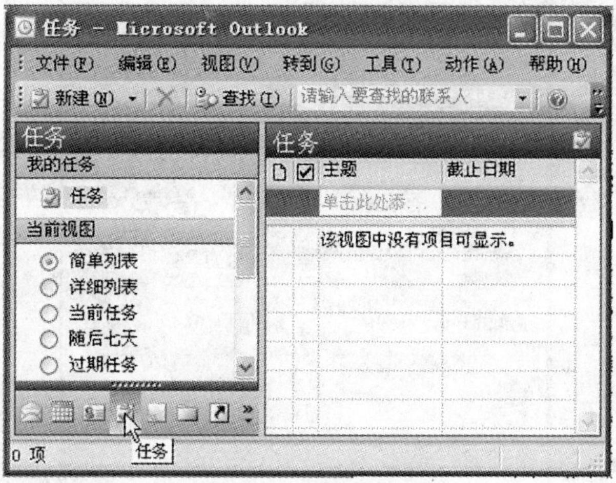

图 9－21 “任务”窗口

条目。

（2）双击相应的任务，即可弹出任务的具体内容。

任务三 分派任务

操作步骤

（1）在 Outlook 2003 窗口内，打开【任务】窗口，双击要分配的任务，单击【分配任务】按钮，窗口中出现【收件人】按钮。

（2）可直接输入收件人的电子邮件地址，也可单击【收件人】按钮，弹出【选择任务收件人】对话框，从通讯录中选择收件人。

（3）单击【发送】按钮，弹出 Microsoft Office Outlook 对话框，如图 9－22 Outlook 2003 对话框所示。如果确认不再是此项目的所有者，可以单击【确定】按钮，关闭任务的提醒。如果要继续拥有此项目，可以单击【取消】。

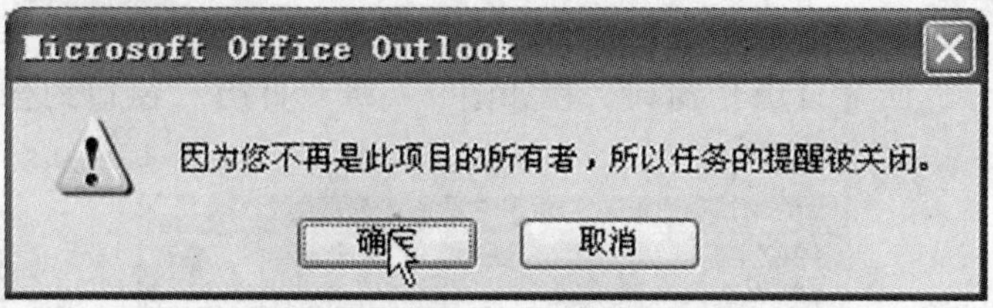

图 9－22 Outlook 2003 对话框

9.4.2 用 Outlook2003 管理日程

任务一 学会用 Outlook 2003 进行日程安排

操作步骤

（1）在 Outlook 2003 窗口中，单击【日历】按钮，在弹出的【日历】窗格中设定约会的日期后，单击【新建】按钮，执行【约会】命令。

（2）在弹出的约会窗口中输入相关信息后，单击【重复周期】按钮，如图 9－23 “公司周年庆典-约会”窗口所示。

（3）在弹出的如图 9－24 “约会周期”对话框中设定约会周期。

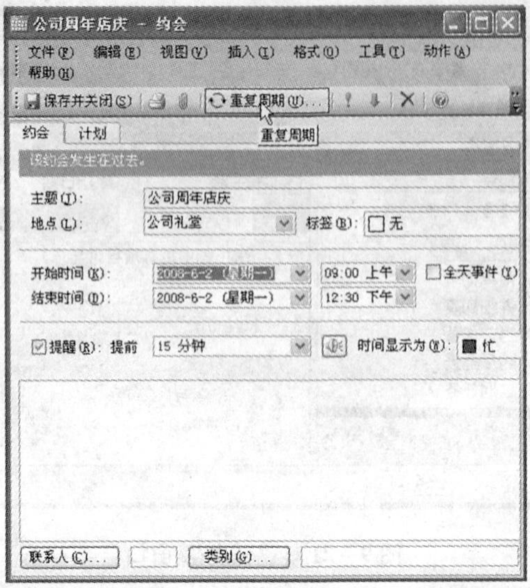

图 9－23　“公司周年庆典-约会”窗口

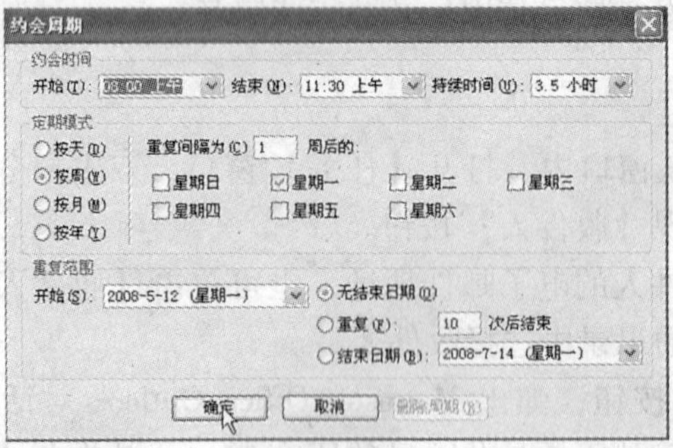

图 9－24　“约会周期”对话框

(4) 设定完毕后，单击【确定】按钮，返回【公司周年庆典-约会】窗口，单击【保存并关闭】按钮，返回【日历】窗口，在如图 9－25“日历”窗口约会日期中会显示约会内容。

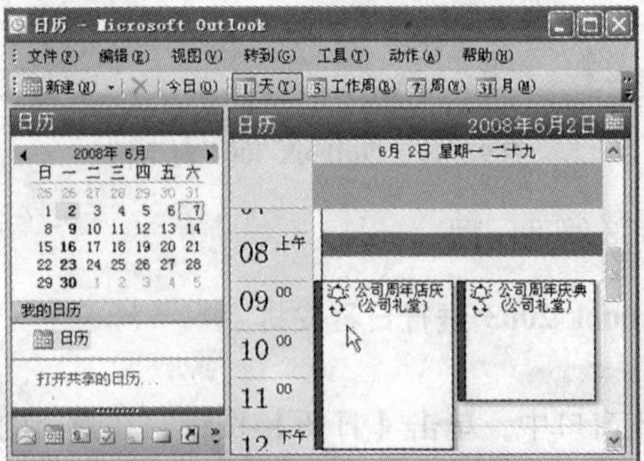

图 9－25　“日历”窗口

本章小结

本章介绍桌面信息管理工具 Outlook 2003 的功能及使用。Outlook 2003 是一个集成的桌面信息管理系统，可以用于用户管理邮件、约会、联系人和任务。Outlook 2003 不仅可作为个人信息管理器，而且还可以通过网络与工作组成员或其他人员共享电子邮件，接收和发送传真等共享信息。

练习与提高

一、填空题

1. Outlook 2003 可以方便地记录和添加联系人的________、________、________等信息，以更方便地和联系人联系。

2. 对联系人信息的编辑包括________、________、________。

3. 发送邮件时，需要添加________、________、________，还可以插入________。

4. 任务就是一个事务，可以重复发生责任。对任务的管理包括________、________、________。

二、选择题

1. 给邮件添加附件，就是在发送电子邮件时，附加各种类型的文件，如（　　）。

　A. 照片　　B. 图片　　C. 可执行的文档　　D. 不可执行的文档

2. 利用 Outlook 2003 不仅能够发送邮件，还能够（　　）。

　A. 接收邮件　　B. 阅读邮件　　C. 回复邮件　　D. 转发邮件

3. 在 Outlook 2003 窗口中，执行“（　　）”命令，可对联系人的信息进行打印。

　A. 文件 > 打印　　B. 编辑 > 打印预览　　C. 文件 > 打印预览　　D. 编辑 > 打印

实训 1

编写会务安排的邮件

要求：

给邮件添加信纸及附件。

参考答案

一、填空题

1. （姓名）（电子邮件）（电话）

2. （查看联系人信息）（修改联系人信息）（删除联系人信息）

3. （收件人的邮件地址）（邮件主题）（撰写邮件）（附件）

4. （任务的创建）（任务的分派）（任务的发送和响应）

二、选择题

1. ABC　　2. ABCD　　3. A

参考文献

[1] 胡昌杰，李远敏．计算机公共基础教程．北京：中国水利水电出版社，2006.

[2] 王首义，许洪军．计算机应用技能教程．北京：中国铁道出版社，2006.

[3] 孙百鸣，郭志强．计算机应用基础教程．北京：中国铁道出版社，2006.

[4] 李淑华．计算机应用基础（Windows XP 版）．北京：高等教育出版社，2005.

[5] 神龙工作室．新编 Word 2003 中文版入门与提高．北京：人民邮电出版社，2005.

[6] 宋金珂．计算机与信息技术应用基础实验指导．北京：中国铁道出版社，2006.

[7] 李文华．Windows XP 和 Office XP 中文版．北京：清华大学出版社，2003.

[8] 张江印．计算机实用教程．北京：中国经济出版社，2006.

[9] 谢丽萍．图解精通 Excel 2003. 北京：中国水利水电出版社，2004.

[10] 王移芝．大学计算机基础实验教程．北京：高等教育出版社，2004.